高等院校教师教育数学系列教材



# 数学物理方程

主　编　崔仁浩
副主编　卞春雨　刘宏丽　刘　萍

哈爾濱工業大學出版社
HARBIN INSTITUTE OF TECHNOLOGY PRESS

## 内容提要

本书讲解了建立典型数学物理方程的基本方法，如利用物理学定律建立波动方程、热传导方程、位势方程等，同时介绍了波动方程、热传导方程和 Laplace 方程的基本解法，如分离变量法、特征线法、延拓法、积分变换法、Green 函数法等，并通过建立能量不等式或利用极值原理研究了三类数学物理方程的定解问题及解的唯一性和稳定性. 另外，还对广义函数、广义导数与基本解等概念做了简要介绍.

本书可作为高等学校理工类本科数学物理方程课程的教材和参考资料.

**图书在版编目(CIP)数据**

数学物理方程/崔仁浩主编. —哈尔滨：哈尔滨工业大学出版社，2016.4

ISBN 978-7-5603-5754-6

Ⅰ.①数…　Ⅱ.①崔…　Ⅲ.①数学物理方程　Ⅳ.①O175.24

中国版本图书馆 CIP 数据核字(2015)第 307868 号

责任编辑　杜　燕
责任编辑　李广鑫
出版发行　哈尔滨工业大学出版社
社　　址　哈尔滨市南岗区复华四道街 10 号　邮编 150006
传　　真　0451-86414749
网　　址　http://hitpress.hit.edu.cn
印　　刷　哈尔滨工业大学印刷厂
开　　本　787mm×960mm　1/16　印张 11.5　字数 194 千字
版　　次　2016 年 4 月第 1 版　2016 年 4 月第 1 次印刷
书　　号　ISBN 978-7-5603-5754-6
定　　价　23.80 元

# 前言

数学物理方程是具有物理背景的偏微分方程(有时也包括积分方程、微分积分方程等),这些方程是纯粹数学和物理问题相结合的成果,反映着物理量对时间和空间变量的依赖,以及关于时间的导数和关于空间变量的导数之间的制约关系. 物理、化学等自然科学和工程技术领域中的很多基本方程都属于数学物理方程的范围,例如电磁学、流体力学、弹性力学、气体分子运动论、连续介质力学、量子力学、狭义相对论等学科中的基本方程均是数学物理方程.

数学物理方程作为一门非常重要的大学基础课程,是数学专业学生的必修课,而且对理工类非数学专业的学生,该课程的基本内容也是必须掌握的. 本书通过对一些典型的模型方程的深入分析,介绍偏微分方程的一些带有普遍性的思想方法和结论. 将数学理论、解题技巧与物理实际相结合是本课程的主要特点,在本课程具体学习过程中需要综合应用多门数学学科基础知识,如"数学分析""常微分方程"等基础课程.

微积分产生以后,人们应用它解决了大量的物理问题. 18 世纪,欧拉在他的著作中最早提出了弦振动的二阶方程,之后不久,达郎贝尔在他的论文《张紧的弦振动时形成的曲线的研究》中,提议证明无穷多种和正弦曲线不同的曲线是振动的模式. 这样由弦振动的研究开创了偏微分方程这门学科. 偏微分方程在 19 世纪得到迅速发展,许多数学家对数学物理问题的解决付出了很多精力,得到很多重要的结论. 法国数学家傅里叶(Fourier)在从事热量流动的研究中,写出了《热的解析理论》,提出了三维热传导方程,他的研究对偏微分方程的发展影响非常大. 近几十年来,由于拓扑学和泛函分析等数学理论的迅速发展,广义函数、Sobolev 空间等概念的引入,以及电子计算机的有效运用,使偏微分方程的理论发生了巨大的变换,理论内容越发翔实,研究范围不断扩大. 另外,偏微分方程的发展也促使了数学在函数论、变分法、级数展开、常微分方程、代数、微分几何等各方面的发展,对偏微分方程的研究逐渐成为数学研究的核心内容.

本书在第1章介绍应掌握的应用物理学定律及变分原理建立数学物理方程;第2章介绍求解方程的最基础的方法——分离变量法;第3章的重点是典型双曲型方程的特征理论、能量积分、解的适定性;第4章为巩固所学内容及掌握本教材知识脉络回归到探讨方程的解法,介绍Laplace变换法和Fourier变换法;第5章为拓宽读者的知识面,介绍了广义函数及基本解的概念,重点是探讨热传导方程解的适定性;第6章利用Green公式与Green函数法讨论了Laplace方程的基本内容.

由于水平所限,不足及疏漏在所难免,欢迎同行及读者批评指正!

最后对2014黑龙江省新世纪教学改革项目(JG2014011159)给予的资助表示衷心的感谢!

编 者

2015年8月

# 目　录

# 第1章 方程的导出和定解条件

数学物理方程是具有物理背景的方程,主要指的是偏微分方程. 偏微分方程是含有多元未知函数及其偏导数的数学方程,例如

$$\frac{\partial u(x,t)}{\partial t}+2\frac{\partial u(x,t)}{\partial x}=0$$

我们要讨论偏微分方程基本问题的解,这些问题来自自然科学和工程的各个领域,如声学、空气动力学、弹性力学、流体力学、传热学、光学、石油工程学、量子力学等领域都高度依赖对偏微分方程的研究. 因此,偏微分方程对于推动数学理论的发展,加强理论与实际的联系,帮助人们认识世界和改造世界都起着重要的作用.

在分析和解决数学物理方程(偏微分方程)问题时,应用的数学方法包括以下4个步骤:

(1)建立或认识方程及其定解问题;(2)求形式解;(3)探讨解的适定性;(4)解释物理意义.

在这一章里,我们将通过对弦振动、热传导和薄膜平衡3个物理问题的分析,说明如何建立数学物理方程.

## 1.1 基本方程的导出

### 1.1.1 弦振动方程

弦只有在被拉紧时才振动. 考虑一条按其平衡位置水平拉紧的均匀柔软的细弦,假设弦在外力作用下做微小横振动. 跟踪弦上每个质点的运动,设弦上一个质点 $\alpha$ 在弦处于水平平衡位置时的坐标为 $x$. 弦随时间运动,在时刻 $t$,弦处于不同于平衡位置的某处. 质点 $\alpha$ 的运动轨迹可用水平分量和垂直分量来表示. 由于弦做“微小”横振动,所以弦线上任一点的斜率较小,这种情况下能够

证明水平位移可以忽略不计,并可认为:运动完全垂直于平衡位置,即 $x=\alpha$. 这时垂直位移 $u$ 由 $x$ 和 $t$ 确定.

现在的目标是推导一个可以描述位移 $u$ 如何随时间变化的偏微分方程. 我们把弦上点的运动先看作弦上小弧段的运动,然后再考虑小弧段趋于零的极限情况. 在弦上任取一小弧段 $\widehat{MM'}$,其长为 $\Delta s$. 设 $\rho$ 是弦的线密度,$f_0(x,t)$ 是作用在弦上且垂直于平衡位置的强迫外力密度. 弦是柔软的,这保证了弦弯曲时没有阻力,且意味着:弦的其余部分施加于这一小段弦端点的力沿着弦的切线方向. 此切向力称为弦的张力,它的大小用 $T(x,t)$ 表示,参见图 1.1.

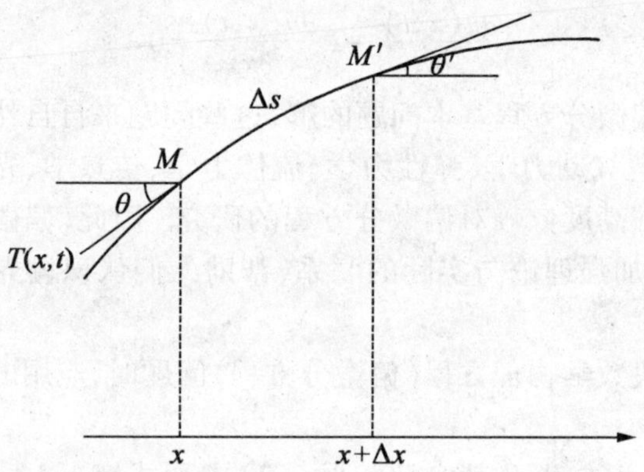


图 1.1

考虑弧段 $\widehat{MM'}$ 在 $t$ 时刻的受力情况. 根据牛顿运动定律,作用于弧段上任一方向上的力的总和等于这弧段的质量乘以该方向上的加速度. 在水平方向弧段 $\widehat{MM'}$ 受力的总和为 $T(x+\Delta x,t)\cos\theta' - T(x,t)\cos\theta$,由于弦只做微小横振动,所以

$$T(x+\Delta x,t)\cos\theta' - T(x,t)\cos\theta = 0 \qquad (1.1.1)$$

且切线的倾角都很小,即 $\theta\approx 0,\theta'\approx 0$,从而 $\cos\theta\approx 1,\cos\theta'\approx 1$,代入式(1.1.1),近似得到

$$T(x+\Delta x,t) = T(x,t) \qquad (1.1.2)$$

说明张力的大小 $T(x,t)$ 是一个常值,不妨记为 $T_0$,即

$$T(x,t) = T_0$$

在垂直于平衡位置方向($u$ 方向)弧段 $\widehat{MM'}$ 受力总和为

$$T(x+\Delta x,t)\sin\theta' - T(x,t)\sin\theta + f_0(x,t)\Delta s \qquad (1.1.3)$$

当 $\theta\approx 0,\theta'\approx 0$ 时

$$\sin\theta\approx\tan\theta=\frac{\partial u(x,t)}{\partial x} \tag{1.1.4}$$

$$\sin\theta'\approx\tan\theta'=\frac{\partial u(x+\Delta x,t)}{\partial x} \tag{1.1.5}$$

$$\Delta s\approx\Delta x \tag{1.1.6}$$

且小弧段在时刻 $t$ 沿 $u$ 方向运动的加速度近似为$\frac{\partial^2 u(x,t)}{\partial t^2}$,小弧段的质量为 $\rho\Delta s$,由牛顿运动定律和式(1.1.2)得

$$T(x+\Delta x,t)\sin\theta'-T(x,t)\sin\theta+f_0(x,t)\Delta s=\rho\frac{\partial^2 u(x,t)}{\partial t^2}\Delta s$$

由(1.1.2)~(1.1.6)得

$$T_0\left(\frac{\partial u(x+\Delta x,t)}{\partial x}-\frac{\partial u(x,t)}{\partial x}\right)+f_0(x,t)\Delta x=\rho\frac{\partial^2 u(x,t)}{\partial t^2}\Delta x$$

此式两边同时除以 $\Delta x$,再令 $\Delta x\to 0$ 得

$$T_0\frac{\partial^2 u(x,t)}{\partial x^2}+f_0(x,t)=\rho\frac{\partial^2 u(x,t)}{\partial t^2}$$

进一步

$$\frac{\partial^2 u(x,t)}{\partial t^2}-\frac{T_0}{\rho}\frac{\partial^2 u(x,t)}{\partial x^2}=\frac{f_0(x,t)}{\rho} \tag{1.1.7}$$

由于弦是均匀的,故 $\rho$ 为常数,因此方程(1.1.7)可改写为

$$\frac{\partial^2 u(x,t)}{\partial t^2}-a^2\frac{\partial^2 u(x,t)}{\partial x^2}=f(x,t) \tag{1.1.8}$$

其中

$$a^2=\frac{T_0}{\rho},f(x,t)=\frac{f_0(x,t)}{\rho}$$

方程(1.1.8)刻画了均匀弦的微小横振动的一般规律,人们称它为弦振动方程. 物体的振动会产生波的传播,所以方程(1.1.8)一般也被称为一维波动方程. 如果弦在振动过程中只受到自身重力这一种外力作用,则方程(1.1.8)可改写为

$$\frac{\partial^2 u(x,t)}{\partial t^2}-a^2\frac{\partial^2 u(x,t)}{\partial x^2}=g$$

在多数情况下,相对张力而言,重力小得可以忽略不计,此时一维波动方程(1.1.8)可写为

$$\frac{\partial^2 u(x,t)}{\partial t^2}-a^2\frac{\partial^2 u(x,t)}{\partial x^2}=0 \tag{1.1.9}$$

方程(1.1.8)与(1.1.9)的差别在于(1.1.8)的右端多了一个与未知函数 $u$ 无关的项 $f(x,t)$,这个项称为自由项. 有非零自由项的方程称为非齐次方程. 自由项恒等于零的方程称为齐次方程. (1.1.8)为非齐次一维波动方程,(1.1.9)为齐次一维波动方程.

如果我们考虑的是膜的振动或者声波在空气中的传播,用来描述这些二维和三维波动现象的偏微分方程具有和方程(1.1.8)相似的形式

$$\frac{\partial^2 u}{\partial t^2}-a^2\Delta u=f \tag{1.1.10}$$

其中 $\Delta u=\sum\limits_{i=1}^{n}\frac{\partial^2 u}{\partial x_i^2}$ 是 Laplace 算子,$n$ 是维数. 通常人们把方程(1.1.10)称为 $n$ 维波动方程,或简称为波动方程.

**附注 1** 建立数学物理方程是一个辩证分析的过程. 由于客观事物的复杂性,要求我们对所研究对象能够抓住事物发展的主要因素,摈弃次要因素,使问题得到适度的简化.

**附注 2** 请读者思考能否利用动量守恒定律推导出弦振动方程.

### 1.1.2 热传导方程

一个区域,如果区域内每一点的温度不完全一样,则在温度较高的点处的热量就会向温度较低的点处流动,这种现象就是热传导现象. 由于热量的传导过程总是表现为温度随时间和点的位置的变化,所以解决传热问题都要归结为求物体内温度的分布和变化. 现在我们来推导:在三维空间中,一个均匀、各向同性、内部有热源且与周围介质有热交换的热传体在传热过程中温度所满足的偏微分方程. 与弦振动方程的推导类似,我们不是先讨论一点处的温度,而应该先考虑一个区域的温度. 为此,在物体内任意选取一个区域 $D$(图1.2). 在时刻 $t$ 区域 $D$ 内点 $M(x,y,z)$ 处的温度记为 $u(x,y,z,t)$,$c$ 是物体的比热,$\rho$ 是物体的密度,$\boldsymbol{q}$ 是热流密度(向量),$f_0$ 是热源强度.

物体内部由于各部分温度不同,产生热量的传递,遵循能量守恒定律.

**能量守恒定律** 在一段时间内物体内部热量的增加,等于在这段时间内通过物体的边界流入的热量与物体内部热源所生成的热量的总和.

在任一小时段 $[t_1,t_2]$ 上对 $D$ 使用能量守恒定律. 在 $t_1$ 时刻区域 $D$ 内热量为

$$\iiint\limits_{D} cu(x,y,z,t_1)\rho\,\mathrm{d}x\mathrm{d}y\mathrm{d}z$$

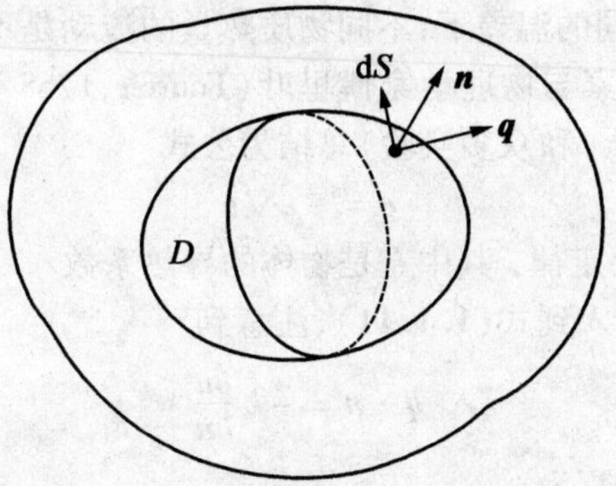


图 1.2

$t_2$ 时刻区域 $D$ 内热量为

$$\iiint_D cu(x,y,z,t_2)\rho\mathrm{d}x\mathrm{d}y\mathrm{d}z$$

在 $[t_1,t_2]$ 时间段内区域 $D$ 内的热源生成的热量为

$$\int_{t_1}^{t_2}\left[\iiint_D f_0\rho\mathrm{d}x\mathrm{d}y\mathrm{d}z\right]\mathrm{d}t$$

见图 1.2，$\boldsymbol{n}$ 是区域 $D$ 的边界曲面 $\partial D$ 的单位外法向量，小块曲面 $\mathrm{d}S$ 与热流密度 $\boldsymbol{q}$ 的实际有效面积为 $\mathrm{d}S\cos(\boldsymbol{n},\boldsymbol{q})$，在 $\mathrm{d}t$ 时间内，通过 $\mathrm{d}S$ 流入 $\boldsymbol{n}$ 所指一侧的热量为

$$\mathrm{d}S\cos(\boldsymbol{n},\boldsymbol{q})\cdot|\boldsymbol{q}|\mathrm{d}t$$

将小块曲面 $\mathrm{d}S$ 及小段时间 $\mathrm{d}t$ 进行叠加可得：在 $[t_1,t_2]$ 时间段内，通过区域 D 的边界 $\partial D$ 流出的热量为

$$\int_{t_1}^{t_2}\left[\iint_{\partial D}\cos(\boldsymbol{n},\boldsymbol{q})\cdot|\boldsymbol{q}|\mathrm{d}S\right]\mathrm{d}t=\int_{t_1}^{t_2}\left[\iint_{\partial D}\boldsymbol{n}\cdot\boldsymbol{q}\mathrm{d}S\right]\mathrm{d}t$$

从而由能量守恒定律得

$$\iiint_D c\rho(u|_{t=t_2}-u|_{t=t_1})\mathrm{d}x\mathrm{d}y\mathrm{d}z=-\int_{t_1}^{t_2}\left[\oiint_{\partial D}\boldsymbol{n}\cdot\boldsymbol{q}\mathrm{d}S\right]\mathrm{d}t+\int_{t_1}^{t_2}\left[\iiint_D f_0\rho\mathrm{d}x\mathrm{d}y\mathrm{d}z\right]\mathrm{d}t \tag{1.1.11}$$

式(1.1.11)通常被看成是含有两个未知函数的积分方程，这两个未知函数是温度 u 和热流密度 $\boldsymbol{q}$. 我们需要一个 $u$ 和 $\boldsymbol{q}$ 的线性表达式将式(1.1.11)中的 $\boldsymbol{q}$ 消去. 先总结一下我们熟悉的热流定性性质：

(1)若在某个区域内温度是常数，则没有热量流动.

(2)若存在温差，则热量从较热的区域流向较冷的区域.

(3)(对同一种物质)温差越大，热量的流动越大.

(4)即使是在相同的温差下,不同物质热量的流动是不同的.

法国著名的数学家与物理学家傅里叶(Fourier,1768—1830)认识到了这4条性质,并把这些性质(和众多实验)总结为公式

$$\boldsymbol{q} = -k\nabla u \tag{1.1.12}$$

这就是 Fourier 热传导定律, 其中 $k$ 是物体的导热系数.

把式(1.1.12)代入到式(1.1.11),注意到

$$\boldsymbol{q}\cdot\boldsymbol{n} = -k\frac{\partial u}{\partial \boldsymbol{n}}$$

从而式(1.1.11)可改写为

$$\iiint_D c\rho(u|_{t=t_2} - u|_{t=t_1})\mathrm{d}x\mathrm{d}y\mathrm{d}z = \int_{t_1}^{t_2}[\oint\!\!\!\oint_{\partial D} k\cdot\frac{\partial u}{\partial \boldsymbol{n}}\mathrm{d}S]\mathrm{d}t + \int_{t_1}^{t_2}[\iiint_D f_0\rho\mathrm{d}x\mathrm{d}y\mathrm{d}z]\mathrm{d}t \tag{1.1.13}$$

假设 $u$ 关于 $x,y,z$ 具有二阶连续偏导数,关于 $t$ 具有一阶连续偏导数,则对式(1.1.13)应用 Gauss 公式即得

$$\int_{t_1}^{t_2}[\iiint_D c\rho\frac{\partial u}{\partial t}\mathrm{d}x\mathrm{d}y\mathrm{d}z]\mathrm{d}t = \int_{t_1}^{t_2}[\oint\!\!\!\oint_{\partial D}\nabla\cdot(k\nabla u) + f_0\rho\mathrm{d}x\mathrm{d}y\mathrm{d}z]\mathrm{d}t \tag{1.1.14}$$

由于小时段$[t_1,t_2]$及区域 $D$ 都是任意取的,并且被积函数是连续的,所以式(1.1.14)左右恒等的条件是它们的被积函数恒等,即

$$c\rho\frac{\partial u}{\partial t} = k\Delta u + f_0\rho$$

又由于物体均匀、各向同性,$c,\rho,k$ 都是常数,所以立即得到

$$\frac{\partial u}{\partial t} - a^2\Delta u = f \tag{1.1.15}$$

其中 $a^2 = \frac{k}{c\rho}, f = \frac{f_0}{c}$. 当 $f>0$ 时表示物体内有热源,当 $f<0$ 时表示物体内有热汇. 方程(1.1.15)称为三维热传导方程.

若物体内无热源,相应的热传导方程为

$$\frac{\partial u}{\partial t} - a^2\Delta u = 0$$

若所考虑的物体是一根细杆且杆壁绝热,或者不是细杆而其中的温度 $u$ 只与 $x,t$ 有关,则得一维热传导方程

$$\frac{\partial u}{\partial t} - a^2\frac{\partial^2 u}{\partial x^2} = f \text{ 和 } \frac{\partial u}{\partial t} - a^2\frac{\partial^2 u}{\partial x^2} = 0$$

若所考虑的物体是一块薄板,或者不是薄板而其中的温度只与 $x,y,t$ 有关,

则得二维热传导方程

$$\frac{\partial u}{\partial t}-a^2\left(\frac{\partial^2 u}{\partial x^2}+\frac{\partial^2 u}{\partial y^2}\right)=f \text{ 和 } \frac{\partial u}{\partial t}-a^2\left(\frac{\partial^2 u}{\partial x^2}+\frac{\partial^2 u}{\partial y^2}\right)=0$$

若物体的温度趋于某种平衡状态,这时温度 $u$ 已与时间 $t$ 无关,所以 $\frac{\partial u}{\partial t}=0$,此时热传导方程为

$$-a^2\Delta u=f \text{ 和 } \Delta u=0$$

**附注**　在研究气体或液体的扩散过程时,若扩散系数是常数,则所得的扩散方程与热传导方程相同.

### 1.1.3 位势方程

一张处于紧张状态的薄膜,它的部分边界固定在一框架上,在另一部分边界上受到外力作用. 整张薄膜在垂直于平衡位置的外力作用下处于平衡状态. 取膜的水平位置为 $xoy$ 平面上的区域 $\Omega$,$u$ 轴垂直于 $xoy$ 平面,并与 $x,y$ 轴组成右手坐标系. $\Omega$ 的边界 $\partial\Omega=\gamma\cup\Gamma$,在 $\gamma$ 上已知膜的位移为 $\varphi$,膜所受的垂直方向的外力有两个,作用在膜内的外力密度为 $f(x,y)$,作用在膜的边界 $\Gamma$ 上的外力密度为 $p(x,y)$. 我们的目标是推导膜的形状(即膜上各点离开水平位置的位移)$u(x,y)$ 满足怎样的偏微分方程. 为此,需要做一些准备工作.

设 $\Omega$ 为 $\mathbf{R}^2=(0,+\infty)\times(0,+\infty)$ 中的区域,在 $\Omega$ 上有任意阶连续偏导数且在 $\Omega$ 的边界附近为零的全体函数记为 $C_0^\infty(\Omega)$,在 $\Omega$ 上有直到任意阶连续偏导数的函数全体记为 $C^\infty(\Omega)$,在 $\bar{\Omega}$ 上有直到 $k$ 阶连续偏导数的函数的全体记为 $C^k(\bar{\Omega})$,$k$ 是非负整数. 函数集合到实数集合的映射称为泛函. 求使特定泛函在其定义域上取得极值的函数的问题称为变分问题. 例如,给定函数集合 $M=\{v|v\in C^1(\bar{\Omega}),v|_{\partial\Omega}=\varphi\}$,求 $u\in M$,使得

$$J(u)=\min_{v\in M}J(v)$$

其中

$$J(v)=\iint_{\Omega}\sqrt{1+v_x^2+v_y^2}\,\mathrm{d}x\mathrm{d}y$$

是一个变分问题. 这里 $J:v\to\iint_{\Omega}\sqrt{1+v_x^2+v_y^2}\,\mathrm{d}x\mathrm{d}y$ 是 $M$ 上的一个泛函,它的定义域为 $M$.

**引理**　设 $\Omega$ 为 $\mathbf{R}^2$ 中的有界区域,$f(x,y)$ 在 $\Omega$ 上连续,如果对 $\forall\varphi(x,y)\in C_0^\infty(\Omega)$,有

$$\iint_D f(x,y)\varphi(x,y)\,\mathrm{d}x\mathrm{d}y = 0$$

则在 $\Omega$ 上 $f(x,y)\equiv 0$.

这个引理的证明可参考姜礼尚编写的高等教育出版社出版的《数学物理方程讲义》,我们在此省略.

**最小势能原理**　受外力作用的弹性体,在满足已知边界位移约束的一切可能位移中,以达到平衡状态的位移使物体的总势能为最小.

按照弹性力学理论:

$$\text{总势能} = \text{弹性势能} - \text{外力做功}$$

假设某时刻膜的形状为 $w(x,y)$,当 $|w_x|,|w_y| << 1$ 时,膜的弹性势能(忽略高阶无穷小量)可以表示为张力 $T$ 与由于形变所产生膜的面积增量 $\Delta\sigma$ 的乘积,即有

$$\begin{aligned}\text{弹性势能} &= T\Delta\sigma \\ &= T\left[\iint_\Omega\left(\sqrt{1+w_x^2+w_y^2}-1\right)\mathrm{d}x\mathrm{d}y\right] \\ &= T\left[\iint_\Omega \frac{w_x^2+w_y^2}{\sqrt{1+w_x^2+w_y^2}+1}\mathrm{d}x\mathrm{d}y\right] \\ &= \frac{T}{2}\iint_\Omega (w_x^2+w_y^2)\,\mathrm{d}x\mathrm{d}y\end{aligned}$$

这里的计算忽略了高阶无穷小量.

$$\text{外力做功} = \iint_\Omega f(x,y)w(x,y)\,\mathrm{d}x\mathrm{d}y + \int_\Gamma p(s)w(s)\,\mathrm{d}s$$

当膜的形状为 $w(x,y)$ 时,它具有的总势能为

$$J(w) = \frac{T}{2}\iint_\Omega (w_x^2+w_y^2)\,\mathrm{d}x\mathrm{d}y - \iint_\Omega f(x,y)w(x,y)\,\mathrm{d}x\mathrm{d}y - \int_\Gamma p(s)w(s)\,\mathrm{d}s$$

并且我们可以得出 $w(x,y)|_{(x,y)\in\gamma} = \varphi(x,y)$, $w\in C^1(\overline{\Omega})$.

经过上面的分析,已知薄膜的边界 $\gamma$ 的位移为 $\varphi(x,y)$ 的情况下,薄膜的一切形状为函数集

$$M_\varphi = \{w\in C^1(\overline{\Omega}) \mid w(x,y) = \varphi(x,y),(x,y)\in\gamma\}$$

的变分问题:求 $u\in M_\varphi$,使得

$$J(u) = \min_{w\in M_\varphi} J(w) \tag{1.1.16}$$

因此薄膜达到平衡状态时的形状 $u(x,y)$ 是变分问题(1.1.16)的解. 现设 $u$ 是变分问题(1.1.16)的解,考虑 $M_\varphi$ 中任意两函数之差所在的集合

$$M_0=\{v\in C^1(\overline{\Omega})\mid v(x,y)=0,(x,y)\in\boldsymbol{\gamma}\}$$

对于 $\forall v\in M_0$ 及 $\forall\varepsilon\in\mathbf{R}$ 有 $w=u+\varepsilon v\in M_\varphi$. 对于 $v\in M_0$，作函数 $j(\varepsilon)$，有

$$j(\varepsilon)=J(u+\varepsilon v),\ \varepsilon\in\mathbf{R}$$

则 $j(\varepsilon)$ 在 $\varepsilon=0$ 时取得最小值，即 $j'(0)=0$. 又

$$\begin{aligned}j'(0)&=T\iint_\Omega[(u_x+\varepsilon v_x)v_x+(u_y+\varepsilon v_y)v_y]\mid_{\varepsilon=0}\mathrm{d}x\mathrm{d}y-\iint_\Omega vf\mathrm{d}x\mathrm{d}y-\int_\Gamma vp\mathrm{d}s\\&=T\iint_\Omega(u_xv_x+u_yv_y)\mathrm{d}x\mathrm{d}y-\iint_\Omega vf\mathrm{d}x\mathrm{d}y-\int_\Gamma vp\mathrm{d}s\end{aligned}$$

于是 $u$ 满足

$$T\iint_\Omega(u_xv_x+u_yv_y)\mathrm{d}x\mathrm{d}y-\iint_\Omega vf\mathrm{d}x\mathrm{d}y-\int_\Gamma vp\mathrm{d}s=0,\ \forall v\in M_0\quad(1.1.17)$$

设 $u\in C^2(\overline{\Omega})$，则由分部积分公式得

$$\begin{aligned}&T\iint_\Omega(u_xv_x+u_yv_y)\mathrm{d}x\mathrm{d}y-\iint_\Omega vf\mathrm{d}x\mathrm{d}y-\int_\Gamma vp\mathrm{d}s\\&=-T\iint_\Omega(u_{xx}v+u_{yy}v)\mathrm{d}x\mathrm{d}y+T\int_{\partial\Omega}v(u_xn_x+u_yn_y)\mathrm{d}s-\iint_\Omega vf\mathrm{d}x\mathrm{d}y-\int_\Gamma vp\mathrm{d}s\end{aligned}$$

其中 $\boldsymbol{n}=(n_x,n_y)$ 为 $\Omega$ 在 $\partial\Omega$ 上的单位外法向量. 又因为在 $\boldsymbol{\gamma}$ 上 $v=0$，且

$$\frac{\partial u}{\partial\boldsymbol{n}}=\nabla u\cdot\boldsymbol{n}=u_xn_x+u_yn_y$$

所以由式(1.1.17)得

$$-T\iint_\Omega v\Delta u\mathrm{d}x\mathrm{d}y+T\int_\Gamma v\frac{\partial u}{\partial n}\mathrm{d}s-\iint_\Omega vf\mathrm{d}x\mathrm{d}y-\int_\Gamma vp\mathrm{d}s=0,\quad\forall v\in M_0$$

由于 $M\Leftrightarrow C_0^\infty(\Omega)$，从而

$$-T\iint_\Omega v\Delta u\mathrm{d}x\mathrm{d}y-\iint_\Omega vf\mathrm{d}x\mathrm{d}y=0,\quad\forall v\in C_0^\infty(\Omega)$$

即

$$\iint_\Omega(T\Delta u+f)v\mathrm{d}x\mathrm{d}y=0,\quad\forall v\in C_0^\infty(\Omega)$$

再由引理得

$$-T\Delta u=f(x,y),\quad(x,y)\in\boldsymbol{\Omega}$$

这就是膜的平衡方程.

通常我们称方程

$$-\Delta u=f$$

为位势方程，其中 $\Delta=\frac{\partial^2}{\partial x_1^2}+\frac{\partial^2}{\partial x_2^2}+\cdots+\frac{\partial^2}{\partial x_n^2}$. 当 $f\equiv0$ 时，称它为 Laplace 方程或调

和方程；当 $f$ 不恒等于零时，称它为 Poisson 方程.

## 1.2 定解条件和定解问题

上一节我们讨论的是如何将一个物理系统所具有的物理规律用数学式子表达出来，即如何推导数学物理方程. 因为任何一个具体的物理系统都是在相应的特定条件下运行的，所以要想完全确定一个物理过程，除了掌握其控制方程（即体现系统如何运行的数学物理方程）外，我们还需要知道系统在初始时刻的状态和系统的边界对系统运行的约束. 例如弦振动问题，任何一根振动的弦在某时刻的振动状态总是和此时刻以前的状态有关，从而就与初始时刻的状态有关. 弦的两端所受的约束也会影响弦的振动，端点所处的物理条件不同就会产生不同的影响，因而弦的振动也不同. 所以对于弦振动问题，除了建立振动方程以外，还需要找到约束它运动状态的特定条件，对热传导方程和位势方程也是如此.

用来描述物理过程初始状态的数学表达式称为初始条件. 用来描述物理过程边界状况的数学表达式称为边界条件. 我们把初始条件和边界条件统称为定解条件. 一个偏微分方程连同与它相应的定解条件组成一个定解问题. 事实上，求得一个偏微分方程的所有解一般是不可能的，而一个定解问题的求解则常常是可行的，因此定解问题的研究是偏微分方程理论的中心问题.

### 1.2.1 弦振动方程的定解条件和定解问题

对于弦振动问题来说，初始条件就是弦在开始时刻的位移和速度. 若以 $\varphi(x)$，$\psi(x)$ 分别表示初始时刻弦的位移和速度，则初始条件可以表示为

$$\begin{cases} u(x,0)=\varphi(x) \\ u_t(x,0)=\psi(x) \end{cases} \tag{1.2.1}$$

注意这里 $\varphi(x)$，$\psi(x)$ 为已知函数.

若弦的长度为 $l$，我们以 $x=0$ 和 $x=l$ 分别表示弦的左右两个端点，即弦的左端点的 $x$ 坐标为 0，而弦的右端点的 $x$ 坐标为 $l$. 弦在振动时，其端点所受的约束情况，通常有以下 3 种类型：

（1）弦在振动过程中两端点的位移情况已知，若以 $g_1(t)$ 和 $g_2(t)$ 分别表示左右端点的位移，则对应于这种状态的边界条件为

$$\begin{cases} u(0,t)=g_1(t) \\ u(l,t)=g_2(t) \end{cases} \tag{1.2.2}$$

特别当 $g_1(t)=g_2(t)=0$ 时,说明弦在振动过程中两个端点始终保持不动,称弦线具有固定端.

(2)已知弦的两个端点所受的沿位移方向的外力作用,即

$$\begin{cases} -T\dfrac{\partial u}{\partial x}\bigg|_{x=0}=g_1(t) \\ T\dfrac{\partial u}{\partial x}\bigg|_{x=l}=g_2(t) \end{cases} \tag{1.2.3}$$

其中 $g_1(t)$,$g_2(t)$是已知函数. 特别当 $g_1(t)=g_2(t)=0$ 时,称弦具有自由端.

(3)已知端点的位移与所受外力的作用的一个线性组合

$$\begin{cases} -T\dfrac{\partial u}{\partial x}\bigg|_{x=0}+\alpha_1 u(0,t)=g_1(t) \\ T\dfrac{\partial u}{\partial x}\bigg|_{x=l}+\alpha_2 u(l,t)=g_2(t) \end{cases} \tag{1.2.4}$$

其中 $g_1(t)$,$g_2(t)$是已知函数,$\alpha_i>0,i=1,2$,特别当 $g_1(t)=g_2(t)=0$ 时,表示弦的两端固定在弹性支承上,$\alpha_1$,$\alpha_2$ 分别表示支承的弹性系数.

在区域$\{0\leqslant x\leqslant l,t\geqslant 0\}$上,由方程(1.1.8)、初始条件(1.2.1)以及边界条件(1.2.2)~(1.2.4)中的任意一个组成一个定解问题,这种定解问题叫作弦振动方程的混合问题. 例如

$$\begin{cases} \dfrac{\partial^2 u}{\partial t^2}-a^2\dfrac{\partial^2 u}{\partial x^2}=f(x,t),0<x<l,t>0 \\ u(x,0)=\varphi(x),0\leqslant x\leqslant l \\ u_t(x,0)=\psi(x),0\leqslant x\leqslant l \\ u(0,t)=g_1(t),t\geqslant 0 \\ u(l,t)=g_2(t),t\geqslant 0 \end{cases}$$

这是一个常见的弦振动方程的混合问题.

如果对于弦上的一段,在所考虑的时间内,弦的端点(边界)的影响可以忽略不计,那么我们可以认为弦长是无穷的,这样就不必考虑边界条件,我们把在区域$\{-\infty<x<+\infty,t\geqslant 0\}$上,由方程(1.1.8)和初始条件(1.2.1)组成的定解问题称为弦振动方程的初值问题(或称为 Cauchy 问题). 将它写出为

$$\begin{cases}\dfrac{\partial^2 u}{\partial t^2}-a^2\dfrac{\partial^2 u}{\partial x^2}=f(x,t),\ -\infty<x<\infty,t>0\\ u(x,0)=\varphi(x),\ -\infty<x<\infty\\ u_t(x,0)=\psi(x),\ -\infty<x<\infty\end{cases}$$

类似地,可以给出二维、三维波动方程的定解条件和定解问题.

### 1.2.2 热传导方程的定解条件和定解问题

对于热传导方程来说,初始条件是指在开始时刻物体温度的分布情况. 若以 $\varphi(x,y,z)$ 表示 $t=0$ 时物体内点 $(x,y,z)$ 处的温度,则热传导方程的初始条件就是

$$u(x,y,z,0)=\varphi(x,y,z),\quad (x,y,z)\in\overline{\Omega} \tag{1.2.5}$$

其中 $\Omega$ 是物体所占区域.

与弦振动方程的边界条件类似,热传导方程的边界条件通常也分为 3 类:

(1) 如果在导热过程中物体边界 $\partial\Omega$ 的温度为已知函数 $g(x,y,z,t)$,则此时的边界条件为

$$u|_{\partial\Omega}=g(x,y,z,t),\quad t>0 \tag{1.2.6}$$

特别当 $g$ 为常数时,称物体的边界保持恒温.

(2) 已知通过边界 $\partial\Omega$ 的热量

$$k\frac{\partial u}{\partial \boldsymbol{n}}\bigg|_{\partial\Omega}=g(x,y,z,t),\quad t>0 \tag{1.2.7}$$

其中 $\boldsymbol{n}$ 为 $\Omega$ 的单位外法向量,$g\geqslant 0$ 表示流入,$g\leqslant 0$ 表示流出. 当 $g\equiv 0$ 时,表示物体绝热.

(3) 已知通过边界 $\partial\Omega$ 的热量

$$k\frac{\partial u}{\partial \boldsymbol{n}}\bigg|_{\partial\Omega}=\alpha_0(g_0-u)|_{\partial\Omega},\quad t>0$$

或

$$\left(\frac{\partial u}{\partial \boldsymbol{n}}+\alpha u\right)\bigg|_{\partial\Omega}=g(x,y,z,t),\quad t>0 \tag{1.2.8}$$

其中 $g_0$ 表示周围介质温度,$\alpha_0$ 表示热交换系数,$\alpha=\dfrac{\alpha_0}{k}>0$.

若 $\Omega$ 是空间 $\mathbf{R}^3$ 中任意有界开区域,则在 $\overline{\Omega}\times[0,\infty)$ 上,有方程(1.1.15)和初始条件(1.2.5)和边界条件(1.2.6)~(1.2.8)中任意一个组成的定解问题称为三维传导方程的混合问题.

若 $\Omega=\mathbf{R}^3$,在上半空间 $\mathbf{R}^3\times[0,\infty)$,由方程(1.1.15)和初始条件(1.2.5)

组成的定解问题称为三维热传导方程的初值问题(或称为 Cauchy 问题).

类似地,可以给出一维、二维热传导方程的定解条件和定解问题.

**附注 1**　综上可知,不论弦振动问题,还是热传导问题,它们所对应的边界条件,从数学角度看主要有 3 种类型:

第一类边界条件(Dirichlet 边界条件):在边界上直接给出未知函数 $u$ 的数值.

第二类边界条件(Neumann 边界条件):在边界上给出未知函数 $u$ 沿边界的单位外法向量的方向导数.

第三类边界条件(Robin 边界条件):在边界上给出未知函数 $u$ 及其沿边界的单位外法向量的方向导数的某种线性组合.

**附注 2**　只有初始条件,没有边界条件的定解问题就是初值问题(或 Cauchy 问题);反之,没有初始条件,只有边界条件的定解问题称为边值问题.

**附注 3**　位势方程是描述稳定状态系统的,与初始状态无关,所以没有初始条件.

## 1.3　定解问题的适定性

前面两节我们推导了 3 种不同类型的偏微分方程并讨论了弦振动方程和热传导方程的初始条件与边界条件的表达方式,给出了相应的定解问题. 本节就对一般偏微分方程给出其有关的基本概念,提出定解问题的适定性的概念.

关于未知函数 $u=u(x_1,x_2,\cdots,x_m)\ (m\geqslant 2)$ 的偏微分方程是指如下形式的方程

$$F(x_1,x_2,\cdots,x_m,u_{x_1},\cdots,u_{x_m},u_{x_1x_1},u_{x_1x_2},\cdots)=0$$

其中 $F$ 是 $x_1,x_2,\cdots,x_m,u$ 以及 $u$ 的有限个偏导数的已知函数. 如果在 $F$ 中含有 $u$ 的偏导数的最高阶为 $n$,则称它为 $n$ 阶偏微分方程. 如果 $F$ 关于 $u$ 及其偏导数是线性的,则称方程是线性的,否则称方程是非线性的.

偏微分方程属于分析性的范畴,是在微积分出现后不久即兴起的一门学科. 它起源于 18 世纪 Euler, d'Alembert, Bernoulli, Lagrange 和 Laplace 等数学家和物理学家的工作,作为描述连续力学的核心工具,被用作分析物理科学中模型的主要方式. 一维线性波动方程 $u_{tt}-u_{xx}=0$ 是 d'Alembert 于 1746 年在模拟弦振动时建立的. 1780 年, Laplace 在研究重力场理论时提出了他的方程 $-\Delta u=0$. 热传导方程 $u_t-u_{xx}=0$ 是由 Fourier 于 1807 年研究热传导现象时建

立的. 这 3 个方程导致了二阶偏微分方程的基本分类,即双曲、抛物和椭圆型偏微分方程,并且主要的线性偏微分方程的理论也是基于这 3 个基本方程的. 本书将集中篇幅讨论以下 3 个方程

$$\frac{\partial^2 u}{\partial t^2} - a^2 \Delta u = f(x,t) \quad (\text{波动方程})$$

$$\frac{\partial u}{\partial t} - a^2 \Delta u = f \quad (\text{热传导方程})$$

$$-\Delta u = 0 \quad (\text{Laplace 方程})$$

它们都是二阶偏微分方程.

如果一个函数具有某偏微分方程中所需要的各阶连续偏导数,并且代入该方程中能使它变成恒等式,则此函数称为该方程的解(古典解). 除了古典解外,还应有非古典解,即广义解或弱解的概念. 打个比方:代数方程 $x^2 - 2 = 0$ 在有理数域上无解,但若将无理数域拓展为实数域,则这个方程有解. 对于一个偏微分方程而言,在古典的函数及导数意义下它可能没有解(古典解),但在拓宽了函数及导数的定义(广义函数和广义导数)且对如何满足方程加以说明后,它可能有解,这个解就是广义解. 在本书中的前 4 章我们主要围绕古典解讨论.

一个定解问题提得是否符合实际情况,当然必须靠实践来证实. 然而从数学角度,可以从 3 个方面加以检验,即检验其解的存在性、唯一性和稳定性. 所谓解的存在性,是指定解问题是否有解. 所谓解的唯一性,是指定解问题的解是否只有一个. 所谓稳定性,是指定解的条件中的已知函数发生微小变化时解的变化是否也是微小的,如果确实是如此,此解便称为稳定的. 注意,为了使一个偏微分方程的定解问题正确反映客观实际,它必须存在唯一且稳定的解. 如果一个定解问题存在唯一且稳定的解,则称这个定解问题是适定的.

关于定解问题的稳定性,我们有必要再多添几笔. 我们要求定解问题的解是稳定的,否则所得的解毫无实用价值. 因为定解条件通常总是利用实验方法获得的,因而所得到的结果总有一定的误差,如果因此解的变化很大,那么这解不能符合客观实际的要求. 怎样衡量解的变化的大小? 我们需要引入度量的概念.

设 $G$ 是一个函数集合,如果对于任意两个函数 $f_1, f_2 \in G$,必有

$$a_1 f_1 + a_2 f_2 \in G(a_1, a_2 \in \mathbf{R})$$

那么称 $G$ 是线性空间. 如果对于 $\forall f \in G$ 都有一个非负的实数 $\|f\|$ 与它对应,且满足:

(1) $\|f\| \geqslant 0$,其中等号当且仅当 $f = 0$ 时成立,那么称 $G$ 为线性赋范空间,

$\|f\|$ 称为 $f$ 的范数或模；

(2) 若 $f_1, f_2 \in G$，则

$$\|f_1 + f_2\| \leqslant \|f_1\| + \|f_2\|$$

(3) 若 $f \in G, a \in \mathbf{R}$，则

$$\|af\| = |a| \, \|f\|$$

对于一个函数空间，如果按照某种方式引入了"范数"，也就对其规定了度量，$\|f_1 - f_2\|$ 的大小就表示在这个度量意义下 $f_1$ 与 $f_2$ 的接近程度．有了线性赋范空间的概念，我们就可以讨论解的稳定性了．

对定解问题适定性的研究是目前偏微分方程理论研究的主要内容．另外，对不适定问题的研究也是偏微分方程研究的一个重要方向．

# 习题 1

1. 有一长为 $l$ 的均匀而柔软的细线，上端 ($x=0$) 固定，在自身重力的作用下，此弦处于铅直的平衡位置．试导出此弦相对于竖直线的微小横振动方程．

2. 一根细弦在媒质中做横振动，假设媒质的阻力与速度成正比．试推导出弦的横振动方程．

3. 试推导出薄膜的横振动方程，并分别对①边界固定在钢丝上；②边界部分受到外力的作用；③边界固定在弹性支承上，这 3 种情况写出定解条件．

4. 在杆纵向振动时，假设①端点固定；②端点自由；③端点固定在弹性支承上．试导出杆的纵振动方程，并写出这三种情况下对应的边界条件．

5. 有一个半径为 $r$，线密度为 $\rho$ 的均匀圆柱体．假设该圆柱体的同一横截面上的温度是相同的，圆柱体的侧面与周围介质有热交换，且满足牛顿热交换定律．记圆柱体的比热是 $c$，热传导系数是 $k$，介质的温度是 $u_0$（常数），热交换系数是 $k_1$．试导出温度分布 $u$ 满足的微分方程．

6. 均匀细导线，每单位长的电阻为 $R$，通以恒定的电流 $I$，导线表面与周围温度为零的介质进行热交换．试导出导线上的温度 $u$ 满足的定解问题（设初始温度和两端温度都是 0 ℃）．

# 第 2 章　分离变量法

在上一章初步阐明了怎样把具体的物理问题表达为数学物理方程的定解问题. 下面探索一些典型问题的数学求解. 我们将用到叫作分离变量法的解题技巧. 与计算多重积分是通过分解成计算多个一重积分完全类似，对于一些偏微分方程定解问题的求解可以设法把它们转化为若干个常微分方程的定解问题的求解，然后经过适当的方式“合成”出原问题的解. 分离变量法就是常用的一种转化手法，为此要详细地讨论一些例子.

## 2.1 叠加原理

为了讨论方便，我们记“$L$”为线性算子，即 $L$ 满足

$$L(c_1u_1+c_2u_2)=c_1L(u_1)+c_2L(u_2) \tag{2.1.1}$$

其中 $u_1$ 和 $u_2$ 是任意两个函数，$c_1$ 和 $c_2$ 是任意常数. $\frac{\partial}{\partial t}$，$\frac{\partial^2}{\partial t^2}$及$\frac{\partial^2}{\partial x^2}$都是线性算子，因为它们满足式(2.1.1)，即

$$\frac{\partial}{\partial t}(c_1u_1+c_2u_2)=c_1\frac{\partial u_1}{\partial t}+c_2\frac{\partial u_2}{\partial t}$$

$$\frac{\partial^2}{\partial t^2}(c_1u_1+c_2u_2)=c_1\frac{\partial^2 u_1}{\partial t^2}+c_2\frac{\partial^2 u_2}{\partial t^2}$$

$$\frac{\partial^2}{\partial x^2}(c_1u_1+c_2u_2)=c_1\frac{\partial^2 u_1}{\partial x^2}+c_2\frac{\partial^2 u_2}{\partial x^2}$$

可以证明线性算子的任意线性组合还是一个线性算子，所以可知

$$\frac{\partial}{\partial t}-a^2\frac{\partial^2}{\partial x^2}$$

和

$$\frac{\partial^2}{\partial t^2}-a^2\frac{\partial^2}{\partial x^2}$$

都是线性算子.

$u$ 的线性方程具有形式

$$L(u)=f \tag{2.1.2}$$

其中 $L$ 是一个线性算子,$f$ 是已知函数. 若式(2.1.2)中 $f=0$,则称(2.1.2)为一个线性齐次方程. 若 $f\neq 0$,则称式(2.1.2)是非线性齐次方程.

$$\frac{\partial^2 u}{\partial t^2}-\alpha^2\frac{\partial^2 u}{\partial x^2}=0$$

$$\frac{\partial u}{\partial t}-\alpha^2\frac{\partial^2 u}{\partial x^2}=0$$

$$\frac{\partial^2 u}{\partial x^2}+\frac{\partial^2 u}{\partial y^2}=0$$

都是线性齐次方程,而且是线性齐次偏微分方程. 从式(2.1.1)可以得到 $L(0)=0$,所以 $u=0$ 是线性齐次方程的一个解,它称为线性齐次方程的平凡解.

注意线性和齐次性的概念也适用于边界条件.

**叠加原理** 如果 $u_1$ 和 $u_2$ 满足一个线性齐次方程,则它们的任意线性组合 $c_1u_1+c_2u_2$ 仍满足同一个线性齐次方程.

**证明** 设 $u_1$ 和 $u_2$ 是线性齐次方程 $L(u)=0$ 的两个解,则有 $L(u_1)=0$ 和 $L(u_2)=0$. 由线性算子的定义

$$L(c_1u_1+c_2u_2)=c_1L(u_1)+c_2L(u_2)=0$$

所以 $c_1u_1+c_2u_2$ 满足线性齐次方程 $L(u)=0$.

叠加原理可以被推广为:如果 $u_1,u_2,\cdots,u_M$ 是一个线性齐次方程的解,则这些解的任意线性组合 $c_1u_1+c_2u_2+\cdots+c_Mu_M=\sum_{n=1}^{M}c_nu_n$ 也是同一个线性齐次方程的一个解,其中 $c_n$ 是任意常数.

## 2.2 Fourier 级数

19 世纪初期,法国数学家 Fourier 在他有关热流的名著中提出了一种特殊的三角级数——Fourier 级数. Fourier 级数曾极大地推动了偏微分方程理论的发展在数学物理以及工程中都有重要的应用. 鉴于本书受到篇幅和讲授课时的限制,在这里仅对 Fourier 级数的基本内容做简要叙述.

### 2.2.1 Fourier 级数的定义

通常把在$[a,b]$上可积且满足

$$\int_a^b \varphi(x)\psi(x)\,\mathrm{d}x = 0$$

的函数$\varphi$与$\psi$称为在$[a,b]$上是正交的. 由此,我们说三角函数系:$1,\cos x,\sin x,\cos 2x,\sin 2x,\cdots,\cos nx,\sin nx,\cdots$,在$[-\pi,\pi]$上具有正交性,或者说它是正交函数系. 以此为基础,讨论三角级数

$$\frac{a_0}{2} + \sum_{n=1}^{\infty}(a_n\cos nx + b_n\sin nx) \tag{2.2.1}$$

的和函数$f$与级数(2.2.1)的系数$a_0,a_n,b_n$之间的关系,可以得到以下结论:若在整个数轴上

$$f(x) = \frac{a_0}{2} + \sum_{n=1}^{\infty}(a_n\cos nx + b_n\sin nx) \tag{2.2.2}$$

且等式右边级数一致收敛,则有如下关系式

$$a_n = \frac{1}{\pi}\int_{-\pi}^{\pi} f(x)\cos nx\,\mathrm{d}x, n = 0,1,2,\cdots \tag{2.2.3}$$

$$b_n = \frac{1}{\pi}\int_{-\pi}^{\pi} f(x)\sin nx\,\mathrm{d}x, n = 1,2,\cdots \tag{2.2.4}$$

一般地说,若$f$是以$2\pi$为周期且在$[-\pi,\pi]$上可积的函数,则可按公式(2.2.3)和(2.2.4)计算出$a_n$和$b_n$,它们称为函数$f$(关于三角函数系)的 Fourier 系数,以$f$的 Fourier 系数为系数的三角级数(2.2.2)称为$f$(关于三角函数系)的 Fourier 级数,记作

$$f(x) \sim \frac{a_0}{2} + \sum_{n=1}^{\infty}(a_n\cos nx + b_n\sin nx) \tag{2.2.5}$$

这里记号"~"表示上式右端是左端函数的 Fourier 级数. 若式(2.2.2)右边的三角级数在整个数轴上一致收敛于其和函数$f$,则此三角级数就是$f$的 Fourier 级数,即此时式(2.2.5)中的记号"~"可换为等号. 然而,若从以$2\pi$为周期且在$[-\pi,\pi]$上可积的函数$f$出发,按公式(2.2.3)、(2.2.4)求出其 Fourier 系数并得到 Fourier 级数(2.2.5),这时还需要讨论此级数是否收敛. 如果收敛,是否收敛于$f$本身.

**Fourier 级数收敛定理**(或称 Fourier 级数展开定理)　若以$2\pi$为周期的函数$f$在$[-\pi,\pi]$上按段光滑,则在每一点$x\in[-\pi,\pi]$,$f$的 Fourier 级数(2.2.5)收敛于$f$在点$x$的左、右极限的算术平均值,即

$$\frac{f(x+0)+f(x-0)}{2}=\frac{a_0}{2}+\sum_{n=1}^{\infty}(a_n\cos nx+b_n\sin nx)$$

其中 $a_n,b_n$ 为 $f$ 的 Fourier 系数.

收敛定理指出:$f$ 的 Fourier 级数在点 $x$ 处收敛于这一点上 $f$ 的左、右极限的算术平均值 $\frac{f(x+0)+f(x-0)}{2}$;而当 $f$ 在点 $x$ 连续时,则有 $\frac{f(x+0)+f(x-0)}{2}=f(x)$,即此时 $f$ 的 Fourier 级数收敛于 $f(x)$;在 $x=\pi$ 处,级数收敛于

$$\frac{f(\pi+0)+f(\pi-0)}{2}=\frac{f(\pi+0-2\pi)+f(\pi-0)}{2}$$
$$=\frac{f(-\pi+0)+f(\pi-0)}{2}$$

在 $x=-\pi$ 处,级数也收敛于 $\frac{f(-\pi+0)+f(\pi-0)}{2}$,于是有如下推论.

**推论**　若 $f$ 是以 $2\pi$ 为周期的连续函数,且在 $[-\pi,\pi]$ 上按段光滑,则 $f$ 的 Fourier 级数在 $(-\infty,\infty)$ 上收敛于 $f$.

### 2.2.2　以 2l 为周期的函数的 Fourier 级数

设 $f$ 是以 $2l$ 为周期的函数,通过变量置换

$$\frac{\pi x}{l}=t \text{ 或 } x=\frac{lt}{\pi}$$

可以把 $f$ 变换成以 $2\pi$ 为周期的 $t$ 的函数 $F(t)=f\left(\frac{lt}{\pi}\right)$. 若 $f$ 在 $[-l,l]$ 上可积,则 $F$ 在 $[-\pi,\pi]$ 上也可积. 这时函数 $F$ 的 Fourier 级数展开式是

$$F(t)\sim\frac{a_0}{2}+\sum_{n=1}^{\infty}(a_n\cos nt+b_n\sin nt) \tag{2.2.6}$$

其中

$$a_n=\frac{1}{\pi}\int_{-\pi}^{\pi}F(t)\cos nt\mathrm{d}t,n=0,1,2,\cdots \tag{2.2.7}$$

$$b_n=\frac{1}{\pi}\int_{-\pi}^{\pi}F(t)\sin nt\mathrm{d}t,n=1,2,\cdots \tag{2.2.8}$$

因为 $t=\frac{\pi x}{l}$,所以 $F(t)=f\left(\frac{lt}{\pi}\right)=f(x)$. 于是由式(2.2.6)、(2.2.7)与(2.2.8)分别得

$$f(x)\sim\frac{a_0}{2}+\sum_{n=1}^{\infty}\left(a_n\cos\frac{n\pi x}{l}+b_n\sin\frac{n\pi x}{l}\right) \tag{2.2.9}$$

与

$$a_n = \frac{1}{l}\int_{-l}^{l} f(x)\cos\frac{n\pi x}{l}\mathrm{d}x, n = 0,1,2,\cdots \tag{2.2.10}$$

$$b_n = \frac{1}{l}\int_{-l}^{l} f(x)\sin\frac{n\pi x}{l}\mathrm{d}x, n = 1,2,\cdots \tag{2.2.11}$$

这里式(2.2.10)与式(2.2.11)是以 $2l$ 为周期的函数 $f$ 的 Fourier 系数,式(2.2.9)是 $f$ 的 Fourier 级数.

若函数 $f$ 在 $[-l,l]$ 上按段光滑,则同样可由收敛定理知道

$$\frac{f(x+0)+f(x-0)}{2} = \frac{a_0}{2} + \sum_{n=1}^{\infty}\left(a_n\cos\frac{n\pi x}{l} + b_n\sin\frac{n\pi x}{l}\right)$$

当 $f$ 在点 $x$ 连续时,则有

$$f(x) = \frac{a_0}{2} + \sum_{n=1}^{\infty}\left(a_n\cos\frac{n\pi x}{l} + b_n\sin\frac{n\pi x}{l}\right)$$

### 2.2.3 偶函数与奇函数的 Fourier 级数

设 $f$ 是以 $2l$ 为周期的偶函数,或是定义在 $[-l,l]$ 上的偶函数,则在 $[-l,l]$ 上,$f(x)\cos nx$ 是偶函数,$f(x)\sin nx$ 是奇函数. 因此,$f$ 的 Fourier 系数

$$a_n = \frac{1}{l}\int_{-l}^{l} f(x)\cos\frac{n\pi x}{l}\mathrm{d}x = \frac{2}{l}\int_{0}^{l} f(x)\cos\frac{n\pi x}{l}\mathrm{d}x, n = 0,1,2,\cdots \tag{2.2.12}$$

$$b_n = \frac{1}{l}\int_{-l}^{l} f(x)\sin\frac{n\pi x}{l}\mathrm{d}x = 0, n = 1,2,\cdots \tag{2.2.13}$$

于是 $f$ 的 Fourier 级数只含有余弦函数的项,即

$$f(x) \sim \frac{a_0}{2} + \sum_{n=1}^{\infty} a_n\cos\frac{n\pi x}{l} \tag{2.2.14}$$

其中 $a_n$ 如式(2.2.12)所示. 式(2.2.14)右端的级数称为余弦级数.

同理,若 $f$ 是以 $2l$ 为周期的奇函数,或是定义在 $[-l,l]$ 上的奇函数,则可推得

$$a_n = \frac{1}{l}\int_{-l}^{l} f(x)\cos\frac{n\pi x}{l}\mathrm{d}x = 0, n = 0,1,2,\cdots \tag{2.2.15}$$

$$b_n = \frac{2}{l}\int_{0}^{l} f(x)\sin\frac{n\pi x}{l}\mathrm{d}x, n = 1,2,\cdots \tag{2.2.16}$$

所以当 $f$ 为奇函数时,它的 Fourier 级数只含正弦函数的项,即

$$f(x) \sim \sum_{n=1}^{\infty} b_n\sin\frac{n\pi x}{l} \tag{2.2.17}$$

其中 $b_n$ 如式(2.2.16)所示. 式(2.2.17)右端的级数称为正弦级数.

在实际应用中,有时需要把定义在$[0,l]$上的函数展开成余弦级数或正弦级数. 显然可直接由式(2.2.12)或式(2.2.16)计算出它的 Fourier 系数.

# 2.3　弦振动方程的混合问题

我们首先选取两端固定的弦的自由振动问题为例. 通过具体地求解,逐步回答什么是分离变量法,以及使用分离变量法应该具备什么条件.

## 2.3.1　利用分离变量法求形式解

考虑两端固定的弦振动方程的混合问题

$$\begin{cases} \dfrac{\partial^2 u}{\partial t^2} - a^2 \dfrac{\partial^2 u}{\partial x^2} = 0, \quad 0 < x < l, \quad t > 0 & (2.3.1) \\ u\big|_{x=0} = 0, \quad u\big|_{x=l} = 0, \quad t > 0 & (2.3.2) \\ u\big|_{t=0} = \varphi(x), \quad \dfrac{\partial u}{\partial t}\bigg|_{t=0} = \psi(x), \quad 0 \leqslant x \leqslant l & (2.3.3) \end{cases}$$

注意问题中偏微分方程是线性齐次的,边界条件是齐次的,求解这样的问题,可以运用叠加原理,先求齐次方程(2.3.1)的满足齐次边界条件(2.3.2)的特解,再利用叠加原理做这些特解的线性组合,使之满足初始条件(2.3.3). 另外,要清楚的是:分离变量试图确定乘积形式的解

$$u(x,t) = X(x)T(t)$$

其中 $X(x)$ 仅是 $x$ 的函数, $T(t)$ 仅是 $t$ 的函数.

根据上面的分析,首先,我们设法找到方程(2.3.1)所有具有变量分离形式

$$u(x,t) = X(x)T(t) \tag{2.3.4}$$

的非零特解,并要求它满足齐次边界条件(2.3.2).

把式(2.3.4)代入方程(2.3.1)和边界条件(2.3.2)得

$$X(x)T''(t) - a^2 X''(x)T(t) = 0$$

或

$$\frac{T''(t)}{a^2 T(t)} = \frac{X''(x)}{X(x)} \tag{2.3.5}$$

以及

$$X(0)T(t) = X(l)T(t) = 0 \tag{2.3.6}$$

观察式(2.3.5),变量已经能够被"分离",即等式左边只是 $t$ 的函数,右边只是 $x$ 的函数.

$$\underbrace{\frac{T''(t)}{a^2T(t)}}_{\text{仅为}t\text{的函数}} = \underbrace{\frac{X''(x)}{X(x)}}_{\text{仅为}x\text{的函数}}$$

一个时间的函数怎么样才能等于一个空间的函数呢?重要的想法是:式(2.3.5)一定等于相同的常数,即

$$\frac{T''(t)}{a^2T(t)} = \frac{X''(x)}{X(x)} = -\lambda \tag{2.3.7}$$

其中 $\lambda$ 是一个任意常数,称为分离常数. $\lambda$ 前的负号,只是为了讨论起来方便引入的,由式(2.3.7)得到两个常微分方程

$$T''(t) + \lambda a^2 T(t) = 0 \tag{2.3.8}$$

$$X''(x) + \lambda X(x) = 0 \tag{2.3.9}$$

由于 $T(t) \neq 0$,根据(2.3.6)得

$$X(0) = X(l) = 0 \tag{2.3.10}$$

所以要求方程(2.3.1)满足边界条件(2.3.2)的变量分离形式的解,就得先从下面常微分方程的边值问题

$$\begin{cases} X''(x) + \lambda X(x) = 0 \\ X(0) = X(l) = 0 \end{cases} \tag{2.3.11}$$

中解出非零解 $X(x)$,从常微分方程(2.3.8)中解出 $T(t)$.

我们称常微分方程的边值问题(2.3.11)为常微分方程(2.3.9)在条件(2.3.10)下的特征值问题,使特征值问题(2.3.11)有非零解的 $\lambda$ 称为该问题的特征值,相应的非零解 $X(x)$ 称为它的特征函数. $\lambda$ 和 0 的关系只有 3 种: $\lambda < 0, \lambda = 0, \lambda > 0$. 下面就这 3 种关系来讨论特征值问题.

若 $\lambda < 0$,则方程(2.3.9)的通解为

$$X(x) = C_1 e^{\sqrt{-\lambda}x} + C_2 e^{-\sqrt{-\lambda}x}$$

由条件(2.3.10)得

$$C_1 + C_2 = 0$$

$$C_1 e^{\sqrt{-\lambda}l} + C_2 e^{-\sqrt{-\lambda}l} = 0$$

解出 $C_1, C_2$ 得

$$C_1 = C_2 = 0$$

从而 $X(x) \equiv 0$. 此时特征值问题(2.3.11)只有零解,故 $\lambda$ 不能小于零.

若 $\lambda = 0$,则方程(2.3.9)的通解为

$$X(x) = C_1 x + C_2$$

由条件(2.3.10)得

$$C_1 = C_2 = 0$$

因此 $\lambda$ 也不能等于零.

若 $\lambda > 0$,则方程(2.3.9)的通解为

$$X(x) = C_1 \sin \sqrt{\lambda} x + C_2 \cos \sqrt{\lambda} x$$

由条件(2.3.10)得

$$C_2 = 0, C_1 \sin \sqrt{\lambda} l = 0$$

为了使 $X(x)$ 是非零函数,必须有

$$\sin \sqrt{\lambda} l = 0$$

即

$$\lambda = \left( \frac{n\pi}{l} \right)^2, n = 1, 2, \cdots$$

相应的非零解为

$$X(x) = C_n \sin \frac{n\pi}{l} x, n = 1, 2, \cdots$$

由于 $n$ 可以取遍全部正整数,这样,我们就求出了特征值问题(2.3.11)的一系列特征值及其相应的特征函数,分别记为

$$\lambda_n = \frac{n^2 \pi^2}{l^2}, n = 1, 2, \cdots \tag{2.3.12}$$

$$X_n(x) = C_n \sin \frac{n\pi}{l} x, n = 1, 2, \cdots \tag{2.3.13}$$

现在通过常微分方程(2.3.8)求出函数 $T(t)$,将 $\lambda = \lambda_n = \frac{n^2\pi^2}{l}$代入到方程(2.3.8)中得

$$T''_n(t) + \frac{a^2 n^2 \pi^2}{l^2} T_n(t) = 0$$

其通解为

$$T_n(t) = C'_n \sin \frac{n\pi a t}{l} + D'_n \cos \frac{n\pi a t}{l}, n = 1, 2, \cdots \tag{2.3.14}$$

于是由式(2.3.13)、(2.3.14)得到满足方程(2.3.1)及边界条件(2.3.2)的一组变量分离的特解

$$u_n(x,t) = \left( A_n \sin \frac{an\pi}{l} t + B_n \cos \frac{an\pi}{l} t \right) \sin \frac{n\pi}{l} x, n = 1, 2, \cdots \tag{2.3.15}$$

其中 $A_n = C_n C'_n, B_n = C_n D'_n$ 是任意常数. 到现在为止,我们求出了既满足方程

(2.3.1)又满足边界条件(2.3.2)的无穷多个特解. 为了求出原问题的解,将(2.3.15)中所有函数 $u_n(x,t)$ 叠加起来得

$$u(x,t) = \sum_{n=1}^{\infty} u_n(x,t) = \sum_{n=1}^{\infty}\left(A_n \sin\frac{an\pi}{l}t + B_n\cos\frac{an\pi}{l}t\right)\sin\frac{n\pi}{l}x \tag{2.3.16}$$

由叠加原理知,如果式(2.3.16)右端的无穷级数是收敛的,则它的和 $u(x,t)$ 也满足方程(2.3.1)和边界条件(2.3.2). 现在我们要适当选择 $A_n$,$B_n$,使函数$u(x,t)$也满足初始条件(2.3.3),为此必须有

$$\varphi(x) = u\big|_{t=0} = \sum_{n=1}^{\infty} B_n \sin\frac{n\pi}{l}x$$

$$\psi(x) = \frac{\partial u}{\partial t}\bigg|_{t=0} = \sum_{n=1}^{\infty}\frac{an\pi}{l}A_n\sin\frac{n\pi}{l}x$$

因为 $\varphi(x)$,$\psi(x)$ 是定义在 $[0,l]$ 上的函数,所以只要选取 $B_n$ 为 Fourier 正弦级数展开式的系数,$\frac{n\pi a}{l}A_n$ 为 $\psi(x)$ 的 Fourier 正弦级数展开式的系数,即

$$B_n = \frac{2}{l}\int_0^l \varphi(x)\sin\frac{n\pi}{l}x\mathrm{d}x \tag{2.3.17}$$

$$A_n = \frac{2}{an\pi}\int_0^l \psi(x)\sin\frac{n\pi}{l}x\mathrm{d}x \tag{2.3.18}$$

初始条件(2.3.3)就能被满足. 把式(2.3.17)和(2.3.18)所确定的 $B_n$ 和 $A_n$ 代入式(2.3.16),即得定解问题(2.3.1)~(2.3.3)的解.

当然,至此,表达式(2.3.16)还只能说是定解问题(2.3.1)~(2.3.3)的形式解,因为我们还不知道它是否有足够的光滑性.

**附注 1**　偏微分方程的求解过程往往采取以下步骤:先求形式解,即在求解过程中,不妨先假定所有运算都是合法的,然后再考虑对定解条件加怎样的约束才能保证所得形式解确实是真正的解. 因此,在求形式解时不必过分拘泥于运算的合法性,但在确认它是解时,必须一丝不苟地做出严格的论证.

### 2.3.2　定解问题解的存在性

经过上面的讨论,我们得出了定解问题(2.3.1)~(2.3.3)的形式解为(2.3.16),其中系数 $B_n$,$A_n$ 由式(2.3.17)和式(2.3.18)给出. 要使形式解(2.3.16)确实是定解问题(2.3.1)~(2.3.3)的解(古典解),须要求式(2.3.16)中的级数收敛,并且能够对 $x$,$t$ 具有连续的二阶偏导. 这些要求只要对函数 $\varphi(x)$ 及 $\psi(x)$ 加一些条件就能满足.

由于要求 $u\in C(\overline{Q})$，其中 $\overline{Q}=\{0\leqslant x\leqslant l,0\leqslant t\leqslant T\}$（$T$ 是任意正实数），因此 $u$ 必须在角点 $(0,0)$ 连续，从而必须有

$$u(0,0)=\lim_{x\to 0}u(x,0)=\lim_{x\to 0}\varphi(x)=\varphi(0)=\lim_{t\to 0}u(0,t)=0$$

由于要求 $u\in C^1(\overline{Q})$，因此 $u_t$ 在角点 $(0,0)$ 连续，从而必须有

$$u_t(0,0)=\lim_{x\to 0}u_t(x,0)=\lim_{x\to 0}\psi(x)=\psi(0)=\lim_{t\to 0}u_t(0,t)=0$$

由于要求 $u\in C^2(\overline{Q})$，因此 $u_{tt},u_{xx}$ 在角点 $(0,0)$ 连续，从而必须有

$$\begin{aligned}u_{tt}(0,0)&=\lim_{x\to 0}u_{tt}(x,0)=\lim_{x\to 0}a^2u_{xx}(x,0)=\lim_{x\to 0}a^2\varphi''(x)\\&=a^2\varphi''(0)=\lim_{t\to 0}u_{tt}(0,t)=0\end{aligned}$$

在角点 $(l,0)$ 也有类似的结果.

**解的存在性定理**　若 $\varphi(x)\in C^3[0,l]$，$\psi(x)\in C^2[0,l]$，以及 $\varphi(x)$，$\psi(x)$ 在定解区域 $\overline{Q}$ 的角点 $(0,0)$，$(l,0)$ 满足相容性条件：

$$\varphi(0)=\varphi(l)=\varphi''(0)=\varphi''(l)=\psi(0)=\psi(l)=0$$

则由(2.3.16)给出的函数确实是定解问题(2.3.1)～(2.3.3)的属于 $C^2(\overline{Q})$ 的解.

证明这个定理成立要求证实两方面，一方面是证明函数具有连续的二阶偏导数，另一方面是证明函数满足偏微分方程及定解条件，其中关键是证明函数具有二阶偏导数，由函数的级数表示形式知，此步骤最重要的是证明导数与级数求和的可交换性（只需证明级数一致收敛），因此我们只讨论函数的二阶偏导数与级数求和的可交换问题.

**定理的证明**　考虑级数的系数. 由定理的假设以及分部积分公式得

$$A_n=\frac{2}{an\pi}\int_0^l\psi(x)\sin\frac{n\pi}{l}x\mathrm{d}x=-\frac{l^3}{a(n\pi)^3}a_n$$

其中

$$a_n=\frac{2}{l}\int_0^l\psi''(x)\sin\frac{n\pi}{l}x\mathrm{d}x$$

同理

$$B_n=-\frac{l^3}{(n\pi)^3}b_n$$

其中

$$b_n=\frac{2}{l}\int_0^l\varphi'''(x)\cos\frac{n\pi}{l}x\mathrm{d}x$$

从而在$\overline{Q}=\{0\leqslant x\leqslant l,0\leqslant t\leqslant T\}$上,我们有估计

$$|u_n(x,t)|\leqslant|A_n|+|B_n|=O\left(\frac{1}{n^3}\right)$$

$$|Du_n(x,t)|\leqslant\frac{n\pi(a+1)}{l}(|A_n+|B_n||)=O\left(\frac{1}{n^2}\right)$$

$$|D^2u_n(x,t)|\leqslant\left(\frac{n\pi(a+1)}{l}\right)^2(|A_n+|B_n||)$$

$$\leqslant|a_n|^2+|b_n|^2+2\frac{l^2(a+1)^2(a^2+1)}{a^2\pi^2}\left(\frac{1}{n}\right)^2$$

其中$D$表示对$x,t$的一阶偏导.

由 Weierstrass 判别法知

$$\sum_{n=1}^{\infty}u_n(x,t),\sum_{n=1}^{\infty}\frac{\partial}{\partial x}u_n(x,t),\sum_{n=1}^{\infty}\frac{\partial}{\partial t}u_n(x,t)$$

在$\overline{Q}$上一致收敛.由 Fourier 级数的 Bessel 不等式知

$$\sum_{n=1}^{\infty}a_n^2\leqslant\frac{2}{l}\int_0^l|\psi''(x)|^2\mathrm{d}x$$

$$\sum_{n=1}^{\infty}b_n^2\leqslant\frac{2}{l}\int_0^l|\varphi'''(x)|^2\mathrm{d}x$$

再由 Weierstrass 判别法知

$$\sum_{n=1}^{\infty}\frac{\partial^2}{\partial x^2}u_n(x,t),\sum_{n=1}^{\infty}\frac{\partial^2}{\partial t^2}u_n(x,t)$$

在$\overline{Q}$上一致收敛.从而$u(x,t)$关于$x,t$的二阶导数与级数求和交换,由表达式(2.3.16)给出的函数$u(x,t)=\sum\limits_{n=1}^{\infty}u_n(x,t)$属于$C^2(\overline{\Omega})$.

**附注 2**　对于一个定解问题,在大多数情况下,先求形式解,然后在一定条件下验证这个形式解就是古典解,这个验证的过程常称为综合工作,鉴于本书受到讲授课时的限制,在今后的叙述中,对某些定解问题的综合工作未进行过多的讨论,只要求得了形式解,就认为定解得到了解决.

## 2.3.3　物理意义

为了加深理解,下面简明扼要地分析一下级数形式解(2.3.16)的物理意义,先分析一下级数中每一项

$$u_n(x,t)=\left(A_n\sin\frac{an\pi}{l}t+B_n\cos\frac{an\pi}{l}t\right)\sin\frac{n\pi}{l}x$$

的物理意义，把 $u_n(x,t)$ 改写成

$$u_n(x,t)=N_n\sin\frac{n\pi}{l}x\sin\left(\frac{n\pi a}{l}t+\alpha_n\right)$$

其中 $N_n=\sqrt{A_n^2+B_n^2}$，$\alpha_n=\arctan\frac{B_n}{A_n}$.

当时间 $t$ 取定值 $t_0$ 时，得

$$u_n(x,t_0)=N'_n\sin\frac{n\pi}{l}x$$

其中 $N'_n=N_n\sin\left(\frac{n\pi a}{l}t_0+\alpha_n\right)$是一个定值. 这表示任一时刻，波 $u_n(x,t_0)$ 的形状都是一些正弦曲线，只是它的振幅随时间的改变而改变.

当弦上点的横坐标 $x$ 取定值 $x_0$ 时，得

$$u_n(x_0,t)=N''_n\sin\left(\frac{n\pi a}{l}t+\alpha_n\right)$$

其中 $N''_n=N_n\sin\frac{n\pi}{l}x_0$ 是一个定值. 这说明弦上以 $x_0$ 为横坐标的点做简谐振动，其中振幅为 $N''_n$，频率为$\frac{n\pi a}{l}$，初相位为 $\alpha_n$，若 $x$ 取另外一个值时，情况也一样，只是振幅 $N''_n$ 不同. 就整个弦来说，振动元素 $u_n(x,t)$ 当 $x=0,\frac{l}{n},\cdots,\frac{n-1}{n}l,l$ 时，振幅 $N''_n=0$，而当 $x=\frac{l}{2n},\frac{3l}{2n},\cdots,\frac{2n-1}{2n}l$ 时，振幅 $a_n=\pm N_n$ 达到最大，弦的这种形式的运动称为驻波，所以在物理上也把分离变量法称为驻波法，即把弦的振动看作一系列具有特定频率的驻波的叠加.

**例 2.1**　设弦的两端固定于 $x=0$ 及 $x=l$，弦的初始位移如图 2.1 所示，初速度为零，又没有外力作用，求弦横向振动时的位移函数 $u(x,t)$.

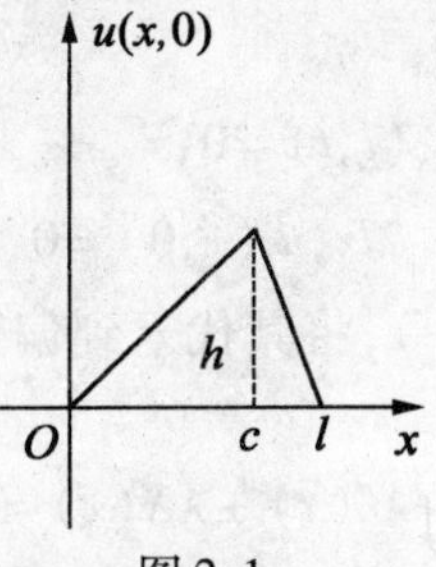


图 2.1

**解**　弦做横向振动时初始条件为

$$u(x,0)=\varphi(x)=\begin{cases}\dfrac{h}{c}x, & 0\leqslant x\leqslant c\\ \dfrac{h}{l-c}(l-x), & c<x\leqslant l\end{cases}$$

$$u_t(x,0)=\psi(x)=0$$

则 $u(x,t)$ 是下列定解问题的解

$$\begin{cases}u_{tt}-a^2u_{xx}=0, & 0<x<l,t>0\\ u(x,0)=\varphi(x),u_t(x,0)=\psi(x), & 0\leqslant x\leqslant l\\ u(0,t)=u(l,t)=0, & t\geqslant 0\end{cases}$$

其解为

$$u(x,t)=\sum_{n=1}^{\infty}\left(A_n\sin\frac{an\pi}{l}t+B_n\cos\frac{an\pi}{l}t\right)\sin\frac{n\pi}{l}x$$

由初始条件 $\psi(x)=0$ 得

$$A_n=0$$

由初始条件 $u(x,0)=\varphi(x)$ 得

$$\begin{aligned}B_n&=\frac{2}{l}\int_0^l\varphi(x)\sin\frac{n\pi}{l}x\mathrm{d}x\\ &=\frac{2}{l}\int_0^l\frac{h}{c}x\sin\frac{n\pi}{l}x\mathrm{d}x+\frac{2}{l}\int_c^l\frac{h}{l-c}(l-x)\sin\frac{n\pi}{l}x\mathrm{d}x\\ &=\frac{2hl^2}{\pi^2(l-c)cn^2}\sin\frac{n\pi c}{l}\end{aligned}$$

所以

$$u(x,t)=\frac{2hl^2}{\pi^2c(l-c)}\sum_{n=1}^{\infty}\frac{1}{n^2}\sin\frac{n\pi c}{l}\cos\frac{an\pi}{l}+\sin\frac{n\pi}{l}x$$

**例 2.2** 解下列定解问题

$$\begin{cases}u_{tt}-a^2u_{xx}=0, & 0<x<l,t>0\\ u(0,t)=0,u_x(l,t)=0, & t\geqslant 0\\ u(x,0)=x^2-2lx,u_t(x,0)=0, & 0\leqslant x\leqslant l\end{cases}$$

**解** 令 $u(x,t)=X(x)T(t)$，将其代入到偏微分方程及边界条件中得特征值问题

$$\begin{cases}X''(x)+\lambda X(x)=0\\ X(0)=X'(l)=0\end{cases}$$

及

$$T''(t)+\lambda a^2 T(t)=0$$

解特征值问题得一系列特征值与特征函数

$$\lambda_n=\frac{(2n+1)^2\pi^2}{4l^2}$$

$$X_n(x)=C_n\sin\frac{(2n+1)\pi}{2l}x, n=0,1,2,\cdots$$

将这些特征值代入到方程 $T''(t)+\lambda a^2T(t)=0$ 中,解得

$$T_n(t)=C'_n\cos\frac{(2n+1)\pi a}{2l}t+D'_n\sin\frac{(2n+1)\pi a}{2l}t, n=0,1,2,\cdots$$

于是,所求定解问题的解可表示为

$$u(x,t)=\sum_{n=0}^{\infty}\left(A_n\sin\frac{(2n+1)\pi a}{2l}t+B_n\cos\frac{(2n+1)\pi a}{2l}t\right)\sin\frac{(2n+1)\pi}{2l}x$$

利用初始条件确定其中的任意常数 $A_n, B_n$ 得

$$A_n=0$$

$$B_n=\frac{2}{l}\int_0^l(x^2-2lx)\sin\frac{(2n+1)\pi}{2l}x\mathrm{d}x=\frac{32l^2}{(2n+1)^3\pi^3}$$

所以所求的解为

$$u(x,t)=-\frac{32l^2}{\pi^3}\sum_{n=0}^{\infty}\frac{1}{(2n+1)^3}\cos\frac{(2n+1)\pi a}{2l}t\sin\frac{(2n+1)\pi}{2l}x$$

**附注 3** 分离变量法适用于求解方程是齐次线性偏微分方程且边界条件也是齐次线性的定解问题. 利用分离变量法求解定解问题的关键步骤是确定特征值问题与运用叠加原理.

## 2.4 有限长杆上的热传导方程的混合问题

设有一均匀细杆,长为 $l$,两端点的坐标为 $x=0$ 与 $x=l$,杆的侧面是绝热的,且在两端点 $x=0$ 与 $x=l$ 处温度是零度,杆内部无热源,已知初始温度分布为 $\varphi(x)$. 求杆上的温度变化规律,也就是要考虑下列定解问题

$$\begin{cases}\dfrac{\partial u}{\partial t}=a^2\dfrac{\partial^2 u}{\partial x^2}, & 0<x<l \quad (2.4.1)\\ u(0,t)=u(l,t)=0, & t\geqslant 0 \quad (2.4.2)\\ u(x,0)=\varphi(x), & 0\leqslant x\leqslant l \quad (2.4.3)\end{cases}$$

注意到方程是线性齐次偏微分方程,边界条件是齐次边界条件,故我们考

虑仍然用分离变量法解这个定解问题. 设不恒为零的变量分离形式的解 $u(x,t)=X(x)T(t)$ 代入到方程(2.4.1)得

$$\frac{T'(t)}{a^2T(t)}=\frac{X''(x)}{X(x)}$$

这个式子左端不含空间变量 $x$,即左端与变量 $x$ 无关,右端不含时间变量 $t$,即右端与变量 $t$ 无关,所以只有当两端等于同一个常数时可能相等. 令此常数为 $-\lambda$,则有

$$\frac{T'(t)}{a^2T(t)}=\frac{X''(x)}{X(x)}=-\lambda$$

从而得到两个线性常微分方程

$$T'(t)+a^2\lambda T(t)=0 \tag{2.4.4}$$

$$X''(x)+\lambda X(x)=0 \tag{2.4.5}$$

将 $u(x,t)=X(x)T(t)$ 代入到边界条件(2.4.2)得

$$X(0)T(t)=X(l)T(t)=0$$

由于我们要求的 $u(x,t)$ 是非零解,故 $T(t)\neq 0$,从而有

$$X(0)=X(l)=0 \tag{2.4.6}$$

式(2.4.5)与(2.4.6)构成一个常微分方程的边值问题(即特征值问题)

$$\begin{cases}X''(x)+\lambda X(x)=0\\X(0)=X(l)=0\end{cases} \tag{2.4.7}$$

下面确定特征值 $\lambda$,也就是 $\lambda$ 取什么值,(2.4.7)有非零解. 由于(2.4.7)与2.3节的特征值问题(2.3.11)相同,故可经过相同的讨论确定特征值 $\lambda$ 必须大于零. 此时,得一系列特征值及其对应的一系列特征函数

$$\lambda_n=\frac{n^2\pi^2}{l^2},n=1,2,\cdots \tag{2.4.8}$$

$$X_n(x)=C_n\sin\frac{n\pi}{l}x,n=1,2,\cdots \tag{2.4.9}$$

将(2.4.8)代入到(2.4.4)得

$$X_n(x)=C_n\sin\frac{n\pi}{l}x,n=1,2,\cdots$$

$$T'_n(t)+\frac{a^2n^2\pi^2}{l^2}T(t)=0$$

它的通解为

$$T_n(t)=C'_n\mathrm{e}^{-\frac{a^2n^2\pi^2}{l^2}t} \tag{2.4.10}$$

于是由(2.4.9),(2.4.10)得到满足方程(2.4.1)及边界条件(2.4.2)的一组变

量分离的特解

$$u_n(x,t)=B_n\sin\frac{n\pi}{l}x\mathrm{e}^{-\frac{a^2n^2\pi^2}{l^2}t},n=1,2,\cdots \tag{2.4.11}$$

其中 $B_n=C_nC'_n$ 是任意常数. 利用叠加原理将所有特解叠加起来得

$$u(x,t)=\sum_{n=1}^{\infty}u_n(x,t)=\sum_{n=1}^{\infty}B_n\sin\frac{n\pi}{l}x\mathrm{e}^{-\frac{a^2n^2\pi^2}{l^2}t} \tag{2.4.12}$$

令(2.4.12)满足初始条件(2.4.3),有

$$u(x,0)=\varphi(x)=\sum_{n=1}^{\infty}B_n\sin\frac{n\pi}{l}x$$

由 Fourier 级数的相关理论得

$$B_n=\frac{2}{l}\int_0^l\varphi(x)\sin\frac{n\pi}{l}x\mathrm{d}x \tag{2.4.13}$$

再将(2.4.13)代入(2.4.12)即得定解问题(2.4.1)~(2.4.3)的形式解.

经过以上讨论,我们了解到分离变量法不仅可以解决求弦振动方程的某些定解问题,而且还可以解决求热传导方程的相关定解问题. 分离变量法是非常基础的求解定解问题的方法,读者一定要善于使用这种解题技巧. 再一次强调分离变量法适用求解方程是齐次线性方程且边界条件也是齐次的定解问题.

**例 2.3**　求解热传导方程定解问题

$$\begin{cases}\dfrac{\partial u}{\partial t}=a^2\dfrac{\partial^2u}{\partial x^2}, & 0<x<l,t>0 \quad (2.4.14)\\ u(0,t)=0,\dfrac{\partial u(l,t)}{\partial x}+hu(l,t)=0 & (2.4.15)\\ u(x,0)=\varphi(x) & (2.4.16)\end{cases}$$

**解**　设 $u(x,t)=X(x)T(t)$,将其代入到方程(2.4.14)和边界条件(2.4.15)中得特征值问题

$$\begin{cases}X''(x)+\lambda X(x)=0 & (2.4.17)\\ X(0)=X'(l)+hX(l)=0 & (2.4.18)\end{cases}$$

及常微分方程

$$T'(t)+a^2\lambda T(t)=0 \tag{2.4.19}$$

解方程(2.4.17)得

$$X(x)=A\cos\sqrt{\lambda}x+B\sin\sqrt{\lambda}x$$

由(2.4.18)得

$$A=0 \tag{2.4.20}$$

$$\sqrt{\lambda}\cos\sqrt{\lambda}l+h\sin\sqrt{\lambda}l=0 \tag{2.4.21}$$

将(2.4.21)改写成

$$\tan\gamma = \alpha\gamma \tag{2.4.22}$$

其中 $\gamma=\sqrt{\lambda}\,l,\alpha=-\frac{1}{hl}$. 方程(2.4.22)的根可以看作是曲线 $y=\tan\gamma$ 与直线 $y=\alpha\gamma$ 交点的横坐标,由于曲线与直线的交点有无穷多个,于是方程(2.4.22)有无穷多个根,由这些根可以确定出一系列特征值,为了讨论方便,记这一系列特征值为

$$\beta_1^2,\beta_2^2,\cdots,\beta_n^2,\cdots$$

其相对应的特征函数为

$$X_n(x)=B_n\sin\beta_n x,n=1,2,\cdots \tag{2.4.23}$$

此时求解(2.4.19)得

$$T_n(t)=A_n e^{-\beta_n^2a^2t},n=1,2,\cdots \tag{2.4.24}$$

将(2.4.23)和(2.4.24)相乘得方程(2.4.14)满足边界条件(2.4.15)的一组特解

$$u_n(x,t)=C_n e^{-\beta_n^2a^2t}\sin\beta_n x \tag{2.4.25}$$

其中 $C_n=A_nB_n$. 把这组特解相加得

$$u(x,t)=\sum_{n=1}^{\infty}u_n(x,t)=\sum_{n=1}^{\infty}C_n e^{-\beta_n^2a^2t}\sin\beta_n x \tag{2.4.26}$$

令其满足初始条件(2.4.16)得

$$u(x,0)=\varphi(x)=\sum_{n=1}^{\infty}C_n\sin\beta_n x$$

再由傅里叶级数相关理论得

$$C_n=\frac{1}{L_n}\int_0^l\varphi(x)\sin\beta_n x\mathrm{d}x \tag{2.4.27}$$

其中 $L_n=\int_0^l\sin^2\beta_n x\mathrm{d}x$. 把(2.4.27)代入到(2.4.26)即得原定解问题的解.

通过上面两节的讨论,分离变量法的解题步骤大体为:

(1)令 $u(x,t)=X(x)T(t)$ 适合方程和边界条件,从而得出 $X(x)$ 所适合的特征值问题,以及 $T(t)$ 适合的常微分方程.

(2)解特征值问题,求出全部特征值和特征函数,并求出相应的 $T(t)$ 的表达式.

(3)将所有变量分离形式的特解叠加起来,并利用初值定出所有特定常数.

## 2.5　特征函数法

前面两节讨论的偏微分方程都是齐次的,边界条件也是齐次的. 分离变量法在求解一些这种类型的偏微分方程定解问题方面是比较成功的. 现在的问题是如何求解带有齐次边界条件的非齐次线性偏微分方程的定解问题. 人们常用的一种方法称为特征函数法. 为了掌握这种方法我们先探讨一下特征值问题具有哪些重要性质.

在利用分离变量法求解弦振动方程定解问题和热传导方程定解问题时,都先得到了此二阶常微分方程

$$X''(x)+\lambda X(x)=0$$

的特征值问题. 由于边界条件的不同可能导致得到的特征值问题也不同. 这里讨论一般的特征值问题

$$\begin{cases}X''(x)+\lambda X(x)=0, \qquad 0<x<l & (2.5.1)\\ -\alpha_1 X'(0)+\beta_1 X(0)=0 & (2.5.2)\\ \alpha_2 X'(l)+\beta_2 X(l)=0 & (2.5.3)\end{cases}$$

其中 $\alpha_i \geqslant 0, \beta_i \geqslant 0, \alpha_i+\beta_i \neq 0, i=1,2.$

**定理** 2.1　在 $[0,l]$ 上特征值问题(2.5.1) ~ (2.5.3)具有以下性质:

(1)所有特征值都是非负实数,特别当 $\beta_1+\beta_2>0$ 时,所有特征值都是正数.

(2)存在无穷多个特征值

$$\lambda_1<\lambda_2<\cdots<\lambda_n<\lambda_{n+1}<\cdots$$

①存在最小特征值,通常记为 $\lambda_1$.

②不存在最大特征值,当 $n\to\infty$ 时,$\lambda_n\to\infty$.

(3)不同特征值对应的特征函数必正交,即若 $X_\lambda(x)$ 和 $X_\mu(x)$ 是分别对应于特征值 $\lambda,\mu(\lambda\neq\mu)$ 的特征函数,则有

$$\int_0^l X_\lambda(x)X_\mu(x)\,\mathrm{d}x = 0$$

(4)任意函数 $f(x)\in L_2[0,l]$ 可以按特征函数系 $\{X_n(x)\}$ 展开,即有

$$f(x) = \sum_{n=1}^{\infty} C_n X_n(x)$$

其中 $C_n = \dfrac{\int_0^l f(x)X_n(x)\,\mathrm{d}x}{\int_0^l X_n^2\,\mathrm{d}x}$. 这里所说的展开是指

$$\lim_{N\to\infty}\left\|f(x)-\sum_{n=1}^{\infty}C_nX_n(x)\right\|_{L_2[0,l]}=0$$

这个定理非常重要,是特征函数法的理论基础,对于我们理解、掌握分离变量法也有很大帮助. 鉴于性质(2)和(4)的证明比较复杂,这里只证明性质(1)和(3). 虽然没有证明性质(2)和(4),但包含性质(2)和(4)在内的这4条性质读者要能熟练应用.

**证明**　(1)设 $X_\lambda(x)$是以 $\lambda$ 为特征值的特征函数,它满足方程(2.5.1),即有

$$X''_\lambda(x)+\lambda X_\lambda(x)=0$$

以 $X_\lambda(x)$乘上式两端并在$[0,l]$上求积分,利用分部积分公式得

$$X_\lambda(x)X'_\lambda(x)\Big|_{x=0}^{x=l}-\int_0^l(X'_\lambda(x))^2\mathrm{d}x+\lambda\int_0^l(X_\lambda(x))^2\mathrm{d}x=0$$

从而有

$$\lambda=\frac{\int_0^l(X'_\lambda(x))^2\mathrm{d}x-X_\lambda(x)X'_\lambda(x)\Big|_{x=0}^{x=l}}{\int_0^l X_\lambda^2(x)\,\mathrm{d}x}$$

由边界条件(2.5.2),(2.5.3)得

$$X'_\lambda(0)X_\lambda(0)=\frac{1}{\alpha_1+\beta_1}[\alpha_1(X'_\lambda(0))^2+\beta_1(X_\lambda(0))^2]$$

$$X'_\lambda(l)X_\lambda(l)=\frac{-1}{\alpha_2+\beta_2}[\alpha_2(X'_\lambda(l))^2+\beta_2(X_\lambda(l))^2]$$

从而

$$-X_\lambda(x)X'_\lambda(x)\Big|_{x=0}^{x=l}=\frac{\alpha_1}{\alpha_1+\beta_1}(X'_\lambda(0))^2+\frac{\alpha_2}{\alpha_2+\beta_2}(X'_\lambda(l))^2+\frac{\beta_1}{\alpha_1+\beta_1}(X_\lambda(0))^2+\frac{\beta_2}{\alpha_2+\beta_2}(X_\lambda(l))^2$$

因此 $\lambda\geqslant0$,并且 $\lambda=0$ 当且仅当

$$X'_\lambda(x)=0 \tag{2.5.4}$$

和

$$\frac{\beta_1}{\alpha_1+\beta_1}X_\lambda^2(0)+\frac{\beta_2}{\alpha_2+\beta_2}X_\lambda^2(l)=0 \tag{2.5.5}$$

同时成立. 由(2.5.4)知 $X_\lambda(x)=C$(常数),而由(2.5.5)知,若 $\beta_1+\beta_2>0$,即 $\beta_1,\beta_2$ 中至少有一个不为零,那么 $C=0$,即 $X_\lambda(x)\equiv 0$,也就是当 $\lambda=0$ 时,边值问题(2.5.1)~(2.5.3)只有零解. 故 $\lambda=0$ 不是特征值,从而在 $\beta_1+\beta_2>0$ 的时候所有的特征值都是正数.

(3)设 $X_\lambda(x),X_\mu(x)$ 为相应于不同特征值 $\lambda$ 和 $\mu$ 的特征函数,则有

$$X''_\lambda(x)+\lambda X_\lambda(x)=0 \text{ 与 } X''_\mu(x)+\lambda X_\mu(x)=0$$

用 $X_\mu(x)$ 和 $X_\lambda(x)$ 分别乘上两式,并在 $[0,l]$ 上求积分,利用分部积分公式得

$$X_\mu(x)X'_\lambda(x)\Big|_{x=0}^{x=l}-\int_0^l X'_\mu(x)X'_\lambda(x)\,\mathrm{d}x+\lambda\int_0^l X_\mu(x)X_\lambda(x)\,\mathrm{d}x=0$$

$$X_\lambda(x)X'_\mu(x)\Big|_{x=0}^{x=l}-\int_0^l X'_\mu(x)X'_\lambda(x)\,\mathrm{d}x+\mu\int_0^l X_\mu(x)X_\lambda(x)\,\mathrm{d}x=0$$

相减得

$$(\lambda-\mu)\int_0^l X_\mu(x)X_\lambda(x)\,\mathrm{d}x=J(l)-J(0) \tag{2.5.6}$$

其中

$$J(x)=X_\lambda(x)X'_\mu(x)-X'_\lambda(x)X_\mu(x)$$

由边界条件(2.5.2)得

$$-\alpha_1X'_\lambda(0)+\beta_1X_\lambda(0)=0$$
$$-\alpha_1X'_\mu(0)+\beta_1X_\mu(0)=0$$

这是一组以 $\alpha_1,\beta_1$ 为未知数的齐次方程组,由于 $\alpha_1+\beta_1>0$,故它们的系数行列式必为零,即 $J(0)=0$. 同理由边界条件(2.5.3)可得 $J(l)=0$. 将它们代入(2.5.6)得

$$(\lambda-\mu)\int_0^l X_\mu(x)X_\lambda(x)\,\mathrm{d}x=0$$

由于 $\lambda\neq\mu$,故必有

$$\int_0^l X_\mu(x)X_\lambda(x)\,\mathrm{d}x=0$$

**附注 1**　特征值问题也称为 Sturm-Liouville 特征值问题或简称为 Sturm-Liouville 问题. 在定理 2.1 中出现的特征值问题是简化之后的 Sturm-Liouville 特征值问题. 关于详尽的 Sturm-Liouville 特征值问题本书未加以讨论.

**附注 2**　从定理 2.1 的性质(1)可知,当且仅当 $\beta_1=\beta_2$ 时,$\lambda=0$ 才是特征值问题(2.5.1)~(2.5.3)的特征值.

**附注 3**　函数空间 $L_2[0,l]$ 是指定义在 $[0,l]$ 上平方可积的实值函数的全

体.

**附注 4**　性质(4)说明全体特征函数$\{X_n(x)\}$组成了$L_2[0,l]$空间的一组完备正交基.

接下来考虑下列定解问题

$$\begin{cases}\dfrac{\partial^2 u}{\partial t^2}-a^2\dfrac{\partial^2 u}{\partial x^2}=f(x,t), & 0<x<l,t>0 \quad (2.5.7)\\ u(0,t)=u(l,t)=0, & t\geqslant 0 \quad (2.5.8)\\ u(x,0)=\varphi(x),u_t(x,0)=\psi(x), & 0\leqslant x\leqslant l \quad (2.5.9)\end{cases}$$

根据定理 2.1,可以把定解问题的解$u(x,t)$(此时是未知的),自由项$f(x,t)$以及初值$\varphi(x)$,$\psi(x)$按特征函数系$\{X_n(x)\}$展开,即

$$u(x,t)=\sum_{n=1}^{\infty}T_n(t)X_n(x) \quad (2.5.10)$$

$$f(x,t)=\sum_{n=1}^{\infty}f_n(t)X_n(x) \quad (2.5.11)$$

$$\varphi(x)=\sum_{n=1}^{\infty}\varphi_n X_n(x) \quad (2.5.12)$$

$$\psi(x)=\sum_{n=1}^{\infty}\psi_n X_n(x) \quad (2.5.13)$$

其中系数$f_n(t)$,$\varphi_n$,$\psi_n$可由定理 2.1 的性质(4)求得. 而$T_n(t)$是未知的,若将$T_n(t)$求出,再把它代入(2.5.10)即得定解问题(2.5.7)~(2.5.9)的解$u(x,t)$. 如何求$T_n(t)$呢? 将(2.5.10),(2.5.11),(2.5.12),(2.5.13)代入方程(2.5.7)和初始条件(2.5.9),会得到关于$T_n(t)$的常微分方程的初值问题,解这个常微分方程的初值问题就可求得$T_n(t)$,进而求得原定解问题(2.5.7)~(2.5.9)的解$u(x,t)$. 按照这个思路求解定解问题时,首先要明确特征函数系$\{X_n(x)\}$的表达式. 现在我们将求解过程进一步细化——

第一步:把变量分离形式的解$u(x,t)=X(x)T(t)$代入(2.5.7)相应的齐次方程$\dfrac{\partial^2 u}{\partial t^2}-a^2\dfrac{\partial^2 u}{\partial x^2}=0$和齐次边界条件(2.5.8),以得到相应的特征值问题

$$\begin{cases}X''(x)+\lambda X(x)=0\\ X(0)=X(l)=0\end{cases}$$

解得全部特征值$\left\{\left(\dfrac{n\pi}{l}\right)^2\right\}$和特征函数系$\{X_n(x)\}=\left\{\sin\dfrac{n\pi}{l}x\right\}$.

第二步:把解$u(x,t)$,方程的非齐次项$f(x,t)$和初值$\varphi(x)$,$\psi(x)$都按特征函数系展开,即得展开式(2.5.10)~(2.5.13). 由定理 2.1 的性质(4)求得系数

$$f_n(t)=\frac{\int_0^l f(x,t)\sin\frac{n\pi}{l}x\mathrm{d}x}{\int_0^l\left(\sin\frac{n\pi}{l}\right)^2\mathrm{d}x}=\frac{2}{l}\int_0^l f(x,t)\sin\frac{n\pi}{l}x\mathrm{d}x$$

$$\varphi_n(x)=\frac{\int_0^l \varphi(x)\sin\frac{n\pi}{l}x\mathrm{d}x}{\int_0^l\left(\sin\frac{n\pi}{l}\right)^2\mathrm{d}x}=\frac{2}{l}\int_0^l \varphi(x)\sin\frac{n\pi}{l}x\mathrm{d}x$$

$$\psi_n(x)=\frac{\int_0^l \psi(x)\sin\frac{n\pi}{l}x\mathrm{d}x}{\int_0^l\left(\sin\frac{n\pi}{l}\right)^2\mathrm{d}x}=\frac{2}{l}\int_0^l \psi(x)\sin\frac{n\pi}{l}x\mathrm{d}x$$

将(2.5.10)~(2.5.13)代入方程(2.5.7)和初始条件(2.5.9),由于特征函数系$\left\{\sin\frac{n\pi}{l}x\right\}$是完备的,得到 $T_n(t)$适合微分方程和初始条件

$$T''_n(t)+\left(\frac{an\pi}{l}\right)^2T_n(t)=f_n(t)$$
$$T_n(0)=\varphi_n$$
$$T'_n(0)=\psi_n$$

第三步:解上面初值问题,得

$$T_n(t)=\varphi_n\cos\frac{an\pi}{l}t+\frac{l}{an\pi}\psi_n\sin\frac{an\pi}{l}t+\frac{l}{an\pi}\int_0^t f_n(\tau)\sin\frac{an\pi}{l}(t-\tau)\mathrm{d}\tau$$

将它代入展开式(2.5.10),这样我们就求得了非齐次方程混合问题(2.5.7)~(2.5.9)的形式解的表达式.

上面求解带有齐次边界条件的非齐次线性偏微分方程的定解问题的方法称为特征函数法.由于特征函数法求得的形式解可变量分离,故可认为特征函数法是分离变量法的另一种表述方式.

**例 2.4**　试解出具有放射衰变的热传导方程

$$\frac{\partial^2u}{\partial x^2}-a^2\frac{\partial u}{\partial t}+A\mathrm{e}^{-\alpha x}=0$$

已知边界条件为$u|_{x=0}=0,u|_{x=l}=0$,初始条件为$u|_{t=0}=T$(常数).

**解**　题述定解问题为

$$\begin{cases}u_t-\frac{1}{a^2}u_{xx}-\frac{A}{a^2}\mathrm{e}^{-\alpha x}=0, & 0<x<l\\ u(x,0)=T, & 0\leqslant x\leqslant l\\ u(0,t)=u(l,t)=0, & t\geqslant 0\end{cases}$$

令其中$\frac{1}{a}=b$,则上面定解问题化为

$$\begin{cases} u_t - b^2 u_{xx} = Ab^2 e^{-ax}, & 0<x<l, t>0 \\ u(0,t)=u(l,t)=0, & t\geqslant 0 \\ u(x,0)=T, & 0\leqslant x\leqslant l \end{cases} \tag{2.5.14}$$

容易求得定解问题(2.5.14)的特征函数系为

$$\sin\frac{n\pi}{l}x, n=1,2,\cdots$$

将形式解$u(x,t)$方程的非齐次项$Ab^2e^{-ax}$和初值$T$按特征函数系展开得

$$u(x,t) = \sum_{n=1}^{\infty} T_n(t)\sin\frac{n\pi x}{l}$$

$$Ab^2 e^{-ax} = \sum_{n=1}^{\infty} C_n \sin\frac{n\pi}{l}x$$

$$T = \sum_{n=1}^{\infty} \varphi_n \sin\frac{n\pi}{l}x$$

其中

$$C_n = \frac{2}{l}\int_0^l Ab^2 e^{-ax}\sin\frac{n\pi}{l}x\mathrm{d}x = \frac{2Ab^2}{a^2l^2+n^2\pi^2}[1-(-1)^n b^{-al}]$$

$$\varphi_n = \frac{2}{l}\int_0^l T\sin\frac{n\pi}{l}x\mathrm{d}x = \frac{27}{n\pi}(1-\cos n\pi)$$

将$u(x,t)$,$Ab^2e^{-ax}$和$T$的级数展开式代入(2.5.14)的非齐次方程和初始条件,得

$$\begin{cases} T'_n(t) + \frac{n^2\pi^2 b^2}{l^2}T_n = C_n \\ T_n(0) = \varphi_n \end{cases}$$

解得

$$T_n(t) = \left[\varphi_n - \left(\frac{l}{n\pi b}\right)^2 C_n\right]e^{-(\frac{n\pi b}{l})^2 t} + \left(\frac{l}{n\pi b}\right)^2 C_n$$

所以

$$\begin{aligned} u(x,t) &= \sum_{n=1}^{\infty} T_n(t)X_n(x) \\ &= \sum_{n=1}^{\infty}\left\{\left[\varphi_n - \left(\frac{l}{n\pi b}\right)^2 C_n\right]e^{-(\frac{n\pi b}{l})^2 t} + \left(\frac{l}{n\pi b}\right)^2 C_n\right\}\sin\frac{n\pi}{l}x \\ &= \sum_{n=1}^{\infty}\left\{\frac{2T}{n\pi}(1-\cos n\pi) - \frac{2Al^2[1-(-1)^n e^{-al}]}{n\pi(a^2l^2+n^2\pi^2)}\right\} e^{-(\frac{n\pi}{al})^2}\sin\frac{n\pi}{l}x + \end{aligned}$$

$$\sum_{n=1}^{\infty}\frac{2Al^2[1-(-1)^n e^{-al}]}{n\pi(a^2l^2+n^2\pi^2)}\sin\frac{n\pi}{l}x$$

## 2.6　非齐次边界条件的定解问题

前面所讨论的定解问题有一个共同的特点，就是边界条件是齐次的，而不论方程或初始条件是否为齐次的，总可以找到相应的求解思路. 这样，当我们遇到非齐次边界条件问题时就可以尝试利用将边界条件齐次化的方法来解决问题. 其主要思想是把求解非齐次的边界条件问题转化为求解齐次的边界条件问题. 一般的做法是选取一个适当的已知函数，令原问题中的未知函数等于一个新的未知函数加上这个已选取的已知函数，再将原未知函数代回定解问题，得到关于新未知函数的齐次边界条件的定解问题，然后再利用上节的方法求解. 现在以下列定解问题为例，说明如何具体求解.

$$\begin{cases}\dfrac{\partial^2 u}{\partial t^2}-a^2\dfrac{\partial^2 u}{\partial x^2}=f(x,t), & 0<x<l,t>0 \quad (2.6.1)\\ u|_{x=0}=g_1(t),u|_{x=l}=g_2(t) & t\geqslant 0 \quad (2.6.2)\\ u|_{t=0}=\phi(x),\left.\dfrac{\partial u}{\partial t}\right|_{t=0}=\psi(x), & 0\leqslant x\leqslant l \quad (2.6.3)\end{cases}$$

我们先要确定一个函数 $w(x,t)$，使得将函数代换式

$$u(x,t)=v(x,t)+w(x,t) \quad (2.6.4)$$

代入(2.6.1) ~ (2.6.3)后得到的函数 $v(x,t)$ 的定解问题的边界条件是齐次的，即使得

$$v(0,t)=v(l,t)=0 \quad (2.6.5)$$

由(2.6.2)和(2.6.4)能够看出，要使(2.6.5)成立，只要

$$w(0,t)=g_1(t),w(l,t)=g_2(t) \quad (2.6.6)$$

即可. 所以只要选取的 $w(x,t)$ 满足(2.6.6)就能达到我们的目的. 而满足(2.6.6)的函数是容易找到的. 设 $w(x,t)=p(t)x+q(t)$，由(2.6.6)得

$$p(t)=\frac{1}{l}[g_2(t)-g_1(t)],q(t)=g_1(t)$$

从而

$$w(x,t)=g_1(t)+\frac{g_2(t)-g_1(t)}{l}x$$

现在做函数代换

$$u(x,t)=v(x,t)+\left[g_1(t)+\frac{g_2(t)-g_1(t)}{l}x\right] \tag{2.6.7}$$

将(2.6.7)代入定解问题(2.6.1)～(2.6.3)，得关于 $v(x,t)$ 的定解问题

$$\begin{cases}\dfrac{\partial^2 v}{\partial t^2}-a^2\dfrac{\partial^2 v}{\partial x^2}=g(x,t), & 0<x<l,t>0\\ v|_{x=0}=0,v|_{x=l}=0, & t\geqslant 0\\ v|_{t=0}=\overline{\phi}(x),\left.\dfrac{\partial v}{\partial t}\right|_{t=0}=\overline{\psi}(x), & 0<x<l\end{cases} \tag{2.6.8}$$

其中

$$g(x,t)=f(x,t)-\left[g''_1(t)+\frac{g''_2(t)-g''_1(t)}{l}x\right]$$

$$\overline{\varphi}(x)=\varphi(x)-\left[g_1(0)+\frac{g_2(0)-g_1(0)}{l}x\right]$$

$$\overline{\psi}(x)=\psi(x)-\left[g'_1(0)+\frac{g'_2(0)-g'_1(0)}{l}\right]$$

定解问题(2.6.8)可用上一节方法解出. 最后，由(2.6.4)即得原定解问题的解.

注意：在解题过程中，如何确定函数 $w(x,t)$ 是非常重要的，具体问题需要具体分析.

**例 2.5** 解下列定解问题

$$\begin{cases}\dfrac{\partial^2 u}{\partial t^2}-a^2\dfrac{\partial^2 u}{\partial x^2}=0, & 0<x<l,t>0 & (2.6.9)\\ u|_{x=0}=0,u|_{x=l}=-1, & t\geqslant 0 & (2.6.10)\\ u|_{t=0}=x(x-2l)-x,u_t|_{t=0}=0, & 0\leqslant x\leqslant l & (2.6.11)\end{cases}$$

**解** 这个定解问题的特点是：边界条件是非齐次的. 需要将边界条件进行齐次化处理. 由方程是齐次方程及边界条件与 $t$ 无关，所以我们有可能通过一次代换将原定解问题变成齐次方程、齐次边界条件的定解问题. 令

$$u(x,t)=v(x,t)+w(x,t)$$

代入方程(2.6.9)和边界条件(2.6.10)得

$$\frac{\partial^2 v}{\partial t^2}-a^2\frac{\partial^2 v}{\partial x^2}=a^2w''(x)$$

$$v|_{x=0}+w(0)=0$$

$$v_x|_{x=l}+w'(l)=-1$$

为使 $v(x,t)$ 的定解问题的方程和边界条件都是齐次的，选 $w(x)$ 满足

$$\begin{cases} w''(x)=0 \\ w(0)=0 \\ w'(l)=-1 \end{cases}$$

故可取 $w(x)=-x$，$v(x,t)$ 的定解问题为

$$\begin{cases} \dfrac{\partial^2 v}{\partial t^2}-a^2\dfrac{\partial^2 v}{\partial x^2}=0, & 0<x<l,t>0 \\ v|_{x=0}=0,v_x|_{x=l}=0, & t\geqslant 0 \\ v|_{t=0}=x(x-2l),v_t|_{t=0}=0, & 0\leqslant x\leqslant l \end{cases}$$

利用分离变量法，可得

$$v(x,t)=\sum_{n=0}^{\infty}\frac{2^5 l^2}{(2n+1)^3\pi^3}\cos\left[\frac{(2n+1)a\pi t}{2l}\right]\sin\left[\frac{(2n+1)\pi x}{2l}\right]$$

原问题的解为

$$u(x,t)=-x+\sum_{n=0}^{\infty}\frac{2^5 l^2}{(2n+1)^3\pi^3}\cos\left[\frac{(2n+1)a\pi t}{2l}\right]\sin\left[\frac{(2n+1)\pi x}{2l}\right]$$

**例 2.6**　解下列定解问题

$$\begin{cases} \dfrac{\partial u}{\partial t}-a^2\dfrac{\partial^2 u}{\partial x^2}=0, & 0<x<l,t>0 \\ u|_{x=0}=10,u|_{x=l}=5, & t>0 \\ u|_{t=0}=kx & 0<x<l \end{cases}$$

其中 $k$ 为常数.

**解**　边界条件是非齐次的且均为常数，将边界条件齐次化，令

$$u(x,t)=v(x,t)+w(x)$$

把它代入原定解问题得

$$\begin{cases} \dfrac{\partial v}{\partial t}-a^2\dfrac{\partial^2 v}{\partial x^2}=0, & 0<x<l,t>0 \\ v|_{x=0}=10-w(0),v|_{x=l}=5-w(l), & t>0 \\ v|_{t=0}=kx-w(x), & 0<x<l \end{cases}$$

为使其边界条件是齐次的，$w(x)$ 须满足

$$w(0)=10,w(l)=5$$

故可取

$$w(x)=10-\frac{5x}{l}$$

从而得定解问题

$$\begin{cases}\dfrac{\partial v}{\partial t}-a^2\dfrac{\partial^2 v}{\partial x^2}=0, & 0<x<l,t>0\\ v|_{x=0},v|_{x=l}=0, & t>0\\ v|_{t=0}=\left(k+\dfrac{5}{l}\right)x-10, & 0<x<l\end{cases}$$

利用分离变量法解得

$$v(x,t) = \sum_{n=1}^{\infty} C_n \mathrm{e}^{-\left(\frac{an\pi}{l}\right)^2 t}\sin\frac{n\pi}{l}x$$

其中

$$C_n = \frac{2}{l}\int_0^2\left[\left(k+\frac{5}{l}\right)x-10\right]\sin\frac{n\pi}{l}x\mathrm{d}x = \frac{2}{n\pi}[(-1)^n(5-kl)-10]$$

所以

$$\begin{aligned}u(x,t) &= v(x,t)+w(x)\\ &= 10-\frac{5}{l}x+\frac{2}{\pi}\sum_{n=1}^{\infty}\frac{(-1)^n(5-kl)-10}{n}\mathrm{e}^{-\left(\frac{an\pi}{l}\right)^2 t}\sin\frac{n\pi}{l}x\end{aligned}$$

## 2.7　平面区域内的 Laplace 方程的定解问题

考虑另一个可以用分离变量法分析的问题.这个问题讨论的是二维区域内的稳态热传导.温恒温度场中的物体的温度趋于某种平衡状态,这时温度 $u$ 已与时间 $t$ 无关,所以$\dfrac{\partial u}{\partial t}=0$,热传导方程$\dfrac{\partial u}{\partial t}-a^2\Delta u=0$ 就变成 Laplace 方程 $\Delta u=0$.在平面区域内 Laplace 方程可表述为

$$\frac{\partial^2 u}{\partial x^2}+\frac{\partial^2 u}{\partial y^2}=0$$

### 2.7.1　矩形区域内的 Laplace 方程的定解问题

矩形区域内($0\leqslant x\leqslant l,0\leqslant y\leqslant h$)的平衡温度 $u(x,y)$ 满足下列定解问题

$$\begin{cases}\dfrac{\partial^2 u}{\partial x^2}+\dfrac{\partial^2 u}{\partial y^2}=0, & 0<x<l,0<y<h\\ u(0,y)=g_1(y), & 0\leqslant y\leqslant h\\ u(l,y)=g_2(y), & 0\leqslant y\leqslant h\\ u(x,0)=f_1(x), & 0\leqslant x\leqslant l\\ u(x,h)=f_2(x), & 0\leqslant x\leqslant l\end{cases}\tag{2.7.1}$$

其中 $f_1(x)$, $f_2(x)$, $g_1(y)$ 和 $g_2(y)$ 分别是 $x$ 和 $y$ 的给定函数. 在这个定解问题中方程是线性和齐次的,边界条件是线性的,但不是齐次的. 因此,对该定解问题的现有形式不能直接使用分离变量法. 利用分离变量法解决的问题一定含有线性齐次边界条件,这样才可写出特征值问题,得出特征函数. 但叠加原理的想法有时也可以用于非齐次问题. 例如,对线性算子 $L$,有 $L(u)=f$,如果 $u_p$ 是这个非齐次方程的一个特解,且 $u_1$ 和 $u_2$ 是对应齐次方程的解,$L(u_1)=0$, $L(u_2)=0$,可以证明 $u=u_p+u_1+u_2$ 是 $Lu=f$ 的另一个特解(请读者自证). 受到叠加原理的启发,现在把定解问题分为 4 个问题:

$$(\mathrm{I})\quad\begin{cases}\dfrac{\partial^2 u_1}{\partial x^2}+\dfrac{\partial^2 u_1}{\partial y^2}=0, & 0<x<l,0<y<h\\ u_1(0,y)=0, & 0\leqslant y\leqslant h\\ u_1(l,y)=0, & 0\leqslant y\leqslant h\\ u_1(x,0)=0, & 0\leqslant x\leqslant l\\ u_1(x,h)=f_2(x), & 0\leqslant x\leqslant l\end{cases}$$

$$(\mathrm{II})\quad\begin{cases}\dfrac{\partial^2 u_2}{\partial x^2}+\dfrac{\partial^2 u_2}{\partial y^2}=0, & 0<x<l,0<y<h\\ u_2(0,y)=0, & 0\leqslant y\leqslant h\\ u_2(l,y)=0, & 0\leqslant y\leqslant h\\ u_2(x,0)=f_1(x), & 0\leqslant x\leqslant l\\ u_2(x,h)=0, & 0\leqslant x\leqslant l\end{cases}$$

$$(\text{Ⅲ})\begin{cases}\dfrac{\partial^2 u_3}{\partial x^2}+\dfrac{\partial^2 u_3}{\partial y^2}=0, & 0<x<l,0<y<h\\ u_3(0,y)=0, & 0\leqslant y\leqslant h\\ u_3(l,y)=g_2(y), & 0\leqslant y\leqslant h\\ u_3(x,0)=0, & 0\leqslant x\leqslant l\\ u_3(x,h)=0, & 0\leqslant x\leqslant l\end{cases}$$

$$(\text{Ⅳ})\begin{cases}\dfrac{\partial^2 u_4}{\partial x^2}+\dfrac{\partial^2 u_4}{\partial y^2}=0, & 0<x<l,0<y<h & (2.7.2)\\ u_4(0,y)=g_1(y), & 0\leqslant y\leqslant h & (2.7.3)\\ u_4(l,y)=0, & 0\leqslant y\leqslant h & (2.7.4)\\ u_4(x,0)=0, & 0\leqslant x\leqslant l & (2.7.5)\\ u_4(x,h)=0, & 0\leqslant x\leqslant l & (2.7.6)\end{cases}$$

不直接求定解问题(2.7.1)的解 $u(x,y)$，而求定解问题(Ⅰ)，(Ⅱ)，(Ⅲ)和(Ⅳ)的解 $u_1(x,y)$，$u_2(x,y)$，$u_3(x,y)$和 $u_4(x,y)$. 因为 $u(x,y)=u_1(x,y)+u_2(x,y)+u_3(x,y)+u_4(x,y)$. 由于 $u_1,u_2,u_3,u_4$ 满足 Laplace 方程，而这个方程是线性齐次的，由叠加原理，$u=u_1+u_2+u_3+u_4$ 也满足同样的线性齐次偏微分方程. 在 $x=0$ 处，$u_1=0,u_2=0,u_3=0,u_4=g_1(y)$，故有 $u(0,y)=u_1(0,y)+u_2(0,y)+u_3(0,y)+u_4(0,y)=g_1(y)$. 同样，在 $x=l,y=0$ 和 $y=h$ 处，有 $u=u_1+u_2+u_3+u_4$.

求解每个 $u_i(x,y)(i=1,2,3,4)$ 的方法是相同的(分离变量法)，只是细节略有不同. 这里只求解 $u_4(x,y)$，把其余的留作习题. 令

$$u_4(x,y)=X(x)Y(y) \tag{2.7.7}$$

将(2.7.7)代入(2.7.2)得

$$Y(y)X''(x)+X(x)Y''(y)=0$$

用 $X(x)Y(y)$ 去除上式得

$$\frac{X''(x)}{X(x)}=-\frac{Y''(y)}{Y(y)} \tag{2.7.8}$$

(2.7.8)左边只是 $x$ 的函数，而右边只是 $y$ 的函数，故两边同等于一个常数 $\lambda$(这里用"$\lambda$"而不用"$-\lambda$"，只是为了讨论方便). 这样，就得到了两个常微分方程

$$X''(x)=\lambda X(x)$$
$$Y''(y)=-\lambda Y(y)$$

将(2.7.7)代入(2.7.4),(2.7.5),(2.7.6)得

$$X(l)=0$$
$$Y(0)=0$$
$$Y(h)=0$$

于是产生两个常微分方程的定解问题:

(1)
$$\begin{cases}X''(x)=\lambda X(x)\\X(l)=0\end{cases}$$

与

(2)
$$\begin{cases}Y''(y)=-\lambda Y(y)\\Y(0)=0\\Y(h)=0\end{cases}$$

我们利用(2)确定特征值 $\lambda$,因为(2)有两个边界条件,解(2)得

$$\lambda=\lambda_n=\left(\frac{n\pi}{h}\right)^2,n=1,2,\cdots \tag{2.7.9}$$

$$Y_n(y)=C_n\sin\frac{n\pi y}{h},n=1,2,\cdots \tag{2.7.10}$$

将(2.7.9)代入(1),解得

$$X_n(x)=B_n\sinh\frac{n\pi}{h}(x-l),n=1,2,\cdots \tag{2.7.11}$$

这样,我们就得到了满足(2.7.2),(2.7.4),(2.7.5),(2.7.6)的一组特解

$$A_n\sinh\frac{n\pi y}{h}\sinh\frac{n\pi}{h}(x-l)$$

把特解叠加起来

$$u_4(x,y)=\sum_{n=1}^{\infty}A_n\sin\frac{n\pi y}{h}\sinh\frac{n\pi}{h}(x-l) \tag{2.7.12}$$

令其满足(2.7.3)得

$$g_1(y)=\sum_{n=1}^{\infty}A_n\sin\frac{n\pi y}{h}\sinh\frac{n\pi}{h}(-l)$$

$$A_n\sinh\frac{n\pi}{h}(-l)=\frac{2}{h}\int_0^h g_1(y)\sin\frac{n\pi y}{h}\mathrm{d}y$$

$$A_n=\frac{2}{h\sinh\left(\dfrac{-nl\pi}{h}\right)}\int_0^H g_1(y)\sin\frac{n\pi y}{h}\mathrm{d}y \tag{2.7.13}$$

把(2.7.13)代入(2.7.12)得定解问题(Ⅳ)的解. 而把 4 个这样的解 $u_1(x,y)$, $u_2(x,y)$, $u_3(x,y)$ 和 $u_4(x,y)$ 相加就可以得到原定解问题(Ⅰ)的解.

### 2.7.2　圆域内的 Laplace 方程的定解问题

一个半径为 $a$ 的薄圆盘,上下两面绝热,圆周边缘温度为 $F(x,y)$,稳恒状态时圆盘内的温度 $u(x,y)$ 满足下列定解问题

$$\begin{cases}\dfrac{\partial^2 u}{\partial x^2}+\dfrac{\partial^2 u}{\partial y^2}=0,(x,y)\in B_a\\ u|_{\partial B_a}=F(x,y)\end{cases}\tag{2.7.14}$$

这里 $B_a=\{(x,y)\,|\,x^2+y^2<a^2\}$. 如果应用极坐标 $(r,\theta)$,则 $B_a=\{(r,\theta)\,|\,0\leqslant r<a,0\leqslant\theta\leqslant 2\pi\}$(其中 $\theta$ 的定义范围存在一定的自由度,也可取 $-\pi\leqslant\theta\leqslant\pi$),(2.7.14)化为

$$\begin{cases}\dfrac{\partial^2 u}{\partial r^2}+\dfrac{1}{r}\dfrac{\partial u}{\partial r}+\dfrac{1}{r^2}\dfrac{\partial^2 u}{\partial\theta^2}=0, & 0\leqslant r<r_0,0\leqslant\theta\leqslant 2\pi\\ u|_{r=0}=f(\theta), & 0\leqslant\theta\leqslant 2\pi\end{cases}\tag{2.7.15}$$

其中 $f(\theta)=F(a\cos\theta,a\sin\theta)$.

为求解(2.7.15),可利用变量分离法. 但是(2.7.15)本身并不含齐次边界条件,好像不能使用分离变量法. 然而,经过对极坐标的讨论,我们可以附加一些边界条件. 从数学上讲,在极坐标系的端点 $r=0,a$ 和 $\theta=0,2\pi$ 处需要附加条件. 由于物理上的原因,在 $r=0$ 处的温度是有限的,即

$$|u(0,\theta)|<\infty\tag{2.7.16}$$

$\theta=0$ 与 $\theta=2\pi$ 对应着相同的点,虽然确实不存在边界,但这里的温度是连续的,并且 $\theta$ 之后的热流也是连续的,则有

$$u(r,0)=u(r,2\pi)\tag{2.7.17}$$

$$\frac{\partial u(r,0)}{\partial\theta}=\frac{\partial u(r,2\pi)}{\partial\theta}\tag{2.7.18}$$

这样(2.7.15)连同(2.7.16),(2.7.17),(2.7.18)构成一个有 4 个边界条件的定解问题,且(2.7.16),(2.7.17),(2.7.18)都是线性齐次的,故可以利用分离变量法.

令

$$u(r,\theta)=R(r)\Theta(\theta)\tag{2.7.19}$$

满足(2.7.15)中的偏微分方程和 3 个齐次边界条件(2.7.16),(2.7.17),(2.7.18). 将(2.7.19)代入(2.7.15)中的偏微分方程得

$$R''(r)\Theta(\theta)+\frac{1}{r}R'(r)\Theta(\theta)+\frac{1}{r^2}R(r)\Theta''(\theta)=0$$

用$\frac{1}{r^2}R(r)\Theta(\theta)$去除上式,有

$$r^2\frac{R''(r)}{R(r)}+r\frac{R'(r)}{R(r)}=-\frac{\Theta''(\theta)}{\Theta(\theta)}=\lambda \tag{2.7.20}$$

将(2.7.19)代入(2.7.17)与(2.7.18)得

$$\Theta(0)=\Theta(2\pi)$$
$$\Theta'(0)=\Theta'(2\pi)$$

于是得到了特征值问题

$$\begin{cases}\Theta''(\theta)=-\lambda\Theta(\theta)\\ \Theta(0)=\Theta(2\pi)\\ \Theta'(0)=\Theta'(2\pi)\end{cases}$$

解得特征值$\lambda_0=0$,对应特征函数$\Theta_0(\theta)=1$;特征值$\lambda_n=n^2(n=1,2,\cdots)$,对应的特征函数有两个$\Theta_1(\theta)=\cos n\theta$和$\Theta_2(\theta)=\sin n\theta$

而由(2.7.20)还可以得到

$$r^2\frac{R''(r)}{R(r)}+r\frac{R'(r)}{R(r)}=-\lambda=n^2 \tag{2.7.21}$$

其中$n=1,2,\cdots$. 由(2.7.16)知,$|u(0,\theta)|=|R(0)\Theta(\theta)|<\infty$,故

$$|R(0)|<\infty \tag{2.7.22}$$

解(2.7.21),考虑到(2.7.22)的限制,得

$$R(r)=C_nr^n,n\geqslant 0$$

其中$C_n$是任意常数.

所以,此时得到满足3个齐次条件的特解

$$r^n\cos n\theta(n\geqslant 0)\text{和}r^n\sin n\theta(n\geqslant 1)$$

由叠加原理

$$u(r,\theta)=\sum_{n=0}^{\infty}A_nr^n\cos n\theta+\sum_{n=0}^{\infty}B_nr^n\sin n\theta,0\leqslant r<a,0\leqslant\theta\leqslant 2\pi \tag{2.7.23}$$

在圆内满足 Laplace 方程. 令其满足非齐次条件$u(a,\theta)=f(\theta)$,有

$$f(\theta)=\sum_{n=0}^{\infty}A_na^n\cos n\theta+\sum_{n=1}^{\infty}B_na^n\sin n\theta,0\leqslant\theta\leqslant 2\pi$$

由傅里叶级数理论得

$$\begin{cases} A_0 = \dfrac{1}{2\pi}\displaystyle\int_{-\pi}^{\pi} f(\theta)\,\mathrm{d}\theta \\ A_n a^n = \dfrac{1}{\pi}\displaystyle\int_{-\pi}^{\pi} f(\theta)\cos n\theta\,\mathrm{d}\theta \\ B_n a^n = \dfrac{1}{\pi}\displaystyle\int_{-\pi}^{\pi} f(\theta)\sin n\theta\,\mathrm{d}\theta \end{cases} \tag{2.7.24}$$

由于 $a^n \neq 0$,故系数 $A_n, B_n$ 可由(2.7.24)解出. 将其代入(2.7.23),即得定解问题(2.7.15)的解.

# 习题 2

1. 证明:线性算子的任意线性组合是线性算子.

2. 将函数 $f(x)=\cos\dfrac{x}{2}$ 在$[0,\pi]$上展开成正弦级数.

3. 求以下特征值问题的特征函数:

(1) $\begin{cases} X''(x)+\lambda X(x)=0, & 0<x<l \\ X(0)=X'(l)=0 \end{cases}$

(2) $\begin{cases} X''(x)+\lambda X(x)=0, & 0<x<l \\ X'(0)=X(l)=0 \end{cases}$

(3) $\begin{cases} X''(x)+\lambda X(x)=0, & 0<x<l \\ X'(0)=X'(l)=0 \end{cases}$

(4) $\begin{cases} X''(x)+\lambda X(x)=0, & 0<x<l \\ X(0)=X'(l)+hX(l)=0. & (h>0 \text{ 常数}) \end{cases}$

4. 解下列弦振动方程的定解问题:

(1) $\begin{cases} u_{tt}=u_{xx}, & 0<x<2, t>0 \\ u(0,t)=u(2,t)=0, & t\geqslant 0 \\ u(x,0)=\dfrac{1}{2}\sin \pi x, u_t(x,0)=0, & 0\leqslant x\leqslant 2 \end{cases}$

(2) $\begin{cases} u_{tt}-a^2u_{xx}=0, & 0<x<l,t>0 \\ u_x(0,t)=u(l,t)=0, & t\geqslant 0 \\ u(x,0)=\cos\dfrac{\pi}{2l}x, & 0\leqslant x\leqslant l \\ u_t(x,0)=\cos\dfrac{3\pi}{2l}x+\cos\dfrac{5\pi}{2l}x, & 0\leqslant x\leqslant l \end{cases}$

(3) $\begin{cases} u_{tt}=a^2u_{xx}, & 0<x<\pi,t>0 \\ u(0,t)=u_x(\pi,t)=0, & t\geqslant 0 \\ u(x,0)=x^3,u_t(x,0)=0, & 0\leqslant x\leqslant \pi \end{cases}$

(4) $\begin{cases} u_{tt}=a^2u_{xx}, & 0<x<l,t>0 \\ u(0,t)=u(0,l)=0, & t\geqslant 0 \\ u(x,0)=\sin^2\dfrac{\pi x}{l},u_t(x,0)=x(l-x), & 0\leqslant x\leqslant l \end{cases}$

(5) $\begin{cases} u_{tt}-a^2u_{xx}+u=0, & 0<x<l,t>0 \\ u_x(0,t)=u_x(l,t)=0, & t\geqslant 0 \\ u(x,0)=\varphi(x),u_t(x,0)=\psi(x), & 0\leqslant x\leqslant l \end{cases}$

(6) $\begin{cases} u_{tt}-a^2u_{xx}+2bu_t=0, & 0<x<l,t>0,b>0 \\ u(0,t)=u(l,t)=0, & t\geqslant 0 \\ u(x,0)=\dfrac{h}{l}x,u_t(x,0)=0. & \end{cases}$

5. 解下列热传导方程的定解问题:

(1) $\begin{cases} u_t=a^2u_{xx}, & 0<x<l,t>0 \\ u(0,t)=u(l,t)=0, & t\geqslant 0 \\ u(x,0)=x(l-x), & 0\leqslant x\leqslant l \end{cases}$

(2) $\begin{cases} u_{tt}=a^2u_{xx}, & 0<x<\pi,t>0 \\ u_x(0,t)=u_x(\pi,t)=0, & t\geqslant 0 \\ u(x,0)=\sin x, & 0\leqslant x\leqslant \pi \end{cases}$

(3) $\begin{cases} u_t-u_{xx}=u, & 0<x<l,t>0 \\ u(x,0)=1, & 0\leqslant x\leqslant l \\ u(0,t)=0,u_t(l,t)=0, & t>0 \end{cases}$

(4) $\begin{cases} u_t = a^2 u_{xx} = u, & 0<x<1, t>0 \\ u(x,0) = \begin{cases} x, & 0<x\leqslant \dfrac{1}{2} \\ 1-x, & \dfrac{1}{2}<x<1 \end{cases}, & 0\leqslant x\leqslant l \\ u(0,t)=u(1,t)=0, & t>0 \end{cases}$

6. 解下列定解问题:

(1) $\begin{cases} u_{tt} - a^2 u_{xx} = \sin\dfrac{2\pi x}{l}\sin\dfrac{2\pi at}{l}, & 0<x<l, t>0 \\ u(0,t)=u(l,t)=0, & t\geqslant 0 \\ u(x,0)=u_t(x,0)=0, & 0\leqslant x\leqslant l \end{cases}$

(2) $\begin{cases} u_{tt} - a^2 u_{xx} = b\,\mathrm{sh}\,x, & 0<x<l, t>0, b \text{ 为常数} \\ u(0,t)=u(l,t)=0, & t\geqslant 0 \\ u(x,0)=u_t(x,0)=0, & 0\leqslant x\leqslant l \end{cases}$

(3) $\begin{cases} u_{tt} - a^2 u_{xx} + 2bu_t = g, & 0<x<l, t>0, b \text{ 和 } g \text{ 为常数} \\ u(0,t)=u(l,t)=0, & t\geqslant 0 \\ u(x,0)=u_t(x,0)=0, & 0\leqslant x\leqslant l \end{cases}$

(4) $\begin{cases} u_t - a^2 u_{xx} = x(l-x), & 0<x<l, t>0 \\ u(x,0)=\sin\dfrac{\pi}{l}x, & 0\leqslant x\leqslant l \\ u(0,t)=u_t(l,t)=0, & t>0 \end{cases}$

7. 解下列定解问题:

(1) $\begin{cases} u_{tt} - a^2 u_{xx} = -\dfrac{\omega^2 x}{l}\sin\omega t, & 0<x<l, t>0 \\ u(0,t)=\omega t, u(l,t)=\sin\omega t, & t\geqslant 0 \\ u(x,0)=0, u_t(x,0)=\omega, & 0\leqslant x\leqslant l \end{cases}$

(2) $\begin{cases} u_{tt} - a^2 u_{xx} = bu_x, & 0<x<l, t>0 \\ u(0,t)=u(l,t)=Bt, & t\geqslant 0 \\ u(x,0)=u_t(x,0)=0, & 0\leqslant x\leqslant l \end{cases}$

(3) $\begin{cases} u_{tt} - u_{xx} = \mathrm{e}^x, & 0<x<l, t>0 \\ u_x(0,t)=-1, u(l,t)=t, & t\geqslant 0 \\ u(x,0)=u_t(x,0)=0, & 0\leqslant x\leqslant l \end{cases}$

$$(4)\begin{cases}u_{tt}=a^2u_{xx}-b^2u_x, & 0<x<l,t>0\\ u(0,t)=u(l,t)=0, & t\geqslant 0\\ u(x,0)=\varphi(x), & 0\leqslant x\leqslant l\end{cases}$$

8. 求解下列矩形域上的定解问题：

$$(1)\begin{cases}u_{xx}+u_{yy}=0, & 0<x<\pi,0<y<\pi\\ u_x(0,y)=y-\dfrac{\pi}{2},u_x(\pi,y)=0, & 0\leqslant y\leqslant\pi\\ u_y(x,0)=u_y(x,\pi)=0, & 0\leqslant x\leqslant\pi\end{cases}$$

$$(2)\begin{cases}u_{xx}+u_{yy}=0, & 0<x<a,0<y<b\\ u(0,y)=u(a,y)=0, & 0\leqslant y\leqslant b\\ u(x,0)=0,u(x,b)=f(x), & 0\leqslant x\leqslant a\end{cases}$$

9. 一半径为 $a$ 的半圆形平板，其圆周边界上的温度保持 $u(a,\theta)=T\theta(\pi-\theta)$，而直径边界上温度保持为零度，板的侧面绝缘，试求温恒状态下的温度分布规律 $u(\rho,\theta)$.

10. 试解出具有放射衰变的热传导方程

$$u_{xx}-a^2u_t+A\mathrm{e}^{-\alpha x}=0$$

已知边界条件为

$$u(0,t)=u(l,t)=0$$

初始条件为

$$u(x,0)=T(\text{常数})$$

# 第3章　波动方程

本章讨论一类典型的双曲型方程——波动方程的初值问题和混合问题. 在3.1节,介绍了一维波动方程初值问题的特征线解法,得出了齐次方程初值问题的 D'Alembert 公式,并且利用叠加原理与齐次化原理得出了非齐次方程初值问题的解的表达式. 在3.2节介绍了如何利用延拓法求解一维波动方程的半无界问题. 在3.3节应用球平均法求得了三维齐次波动方程初值问题的形式解(Poisson 公式),进一步得到了三维非齐次波动方程解的表达式(Kirchhoff 公式),然后利用降维法得到了二维波动方程初值问题的形式解. 我们还在这几节中对波动方程的一些性质及相应的物理意义做了简要的说明. 在3.4节采用能量积分的方法讨论了波动方程初值问题和混合问题的解的唯一性和稳定性,应用这种方法的关键是建立能量不等式.

## 3.1　一维波动方程初值问题的特征线解法

### 3.1.1　一阶线性偏微分方程的特征线解法

求解一阶线性偏微分方程初值问题

$$\begin{cases}\dfrac{\partial u}{\partial t}+a(x,t)\dfrac{\partial u}{\partial x}+b(x,t)u=f(x,t),x\in\mathbf{R},t>0 & (3.1.1)\\ u(x,0)=\varphi(x),x\in\mathbf{R} & (3.1.2)\end{cases}$$

其中 $a(x,t),b(x,t),f(x,t),\varphi(x)$ 是给定函数,$\dfrac{\partial u}{\partial t}$的系数为1.

将 $u(x,t)$ 中的变量 $x$ 设为另一变量 $t$ 的函数,记 $x=x(t)$,则有

$$u=u(x(t),t) \tag{3.1.3}$$

(3.1.3)对 $t$ 求导得

$$\frac{\mathrm{d}u(x(t),t)}{\mathrm{d}t}=\frac{\partial u}{\partial t}+\frac{\partial u}{\partial x}\frac{\mathrm{d}x}{\mathrm{d}t} \tag{3.1.4}$$

取 $x(t)$ 满足 $\frac{\mathrm{d}x(t)}{\mathrm{d}t}=a(x(t),t)$，再经(3.1.4)，方程(3.1.1)化为

$$\frac{\mathrm{d}u(x(t),t)}{\mathrm{d}t}+b(x(t),t)u(x(t),t)=f(x(t),t)$$

这是一个一阶线性常微分方程. 这样，方程(3.1.1)得到了简化.

经过以上的讨论可知，求解问题(3.1.1)、(3.1.2)的关键是找到曲线 $x=x(t)$，使之满足 $\frac{\mathrm{d}x}{\mathrm{d}t}=a(x,t)$.

常微分方程初值问题

$$\begin{cases}\dfrac{\mathrm{d}x}{\mathrm{d}t}=a(x,t) & (3.1.5)\\ x(0)=c & (3.1.6)\end{cases}$$

的解 $x=x(t,c)$ 称为方程(3.1.1)的特征线，(3.1.5)称为(3.1.1)的特征方程，其中 $c$ 是任意常数. 沿着特征曲线 $x=x(t,c)$，初值问题(3.1.1)、(3.1.2)化为常微分方程初值问题

$$\begin{cases}\dfrac{\mathrm{d}u(x(t),t)}{\mathrm{d}t}+b(x(t,c),t)u(x(t,c),t)=f(x(t,c),t),t>0\\ u(x(0,c),0)=\varphi(x(0,c))\end{cases}$$

解之得 $u(x(t,c),t)$ 的具体表达式. 沿特征线 $x=x(t,c)$ 有

$$u(x,t)=u(x(t,c),t) \tag{3.1.7}$$

由特征线 $x=x(t,c)$ 可得 $c=c(x,t)$（含 $x$ 和 $t$ 的表达式），将其代入(3.1.7)中即得初值问题(3.1.1)、(3.1.2)的解 $u(x,t)$.

**例3.1** 求解下列初值问题：

$$\begin{cases}u_t+2u_x+u=xt,x\in\mathbf{R},t>0 & (3.1.8)\\ u(x,0)=2-x,x\in\mathbf{R} & (3.1.9)\end{cases}$$

**解** 由

$$\begin{cases}\dfrac{\mathrm{d}x}{\mathrm{d}t}=2\\ x(0)=c\end{cases}$$

得特征线 $x=x(t,c)=2t+c$. 沿特征线问题(3.1.8)、(3.1.9)化为

$$\begin{cases}\dfrac{\mathrm{d}u(x(t,c),t)}{\mathrm{d}t}=2t^2+ct-u(x(t,c),t)\\ u(x,0)=2-c\end{cases}$$

解得

$$u(x(t,c),t)=(\frac{2}{3}t^3+\frac{c}{2}t^2+c+2)\mathrm{e}^{-t}$$

又由特征线 $x=x(t,c)=2t+c$ 知 $c=x-2t$,所以

$$u(x,t)=(\frac{2}{3}t^3+\frac{x-2t}{2}t^2+x-2t+2)\mathrm{e}^{-t}$$

若(3.1.1)式中 $a(x,t)=a$(常数),$b(x,t)=0,f(x,t)=0$,则初值问题(3.1.1)、(3.1.2)变为

$$\begin{cases}\dfrac{\partial u}{\partial t}+a\dfrac{\partial u}{\partial x}=0\\ u(x,0)=\varphi(x)\end{cases}$$

再求解相应常微分方程初值问题

$$\begin{cases}\dfrac{\mathrm{d}x}{\mathrm{d}t}=a\\ x(0)=c\end{cases}$$

得特征线 $x=at+c$,沿着此特征线,$u(x,t)$满足

$$\frac{\mathrm{d}u(x,t)}{\mathrm{d}t}=\frac{\partial u}{\partial t}+\frac{\partial u}{\partial x}\frac{\mathrm{d}x}{\mathrm{d}t}=\frac{\partial u}{\partial t}+a\frac{\partial u}{\partial x}=0,t>0$$

因此 $u(x,t)$沿着特征线 $x=x(t,c)$为常数.

### 3.1.2　一维波动方程的初值问题

如果要求一个常微分方程的特解,通常的做法是先求其通解,然后用初始条件确定通解中的任意常数得到特解. 然而面对大多偏微分方程的定解问题,这种方法却行不通,因为在偏微分方程中很难定义通解,即使对某些方程能够定义并求出它的通解,但此通解中包含有任意函数,要由定解条件确定出这些任意函数往往非常困难. 然而事事无绝对,在少数情况下不仅可以求出偏微分方程的通解,而且还可由通解得到定解问题的解.

**1. 一维齐次波动方程的通解**

对于一维波动方程

$$\frac{\partial^2 u}{\partial t^2}-a^2\frac{\partial^2 u}{\partial x^2}=0 \tag{3.1.10}$$

我们可以按两种方式“因式分解”:

$$(\frac{\partial}{\partial t}+a\frac{\partial}{\partial x})(\frac{\partial u}{\partial t}-a\frac{\partial u}{\partial x})=0$$

$$(\frac{\partial}{\partial t}-a\frac{\partial}{\partial x})(\frac{\partial u}{\partial t}+a\frac{\partial u}{\partial x})=0$$

设

$$w=\frac{\partial u}{\partial t}-a\frac{\partial u}{\partial x}$$

$$v=\frac{\partial u}{\partial t}+a\frac{\partial u}{\partial x}$$

则一维波动方程(3.1.10)给出两个一阶波动方程

$$\frac{\partial w}{\partial t}+a\frac{\partial w}{\partial x}=0 \tag{3.1.11}$$

$$\frac{\partial v}{\partial t}-a\frac{\partial v}{\partial x}=0 \tag{3.1.12}$$

先讨论方程(3.1.11). 由上节知:方程(3.1.11)的特征线为

$$x=at+c$$

其中 $c$ 是任意常数,这是一族直线(平行特征直线族),在 $t=0$ 时,$x=c$,$w(x,t)$ 沿着过点$(c,0)$的特征线是常数. 如果在初始时刻 $t=0$ 给定 $w(x,t)$,

$$w(x,0)=P(x)$$

要确定 $w$ 在点$(x,t)$的值,根据 $w$ 沿着特征线是常数

$$w(x,t)=w(c,0)=P(c)$$

给定 $x$ 和 $t$,由特征线 $x=at+c$ 知 $c=x-at$,从而可得

$$w(x,t)=P(x-at) \tag{3.1.13}$$

这就是方程(3.1.11)的通解. 可以把 $P(x)$看成一个任意函数. 要验证这一点,将(3.1.13)代回方程(3.1.11). 由于

$$\frac{\partial w}{\partial x}=\frac{\mathrm{d}P}{\mathrm{d}(x-at)}\frac{\partial(x-at)}{\partial x}=\frac{\mathrm{d}P}{\mathrm{d}(x-at)}$$

和

$$\frac{\partial w}{\partial t}=\frac{\mathrm{d}P}{\mathrm{d}(x-at)}\frac{\partial(x-at)}{\partial t}=-a\frac{\mathrm{d}P}{\mathrm{d}(x-at)}$$

故(3.1.13)满足方程(3.1.11). 注意:一阶偏微分方程的通解包含一个任意函数.

而针对方程(3.1.12),我们采用完全相同的方法讨论(用 $-a$ 替换 $a$),可得它的通解为

$$v=Q(x+at)$$

其中 $Q(x)$也是任意函数.

至此,我们得到

$$w=\frac{\partial u}{\partial t}-a\frac{\partial u}{\partial x}=P(x-at) \tag{3.1.14}$$

$$v=\frac{\partial u}{\partial t}+a\frac{\partial u}{\partial x}=Q(x+at) \tag{3.1.15}$$

让(3.1.14)与(3.1.15)两式相加得

$$2\frac{\partial u}{\partial t}=P(x-at)+Q(x+at)$$

让(3.1.14)与(3.1.15)两式相减得

$$2a\frac{\partial u}{\partial x}=Q(x+at)-P(x-at)$$

这样

$$u(x,t)=F(x-at)+G(x+at) \tag{3.1.16}$$

其中 $F,G$ 是任意函数($-aF'=\frac{1}{2}P,aG'=\frac{1}{2}Q$). 达朗贝尔(D'Alembert)1747 年得到了这个结果. (3.1.16)就是一维波动方程(3.1.10)的通解.

通解是两个波 $F(x-at)$ 与 $G(x+at)$ 的和,$F(x-at)$ 是以速度 $a$ 向右移动的固定波形波,$G(x+at)$ 是以速度 $a$ 向左移动的固定波形波. 如果知道了 $F(x)$ 和 $G(x)$,就可以勾画出这个解. 把 $F(x)$ 向右做 $ct$ 距离的位移,把 $G(x)$ 向左做 $ct$ 距离的位移,然后两者相加. 虽然每个波形都是不变的,但是其和的波形一般是随着时间变化的.

通解的另一种推导. 我们做如下代换

$$\begin{cases}\xi=x+at\\ \eta=x-at\end{cases}$$

由链式法则得

$$\frac{\partial u}{\partial x}=\frac{\partial u}{\partial \xi}\frac{\partial \xi}{\partial x}+\frac{\partial u}{\partial \eta}\frac{\partial \eta}{\partial x}=\frac{\partial u}{\partial \xi}+\frac{\partial u}{\partial \eta}$$

$$\begin{aligned}\frac{\partial^2 u}{\partial x^2}&=\frac{\partial}{\partial \xi}\left(\frac{\partial u}{\partial \xi}+\frac{\partial u}{\partial \eta}\right)\frac{\partial \xi}{\partial x}+\frac{\partial}{\partial \eta}\left(\frac{\partial u}{\partial \xi}+\frac{\partial u}{\partial \eta}\right)\frac{\partial \eta}{\partial x}\\&=\frac{\partial^2 u}{\partial \xi^2}+2\frac{\partial^2 u}{\partial \xi\partial \eta}+\frac{\partial^2 u}{\partial \eta^2}\end{aligned} \tag{3.1.17}$$

同理有

$$\frac{\partial^2 u}{\partial x^2}=a^2\left(\frac{\partial^2 u}{\partial \xi^2}-2\frac{\partial^2 u}{\partial \xi\partial \eta}+\frac{\partial^2 u}{\partial \eta^2}\right) \tag{3.1.18}$$

将(3.1.17)和(3.1.18)代入(3.1.10)得

$$\frac{\partial^2 u}{\partial \xi\partial \eta}=0 \tag{3.1.19}$$

将(3.1.19)对 $\xi$ 积分(固定 $\eta$)得

$$\frac{\partial u}{\partial \eta}=f(\eta),\ f(\eta)\text{是}\ \eta\ \text{的任意可微函数}$$

再将上式对 $\eta$ 积分(固定 $\xi$)得一维波动方程的通解

$$u(x,t) = \int f(\eta)\,\mathrm{d}\xi + G(\xi) = F(x - at) + G(x + at)$$

其中 $F,G$ 是任意函数.

**2. 一维齐次波动方程的初值问题**

在各个具体问题中,我们并不满足于求通解,还要确定 $F$ 和 $G$ 的具体形式. 为此必须考虑定解条件. 现在我们探讨如何求解初值问题:

$$\begin{cases}\dfrac{\partial^2 u}{\partial t^2}-a^2\dfrac{\partial^2 u}{\partial x^2}=0,x\in\mathbf{R},t>0 & (3.1.20)\\ u(x,0)=\varphi(x),x\in\mathbf{R} & (3.1.21)\\ \dfrac{\partial u(x,0)}{\partial t}=\psi(x),x\in\mathbf{R} & (3.1.22)\end{cases}$$

在本章 3.1.2 节中得到了一维波动方程(3.1.20)的通解是

$$u(x,t)=F(x-at)+G(x+at) \tag{3.1.23}$$

将它代入(3.1.21)和(3.1.22)得

$$F(x)+G(x)=\varphi(x) \tag{3.1.24}$$

$$-aF'(x)+aG'(x)=\psi(x) \tag{3.1.25}$$

在(3.1.25)两端对 $x$ 积分得

$$-F(x)+G(x)=\frac{1}{a}\int_0^x\psi(\xi)\,\mathrm{d}\xi+C \tag{3.1.26}$$

由(3.1.24)和(3.1.26)解出 $F(x),G(x)$ 得

$$F(x)=\frac{1}{2}\varphi(x)-\frac{1}{2a}\int_0^x\psi(\xi)\,\mathrm{d}\xi-\frac{C}{2} \tag{3.1.27}$$

$$G(x)=\frac{1}{2}\varphi(x)+\frac{1}{2a}\int_0^x\psi(\xi)\,\mathrm{d}\xi+\frac{C}{2} \tag{3.1.28}$$

再把(3.1.27)和(3.1.28)代回到(3.1.23)中,即得初值问题(3.1.20)~(3.1.22)的解:

$$u(x,t)=\frac{1}{2}[\varphi(x-at)+\varphi(x+at)]+\frac{1}{2a}\int_{x-at}^{x+at}\psi(\xi)\,\mathrm{d}\xi \tag{3.1.29}$$

式(3.1.29)称为 D'Alembert 公式.

从解的表达式(3.1.29)可以看出,对于上半平面$\{(x,t)\mid -\infty<x<\infty,t\geqslant 0\}$内的任一取定的定点$(x,t)$,解在该点的值 $u(x,t)$ 仅由 $\varphi$ 在 $x-at$ 和 $x+at$

两点的值及 $\psi$ 在区间 $[x-at,x+at]$ 上的积分值唯一确定，而与其他点上的初始条件无关，于是我们称 $x$ 轴上的区间 $[x-at,x+at]$ 为点 $(x,t)$ 的依赖区间. 它是过点 $(x,t)$ 分别做斜率为 $\pm\frac{1}{a}$ 的直线与 $x$ 轴相交所截得的区间，如图 3.1 所示.

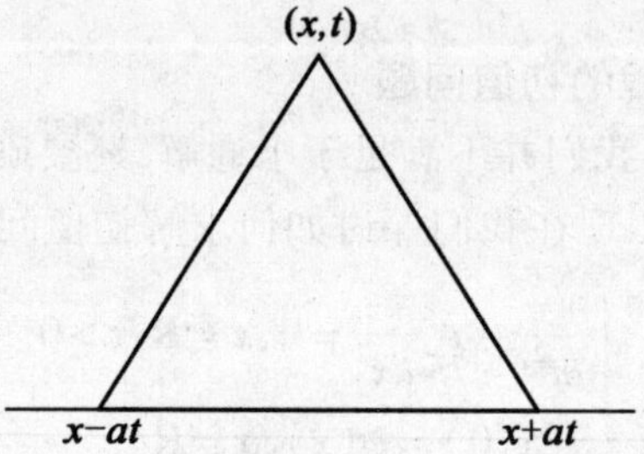


图 3.1

对于 $x$ 轴上的任一取定的区间 $[x_1,x_2]$，过点 $x_1$ 作斜率为 $\frac{1}{a}$ 的直线 $x=x_1+at$，过点 $x_2$ 作斜率为 $-\frac{1}{a}$ 的直线 $x=x_2-at$，它们和区间 $[x_1,x_2]$ 围成一个三角形区域. 此三角形区域内的任一点 $(x,t)$ 的依赖区间落在了区间 $[x_1,x_2]$ 内，我们把这个三角形区域称为区间 $[x_1,x_2]$ 的决定区域，如图 3.2 所示.

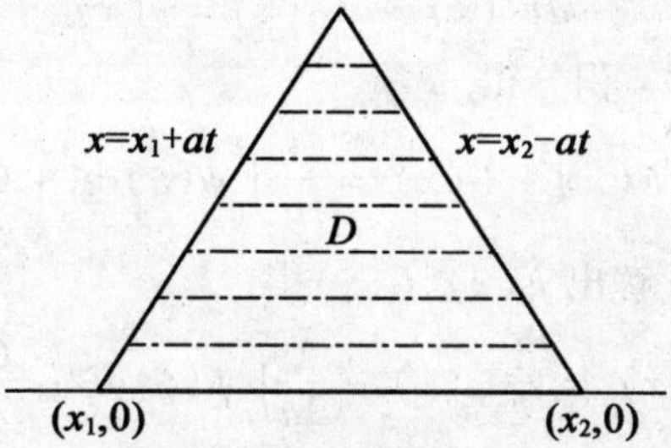


图 3.2

还是在 $x$ 轴上任意取定一个区间 $[x_1,x_2]$，过 $x_1$ 作斜率为 $-\frac{1}{a}$ 的直线，过 $x_2$ 作斜率为 $\frac{1}{a}$ 的直线，这两条直线所夹的 $x$ 轴上半部分称为区间 $[x_1,x_2]$ 的影响区域，如图 3.3 所示. 注意到 $[x_1,x_2]$ 的决定区域在它的影响区域内，且影响区域内任一点的依赖区间都与 $[x_1,x_2]$ 的交集不空，所以影响区域内任一点 $(x,t)$ 的函数值 $u(x,t)$ 都要受到区间 $[x_1,x_2]$ 上的初始条件的影响，尽管不一定能由该区间上的初值唯一确定，而在影响区域外的点上函数值 $u(x,t)$ 与区间 $[x_1,x_2]$ 上的初值无关. 特别地,将区间$[x_1,x_2]$收缩为一点$x_0$就可得一点$x_0$的影响区域为过此点的两条斜率各为$\pm\frac{1}{a}$的直线($x=x_0\pm at$)所夹成的三角形区域,如图3.4所示.

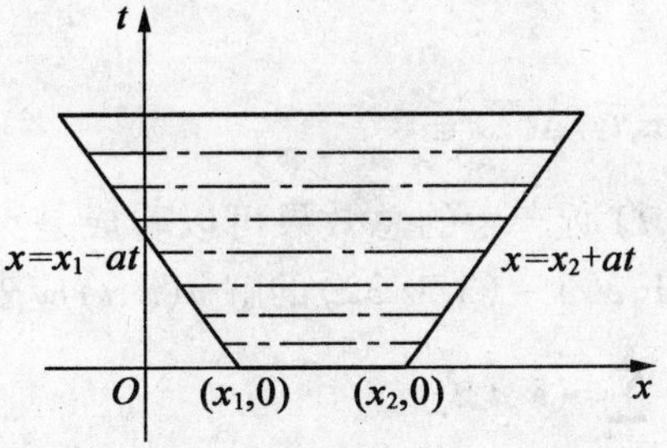


图3.3

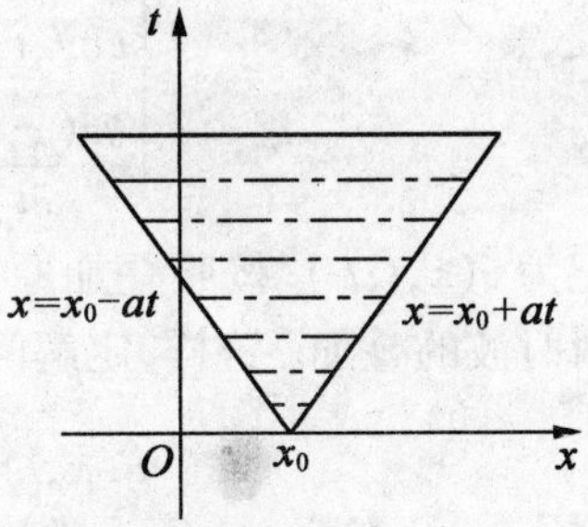


图3.4

从上面的讨论中,我们看到在$(x,t)$平面上斜率为$\pm\frac{1}{a}$的直线$x=C\pm at$对一维波动方程的研究起着重要的作用,它们称为波动方程的特征线. 波动实际上是沿着特征线传播的,初始扰动的影响只在过扰动点的两根特征线的范围内发生.

**3. 一维非齐次波动方程的初值问题**

首先,我们考虑带有齐次边界条件的一维波动方程的初值问题

$$\begin{cases}\dfrac{\partial^2 u}{\partial t^2}-a^2\dfrac{\partial^2 u}{\partial x^2}=f(x,t),x\in\mathbf{R},t>0 & (3.1.30)\\ u(x,0)=0,x\in\mathbf{R} & (3.1.31)\\ \dfrac{\partial u(x,0)}{\partial t}=0,x\in\mathbf{R} & (3.1.32)\end{cases}$$

为了求解此问题,我们可以利用下面的齐次化原理,把非齐次方程的求解问题化为相应的齐次方程的情况来处理,从而可直接利用前面有关齐次方程的结果(D'Alembert公式).

由于所考察的定解问题是从物理模型中抽象总结出来的,故我们联系所考察的物理模型,通过第1章弦振动的例子来做一些分析和说明.

从导出弦振动方程的过程可知,自由项$f(x,t)$表示$t$时在$x$处单位质量所受的外力,而$\frac{\partial u}{\partial t}$表示速度. 把时段$[0,t]$分成若干小的时段$\Delta t_i(i=1,2,\cdots,m)$,在每个小的时段$\Delta t_i$中,$f(x,t)$可以看作与$t$无关,以$f(x,t_i)$来表示. 由动力学基本定律,它所产生的速度改变量$f(x,t_i)\Delta t_i$. 把这个速度改变量看作是在时刻$t=t_i$时的初始速度,它所产生的振动可以由下面的齐次方程带非齐次初始条件

的初值问题来描述

$$\begin{cases}\dfrac{\partial^2 \bar{v}}{\partial t^2}-a^2\dfrac{\partial^2 \bar{v}}{\partial x^2}=0, x\in\mathbf{R}, t>t_i\\ \bar{v}(x,t_i)=0, x\in\mathbf{R}\\ \dfrac{\partial \bar{v}(x,t_i)}{\partial t}=f(x,t_i)\Delta t_i, x\in\mathbf{R}\end{cases}$$

其解记为 $\bar{v}(x,t;t_i)$. 按照叠加原理, $f(x,t)$ 所产生的总效果可以看成是无数个这种瞬时波的叠加. 这样, 定解问题(3.1.30) ~ (3.1.32)的解 $u(x,t)$ 应表示成

$$u(x,t)=\lim_{\Delta t_i\to 0}\sum_{i=1}^{m}\bar{v}(x,t;t_i)$$

虽然, 若记 $v(x,t;\tau)$ 为如下齐次方程的定解问题

$$\begin{cases}\dfrac{\partial^2 v}{\partial t^2}-a^2\dfrac{\partial^2 v}{\partial x^2}=0, x\in\mathbf{R}, t>\tau\\ v(x,\tau)=0, x\in\mathbf{R}\\ \dfrac{\partial v(x,\tau)}{\partial t}=f(x,\tau), x\in\mathbf{R}\end{cases}\tag{3.1.33}$$

的解, 则

$$\bar{v}(x,t;t_i)=\Delta t_i v(x,t;t_i)$$

于是定解问题(3.1.30) ~ (3.1.32)的解可表示为

$$u(x,t)=\lim_{\Delta t_i\to 0}\sum_{i=1}^{m}\bar{v}(x,t;t_i)=\lim_{\Delta t_i\to 0}\sum_{i=1}^{m}v(x,t;t_i)\Delta t_i$$
$$=\int_{0}^{t}v(x,t;\tau)\,\mathrm{d}\tau$$

这样, 我们就可以得到如下的:

**定理** 3.1(齐次化原理)　若 $v(x,t;\tau)$ 是初值问题(3.1.33)的解(其中 $\tau$ 为参数), 则

$$u(x,t)=\int_{0}^{t}v(x,t;\tau)\,\mathrm{d}\tau\tag{3.1.34}$$

就是初值问题(3.1.30) ~ (3.1.32)的解.

现在令 $t'=t-\tau$, 则初值问题可化为

$$\begin{cases}\dfrac{\partial^2 v}{\partial t'^2}-a^2\dfrac{\partial^2 v}{\partial x^2}=0, x\in\mathbf{R}, t'>\tau\\ v(x,0)=0, x\in\mathbf{R}\\ \dfrac{\partial v(x,0)}{\partial t'}=f(x,\tau), x\in\mathbf{R}\end{cases}$$

的形式,于是由 D'Alembert 公式得

$$v(x,t;\tau) = \frac{1}{2a}\int_{x-at'}^{x+at'} f(\xi,\tau)\,\mathrm{d}\xi = \frac{1}{2a}\int_{x-a(t-\tau)}^{x+a(t-\tau)} f(\xi,\tau)\,\mathrm{d}\xi$$

将其代入(3.1.33)得初值问题(3.1.30)~(3.1.32)的解为

$$u(x,t) = \frac{1}{2a}\int_0^t\int_{x-a(t-\tau)}^{x+a(t-\tau)} f(\xi,\tau)\,\mathrm{d}\xi\mathrm{d}\tau = \frac{1}{2a}\iint_G f(\xi,\tau)\,\mathrm{d}\xi\mathrm{d}\tau \tag{3.1.35}$$

其中区域 $G$ 为$(\xi,\tau)$平面上过点$(x,t)$向下做两特征线与 $\xi$ 轴所夹的三角形区域.

至此,我们得到了初值问题(3.1.20)~(3.1.22)与初值问题(3.1.30)~(3.1.32)的解的表达式(3.1.29)与(3.1.35). 在此基础上讨论初值问题

$$\begin{cases} \dfrac{\partial^2 u}{\partial t^2} - a^2\dfrac{\partial^2 u}{\partial x^2} = f(x,t),\, x\in\mathbf{R}, t>0 \\ u(x,0) = \varphi(x),\, x\in\mathbf{R} \\ \dfrac{\partial u(x,0)}{\partial t} = \psi(x),\, x\in\mathbf{R} \end{cases} \tag{3.1.36}$$

将(3.1.36)一分为二,分别是初值问题(3.1.20)~(3.1.22),初值问题(3.1.30)~(3.1.32). 容易验证这两个初值问题的解的和恰好满足初值问题(3.1.36),所以(3.1.36)的解为

$$u(x,t) = \frac{1}{2}[\varphi(x+at) + \varphi(x-at)] + \frac{1}{2a}\int_{x-at}^{x+at}\psi(\xi)\,\mathrm{d}\xi + \frac{1}{2a}\int_0^t \mathrm{d}\tau\int_{x-a(t-\tau)}^{x+a(t-\tau)} f(\xi,\tau)\,\mathrm{d}\xi \tag{3.1.37}$$

仔细分析(3.1.37),我们能得到一个非常有用的结论.

**定理 3.2** 若初值问题(3.1.36)中的已知函数 $\varphi,\psi,f$ 是 $x$ 的偶(奇,周期)函数,则由表达式(3.1.37)给出的解 $u$ 也是 $x$ 的偶(奇,周期)函数.

**证明** 设 $\varphi,\psi,f$ 是 $x$ 的周期函数,周期为 $l$,即 $\varphi(x+l)=\varphi(x)$,$\psi(x+l)=\psi(x)$,$f(x+l,t)=f(x,t)$,则由(3.1.37)得

$$\begin{aligned} u(x+l,t) &= \frac{1}{2}[\varphi(x+l+at) + \varphi(x+l-at)] + \\ &\quad \frac{1}{2a}\int_{x+l-at}^{x+l+at}\psi(\xi)\,\mathrm{d}\xi + \frac{1}{2a}\int_0^t\mathrm{d}\tau\int_{x+l-a(t-\tau)}^{x+l+a(t-\tau)} f(\xi,\tau)\,\mathrm{d}\xi \\ &= \frac{1}{2}[\varphi(x+l+at) + \varphi(x+l-at)] + \frac{1}{2a}\int_{x-at}^{x+at}\psi(\eta+l)\,\mathrm{d}\eta + \\ &\quad \frac{1}{2a}\int_0^t\mathrm{d}\tau\int_{x-a(t-\tau)}^{x+a(t-\tau)} f(\eta+l,\tau)\,\mathrm{d}\eta \end{aligned}$$

其中 $\eta=\xi-l$,从而由 $\varphi,\psi,f$ 的周期性假设,得

$$u(x+l,t)=u(x,t)$$

同理可证 $u(x,t)$ 是 $x$ 的偶(奇)函数的相应结论.

## 3.2 一维波动方程的半无界问题

在这一节中,在区域 $\overline{Q}=\{(x,t)\mid 0\leqslant x<\infty,0\leqslant t<\infty\}$ 上讨论一维波动方程(弦振动方程)$u_{tt}-a^2u_{xx}=f(x,t)$ 的定解问题.

与上节的初值问题相比,需要在半直线 $\{(0,t)\mid t\geqslant 0\}$ 上附加定解条件. 这是在半无界弦的左端点上加限制,如此才能确定弦的运动状态. 通常所加限制条件是线性边界条件,一般分为 3 类:(1) $u(0,t)=g(t)$;(2) $u_x(0,t)=g(t)$;(3) $u_x(0,t)+bu(0,t)=g(t)$. 我们先讨论较简单的定解问题

$$\begin{cases}u_{tt}-a^2u_{xx}=f(x,t),0<x<\infty,0<t<\infty\\ u(x,0)=\varphi(x),0\leqslant x<\infty\\ u_t(x,0)=\psi(x),0\leqslant x<\infty\\ u(0,t)=0,t>0\end{cases}\tag{3.2.1}$$

回顾上节初值问题,可以通过公式(3.1.37)得到初值问题的解. 但是现在的问题是函数 $\varphi,\psi,f$ 在 $(-\infty,0)$ 上无定义. 于是,我们可以尝试适当地延拓函数 $\varphi,\psi$ 和 $f$ 在 $(-\infty,0)$ 和 $\{(x,t)\mid -\infty<x<0,t\geqslant 0\}$ 中的值,得到定义在 $(-\infty,\infty)$ 和 $\{(x,t)\mid -\infty<x<\infty,t\geqslant 0\}$ 上新的函数 $\overline{\varphi},\overline{\psi}$ 和 $\overline{f}$. 进一步写出以 $\overline{\varphi},\overline{\psi}$ 为初始条件,以 $\overline{f}$ 为自由项的初值问题,利用公式(3.1.37)得到这个初值问题的解 $\overline{u}(x,t)$,然后令 $x\geqslant 0$ 且 $\overline{u}(0,t)=0$,即得原问题的解 $u(x,t)=\overline{u}(x,t)$,那么如何对 $\varphi,\psi,f$ 进行延拓呢?延拓的原则应是延拓之后的函数的初值问题的解在 $x=0$ 处必须为零,即 $\overline{u}(0,t)=0$. 只有这样才会有 $\overline{u}(x,t)=u(x,t)$ $(x\geqslant 0)$,其中 $u(x,t)$ 是问题(2.1)的解. 要保证 $\overline{u}(0,t)=0$ 只需 $\overline{u}(x,t)$ 关于 $x$ 是奇函数就可以了,再由上节定理 3.2 可知,我们需要对 $\varphi,\psi,f$ 做奇延拓.

定义 $\overline{\varphi}(x),\overline{\psi}(x),\overline{f}(x,t)$,使得

$$\overline{\varphi}(x)=\begin{cases}\varphi(x),x\geqslant 0\\ -\varphi(-x),x<0\end{cases}$$

$$\overline{\psi}(x)=\begin{cases}\psi(x),x\geqslant 0\\ -\psi(-x),x<0\end{cases}$$

$$\bar{f}(x,t)=\begin{cases}f(x,t),x\geqslant 0,t\geqslant 0\\ -f(-x,t),x<0,t\geqslant 0\end{cases}$$

由定解问题(3.2.1)知,这样定义的 $\bar{\varphi},\bar{\psi},\bar{f}$ 都是 $x$ 的奇函数.

求解初值问题

$$\begin{cases}\bar{u}_{tt}-a^2\bar{u}_{xx}=\bar{f}(x,t),x\in\mathbf{R},t>0\\ \bar{u}(x,0)=\bar{\varphi}(x),x\in\mathbf{R}\\ \bar{u}_t(x,0)=\bar{\psi}(x),x\in\mathbf{R}\end{cases}$$

它的解可写为

$$\bar{u}(x,t)=\frac{1}{2}[\bar{\varphi}(x-at)+\bar{\varphi}(x+at)]+\frac{1}{2a}\int_{x-at}^{x+at}\bar{\psi}(\xi)\mathrm{d}\xi+$$
$$\frac{1}{2a}\int_0^t\mathrm{d}\tau\int_{x-a(t-\tau)}^{x+a(t-\tau)}\bar{f}(\xi,\tau)\mathrm{d}\xi$$

由于 $\bar{\varphi},\bar{\psi},\bar{f}$ 是奇函数,故由定理 3.2 知,$\bar{u}(x,t)$ 也是奇函数,从而 $\bar{u}(0,t)=0$. 现在令 $u=\bar{u}|_{\bar{Q}}$,那么 $u$ 就是半无界问题(3.2.1)的解. 这种求解半无界问题的解法称为对称延拓法.

在 $\bar{Q}$ 上,根据 $\bar{\varphi},\bar{\psi},\bar{f}$ 的定义 $u$ 可进一步表示为以下形式.

当 $x\geqslant at$ 时

$$u(x,t)=\frac{1}{2}[\varphi(x-at)+\varphi(x+at)]+\frac{1}{2a}\int_{x-at}^{x+at}\psi(\xi)\mathrm{d}\xi+$$
$$\frac{1}{2a}\int_0^t\mathrm{d}\tau\int_{x-a(t-\tau)}^{x+a(t-\tau)}f(\xi,\tau)\mathrm{d}\xi \tag{3.2.2}$$

当 $x<at$ 时

$$u(x,t)=\frac{1}{2}[-\varphi(at-x)+\varphi(x+at)]+$$
$$\frac{1}{2a}\left(\int_{x-at}^0-\psi(-\xi)\mathrm{d}\xi+\int_0^{x+at}\psi(\xi)\mathrm{d}\xi\right)+\frac{1}{2a}\Big[\int_{t-\frac{x}{a}}^t\mathrm{d}\tau\int_{x-a(t-\tau)}^{x+a(t-\tau)}f(\xi,\tau)\mathrm{d}\xi+$$
$$\int_0^{t-\frac{x}{a}}\mathrm{d}\tau\Big(\int_0^{x+a(t-\tau)}f(\xi,\tau)\mathrm{d}\xi+\int_{x-a(t-\tau)}^0-f(-\xi,\tau)\mathrm{d}\xi\Big)\Big]$$
$$=\frac{1}{2}[\varphi(x+at)-\varphi(at-x)]+\frac{1}{2a}\int_{at-x}^{x+at}\psi(\xi)\mathrm{d}\xi+$$
$$\frac{1}{2a}\Big[\int_{t-\frac{x}{a}}^t\mathrm{d}\tau\int_{x-a(t-\tau)}^{x+a(t-\tau)}f(\xi,\tau)\mathrm{d}\xi+\int_0^{t-\frac{x}{a}}\mathrm{d}\tau\int_{a(t-\tau)-x}^{x+a(t-\tau)}f(\xi,\tau)\mathrm{d}\xi\Big] \tag{3.2.3}$$

如果半无界问题(3.2.1)中的边界条件改为 $u(0,t)=g(t)$,我们应如何求解呢？通常的做法是:边界条件齐次化. 做函数代换就可实现. 下面求解定解

问题

$$\begin{cases}u_{tt}-a^2u_{xx}=f(x,t),0<x<\infty,0<t<\infty\\u(x,0)=\varphi(x),0\leqslant x<\infty\\u_t(x,0)=\psi(x),0\leqslant x<\infty\\u(0,t)=g(t),t>0\end{cases}\tag{3.2.4}$$

其中 $g(t)\neq 0$.

做函数代换

$$u=v+g(t)\tag{3.2.5}$$

将(3.2.5)代入(3.2.4),得

$$\begin{cases}v_{tt}-a^2v_{xx}=f(x,t)-g''(t),0<x<\infty,0<t<\infty\\v(x,0)=\varphi(x)-\varphi(0),0\leqslant x<\infty\\v_t(x,0)=\psi(x)-g'(0),0\leqslant x<\infty\\v(0,t)=0,t>0\end{cases}\tag{3.2.6}$$

(3.2.6)的边界条件具有(3.2.1)的形式,故利用(3.2.1)解的表达式(3.2.2)、(3.2.3)就可得到(3.2.6)的解,最后将其代入(3.2.5),即得(3.2.4)的解.

同样的方法可以讨论半无界第二边值问题

$$\begin{cases}u_{tt}-a^2u_{xx}=f(x,t),0<x<\infty,0<t<\infty\\u(x,0)=\varphi(x),0\leqslant x<\infty\\u_t(x,0)=\psi(x),0\leqslant x<\infty\\u_x(0,t)=0,t>0\end{cases}\tag{3.2.7}$$

此时将函数 $\varphi,\psi,f$ 对 $x$ 做偶延拓

$$\bar{\varphi}(x)=\begin{cases}\varphi(x),x\geqslant 0\\\varphi(-x),x<0\end{cases}$$

$$\bar{\psi}(x)=\begin{cases}\psi(x),x\geqslant 0\\\psi(-x),x<0\end{cases}$$

$$\bar{f}(x,t)=\begin{cases}f(x,t),x\geqslant 0,t\geqslant 0\\f(-x,t),x<0,t\geqslant 0\end{cases}$$

把半无界第二边值问题转化为初值问题,利用 D'Alembert 公式,得半无界第二边值问题的解. 计算得到,当 $x\geqslant at$ 时,解为

$$u(x,t)=\frac{1}{2}[\varphi(x-at)+\varphi(x+at)]+\frac{1}{2a}\int_{x-at}^{x+at}\psi(\xi)\mathrm{d}\xi+\frac{1}{2a}\int_0^t\mathrm{d}\tau\int_{x-a(t-\tau)}^{x+a(t-\tau)}f(\xi,\tau)\mathrm{d}\xi$$

当 $x < at$ 时,解为

$$u(x,t) = \frac{1}{2}[\varphi(x+at)+\varphi(at-x)] + \frac{1}{2a}\left(\int_0^{x+at}\psi(\xi)\mathrm{d}\xi + \int_0^{at-x}\psi(\xi)\mathrm{d}\xi\right) + \frac{1}{2a}\left[\int_{t-\frac{x}{a}}^{t}\mathrm{d}\tau\int_{x-a(t-\tau)}^{x+a(t-\tau)} f(\xi,\tau)\mathrm{d}\xi + \int_0^{t-\frac{x}{a}}\mathrm{d}\tau\left(\int_0^{x+a(t-\tau)} f(\xi,\tau)\mathrm{d}\xi + \int_0^{a(t-\tau)-x} f(\xi,\tau)\mathrm{d}\xi\right)\right]$$

## 3.3　三维和二维波动方程的初值问题

在这一节中,我们先利用球平均法求得三维波动方程初值问题的形式解,然后利用降维法得到二维波动方程初值问题的形式解,最后讨论解的性质.

### 3.3.1　三维波动方程的初值问题

我们首先考察三维波动方程的初值问题

$$\begin{cases} \dfrac{\partial^2 u}{\partial t^2} = a^2\left(\dfrac{\partial^2 u}{\partial x^2}+\dfrac{\partial^2 u}{\partial y^2}+\dfrac{\partial^2 u}{\partial z^2}\right),(x,y,z)\in\mathbf{R}^3, t>0 & (3.3.1) \\ u|_{t=0} = \varphi(x,y,z), \dfrac{\partial u}{\partial t}\Big|_{t=0} = \psi(x,y,z),(x,y,z)\in\mathbf{R}^3 & (3.3.2) \end{cases}$$

为了求解这个定解问题,我们介绍球平均法. 设 $w(x,y,z)$ 是整个空间上连续且有直到二阶连续偏导数的任意函数. 考虑函数 $w$ 在以任意点 $(x,y,z)$ 为心而以任意长度 $r$ 为半径的球面 $C_r(x,y,z)$ 上的算术平均值. 这个球面上的点的坐标可以由下式表达

$$\xi = x+\boldsymbol{\alpha}_1 r, \eta = y+\boldsymbol{\alpha}_2 r, \zeta = z+\boldsymbol{\alpha}_3 r$$

其中 $\{\boldsymbol{\alpha}_1,\boldsymbol{\alpha}_2,\boldsymbol{\alpha}_3\}$ 是上述球面 $C_r(x,y,z)$ 的单位外法向量,即

$$\boldsymbol{\alpha}_1 = \sin\theta\cos\beta, \boldsymbol{\alpha}_2 = \sin\theta\sin\beta, \boldsymbol{\alpha}_3 = \cos\theta$$

$\theta$ 是外法向量与 $z$ 轴正方向成的角,$0\leqslant\theta\leqslant\pi$;$\beta$ 是 $x$ 轴正方向与半径线段在 $xoy$ 面投影成的角,$0\leqslant\beta\leqslant 2\pi$. 用 $\mathrm{d}_1\sigma$ 来表示半径为 1 的球面上的面积微分元,用 $\mathrm{d}_r\sigma$ 表示半径为 $r$ 的球面上的面积微分元,即

$$\mathrm{d}_1\sigma = \sin\theta\mathrm{d}\theta\mathrm{d}\beta, \mathrm{d}_r\sigma = r^2\mathrm{d}_1\sigma = r^2\sin\theta\mathrm{d}\theta\mathrm{d}\beta$$

$w$ 在球面 $C_r(x,y,z)$ 上的算术平均值(称为函数 $w$ 的球面平均),即函数 $w$ 在球面上的积分除以这个球面的面积. 这个球面平均的大小依赖于所选择的球心 $(x,y,z)$ 以及半径 $r$,就是说 $w$ 的球面平均是 4 个变量 $x,y,z$ 和 $r$ 的函数. 由

上面的定义,我们可以把这个球面平均写为

$$v(x,y,z,r)=\frac{1}{4\pi}\int_0^{2\pi}\int_0^{\pi}w(x+\alpha_1 r,y+\alpha_2 r,z+\alpha_3 r)\,\mathrm{d}_1\sigma \tag{3.3.3}$$

或

$$v(x,y,z,r)=\frac{1}{4\pi r^2}\iint_{C_r}w(x+\alpha_1 r,y+\alpha_2 r,z+\alpha_3 r)\,\mathrm{d}_r\sigma \tag{3.3.4}$$

我们之所以建立球面平均函数,是因为对于初值问题(3.3.1),(3.3.2)的解,可以用球面平均构造出来. 为此,先证明对于任意选择的二次可微函数 $w$,由(3.3.3)或(3.3.4)构造的函数满足一个相同的偏微分方程

$$\frac{\partial^2 v}{\partial r^2}-\Delta v+\frac{2}{r}\frac{\partial v}{\partial r}=0 \tag{3.3.5}$$

其中

$$\Delta v=\frac{\partial^2 v}{\partial x^2}+\frac{\partial^2 v}{\partial y^2}+\frac{\partial^2 v}{\partial z^2}$$

事实上,在(3.3.3)中,在单位球面上的积分可以在积分号下对 $x,y,z$ 求导,于是,我们有

$$\Delta v=\frac{1}{4\pi}\int_0^{2\pi}\int_0^{\pi}\Delta w\,\mathrm{d}_1\sigma \tag{3.3.6}$$

由复合函数的求导方法得

$$\begin{aligned}\frac{\partial v}{\partial r}&=\frac{1}{4\pi}\int_0^{2\pi}\int_0^{\pi}\left(\alpha_1\frac{\partial w}{\partial(x+\alpha_1 r)}+\alpha_2\frac{\partial w}{\partial(y+\alpha_2 r)}+\alpha_3\frac{\partial w}{\partial(z+\alpha_3 r)}\right)\mathrm{d}_1\sigma\\&=\frac{1}{4\pi r^2}\iint_{C_r}\left(\alpha_1\frac{\partial w}{\partial(x+\alpha_1 r)}+\alpha_2\frac{\partial w}{\partial(y+\alpha_2 r)}+\alpha_3\frac{\partial w}{\partial(z+\alpha_3 r)}\right)\mathrm{d}_r\sigma\end{aligned} \tag{3.3.7}$$

应用奥高公式,就得到

$$\frac{\partial v}{\partial r}=\frac{1}{4\pi r^2}\iiint_{D_r}\Delta w\,\mathrm{d}v \tag{3.3.8}$$

其中 $D_r$ 是以 $(x,y,z)$ 为球心,$r$ 为半径的球体.

考虑(3.3.8)中的三重积分

$$\iiint_{D_r}\Delta w\,\mathrm{d}v=\int_0^r\int_0^{2\pi}\int_0^{\pi}\Delta w\rho^2\sin\theta\,\mathrm{d}\rho\,\mathrm{d}\theta\,\mathrm{d}\beta$$

此式对 $r$ 求导,得

$$\frac{\partial}{\partial r}\left(\iiint_{D_r}\Delta w\,\mathrm{d}v\right)=\iint_{C_r}\Delta w\,\mathrm{d}_r\sigma$$

对(3.3.8)两端关于 $r$ 求导,得

$$\frac{\partial^2 v}{\partial r^2} = -\frac{1}{2\pi r^3}\iiint_{D_r}\Delta w \mathrm{d}v + \frac{1}{4\pi r^2}\iint_{C_r}\Delta w \mathrm{d}_r\sigma \tag{3.3.9}$$

将(3.3.6),(3.3.8),(3.3.9)代入到方程(3.3.5)中,可使(3.3.5)成为恒等式,故由(3.3.3)或(3.3.4)给出的 $v$ 确实是方程(3.3.5)的解.

若 $r\to 0$,则由(3.3.5)得

$$v(x,y,z,r)\to w(x,y,z)$$

并且因为 $r\to 0$ 时,按照中值定理,得

$$\iiint_{D_r}\Delta w \mathrm{d}v \sim o(r^3)$$

故有(3.3.8)中的

$$\frac{1}{4\pi r^2}\iiint_{D_r}\Delta w \mathrm{d}v \to 0$$

于是我们得到下面结论:

**定理** 3.3　对于任意选定的二次连续可微函数 $w$,则由(3.1.3)所确定的函数 $v$ 满足方程(3.3.5)以及初始条件:

$$v|_{r=0} = w(x,y,z), \frac{\partial v}{\partial r}|_{r=0} = 0 \tag{3.3.10}$$

利用定理 3.1,我们可以得出,函数

$$u(x,y,z,t) = tv(x,y,z,\mathrm{d}t) \tag{3.3.11}$$

满足定解问题

$$\begin{cases}\dfrac{\partial^2 u}{\partial t^2} = a^2\left(\dfrac{\partial^2 u}{\partial x^2} + \dfrac{\partial^2 u}{\partial y^2} + \dfrac{\partial^2 u}{\partial z^2}\right), (x,y,z)\in \mathbf{R}^3, t>0 & (3.3.12)\\ u|_{t=0} = 0, \dfrac{\partial u}{\partial t}|_{t=0} = w(x,y,z), (x,y,z)\in \mathbf{R}^3 & (3.3.13)\end{cases}$$

并且函数

$$u_1 = \frac{\partial u}{\partial t} = \frac{\partial[tv(x,y,z,at)]}{\partial t} \tag{3.3.14}$$

满足定解问题

$$\begin{cases}\dfrac{\partial^2 u_1}{\partial t^2} = a^2\left(\dfrac{\partial^2 u_1}{\partial x^2} + \dfrac{\partial^2 u_1}{\partial y^2} + \dfrac{\partial^2 u_1}{\partial z^2}\right), (x,y,z)\in \mathbf{R}^3, t>0 & (3.3.15)\\ u_1|_{t=0} = w(x,y,z), \dfrac{\partial u_1}{\partial t}|_{t=0} = 0, (x,y,z)\in \mathbf{R}^3 & (3.3.16)\end{cases}$$

实际上,我们有

$$\frac{\partial u}{\partial t}=v(x,y,z,at)+at\frac{\partial v(x,y,z,t)}{\partial r}$$

$$\frac{\partial^2 u}{\partial t^2}=2a\frac{\partial v(x,y,z,at)}{\partial r}+a^2t\frac{\partial^2 v(x,y,z,at)}{\partial r^2} \tag{3.3.17}$$

$$\Delta u=t\Delta v(x,y,z,at) \tag{3.3.18}$$

其中,例如$\frac{\partial v(x,y,z,at)}{\partial t}$是导数$\frac{\partial v(x,y,z,r)}{\partial r}$当 $r=at$ 时的值,其余意义同此. 将(3.3.17),(3.3.18)代入到方程(3.3.12),得(3.3.5)在 $r=at$ 的特殊情形,所以函数(3.3.11)满足(3.3.12),而(3.3.13)可由(3.3.11)及(3.3.10)直接得出.

另外,由 $u_1=\frac{\partial u}{\partial t}$及(3.3.12)知

$$\frac{\partial u_1}{\partial t}=a^2\Delta u$$

从而

$$\frac{\partial^2 u_1}{\partial t^2}=a^2\frac{\partial(\Delta u)}{\partial t}=a^2\Delta\frac{\partial(u)}{\partial t}=a^2\Delta u_1=a^2(\frac{\partial^2 u_1}{\partial x^2}+\frac{\partial^2 u_1}{\partial y^2}+\frac{\partial^2 u_1}{\partial z^2})$$

由(3.3.13)知 $u_1|_{t=0}=w(x,y,z)$.

再由方程(3.3.12),对于$\frac{\partial u_1}{\partial t}=\frac{\partial^2 u}{\partial t^2}$有

$$\frac{\partial u_1}{\partial t}\Big|_{t=0}=a^2(\frac{\partial^2 u}{\partial x^2}+\frac{\partial^2 u}{\partial y^2}+\frac{\partial^2 u}{\partial z^2})\Big|_{t=0}=0$$

现在利用以上结果,探究齐次波动方程的初值问题的解的表达式. 将定解问题(3.3.1),(3.3.2)分解为两个齐次波动方程的定解问题:

$$(\mathrm{I})\begin{cases}\dfrac{\partial^2 u_1}{\partial t^2}=a^2(\dfrac{\partial^2 u_1}{\partial x^2}+\dfrac{\partial^2 u_1}{\partial y^2}+\dfrac{\partial^2 u_1}{\partial z^2}),(x,y,z)\in\mathbf{R}^3,t>0\\ u_1|_{t=0}=\varphi(x,y,z),\dfrac{\partial u_1}{\partial t}\Big|_{t=0}=0,(x,y,z)\in\mathbf{R}^3\end{cases}$$

$$(\mathrm{II})\begin{cases}\dfrac{\partial^2 u_2}{\partial t^2}=a^2(\dfrac{\partial^2 u_2}{\partial x^2}+\dfrac{\partial^2 u_2}{\partial y^2}+\dfrac{\partial^2 u_2}{\partial z^2}),(x,y,z)\in\mathbf{R}^3,t>0\\ u_2|_{t=0}=0,\dfrac{\partial u_2}{\partial t}\Big|_{t=0}=\psi(x,y,z),(x,y,z)\in\mathbf{R}^3\end{cases}$$

按照叠加原理,定解问题(Ⅰ)与(Ⅱ)的解 $u_1$ 与 $u_2$ 的和满足定解方程(3.1.1),(3.1.2),而

（Ⅰ）的解可表示为

$$u_1 = \frac{\partial}{\partial t}\left[\frac{t}{4\pi}\int_0^{2\pi}\int_0^{\pi}\varphi(x + at\sin\theta\cos\beta, y + at\sin\theta\sin\beta, z + at\cos\theta)\sin\theta\mathrm{d}\theta\mathrm{d}\beta\right]$$

（Ⅱ）的解可表示为

$$u_2 = \frac{t}{4\pi}\int_0^{2\pi}\int_0^{\pi}\psi(x + at\sin\theta\cos\beta, y + at\sin\theta\sin\beta, z + at\cos\theta)\sin\theta\mathrm{d}\theta\mathrm{d}\beta$$

所以定解问题（Ⅰ）与（Ⅱ）的解为

$$\begin{aligned} u &= u_1 + u_2 \\ &= \frac{\partial}{\partial t}\left[\frac{t}{4\pi}\int_0^{2\pi}\int_0^{\pi}\varphi(x + at\sin\theta\cos\beta, y + at\sin\theta\sin\beta, z + at\cos\theta)\sin\theta\mathrm{d}\theta\mathrm{d}\beta\right] + \\ &\quad \frac{t}{4\pi}\int_0^{2\pi}\int_0^{\pi}\psi(x + at\sin\theta\cos\beta, y + at\sin\theta\sin\beta, z + at\cos\theta)\sin\theta\mathrm{d}\theta\mathrm{d}\beta \\ &= \frac{\partial}{\partial t}\left[\frac{1}{4\pi a^2 t}\iint_{S_{at}^M}\varphi\mathrm{d}S\right] + \frac{1}{4\pi a^2 t}\iint_{S_{at}^M}\psi\mathrm{d}S \end{aligned} \tag{3.3.19}$$

其中 $S_{at}^M$ 表示以点 $M(x,y,z)$ 为球心，$at$ 为半径的球面，$\mathrm{d}S$ 为这个球面的面积微分元.（3.3.19）通常叫作泊松（Poisson）公式.

考察三维波动方程的初值问题：

$$\begin{cases} \dfrac{\partial^2 u}{\partial t^2} - a^2\left(\dfrac{\partial^2 u}{\partial x^2} + \dfrac{\partial^2 u}{\partial y^2} + \dfrac{\partial^2 u}{\partial z^2}\right) = f(x,y,z,t), (x,y,z) \in \mathbf{R}^3, t > 0 & (3.3.20) \\ u\big|_{t=0} = \varphi(x,y,z), \dfrac{\partial u}{\partial t}\bigg|_{t=0} = \psi(x,y,z), (x,y,z) \in \mathbf{R}^3 & (3.3.21) \end{cases}$$

定理3.1的结论对于 $n>1$ 的情形也是正确的. 利用定理3.1，定解问题

$$\begin{cases} \dfrac{\partial^2 u}{\partial t^2} - a^2\left(\dfrac{\partial^2 u}{\partial x^2} + \dfrac{\partial^2 u}{\partial y^2} + \dfrac{\partial^2 u}{\partial z^2}\right) = f(x,y,z,t), (x,y,z) \in \mathbf{R}^3, t > 0 \\ u\big|_{t=0} = 0, \dfrac{\partial u}{\partial t}\bigg|_{t=0} = 0, (x,y,z) \in \mathbf{R}^3 \end{cases}$$

的解为

$$u_3 = \int_0^t\left[\frac{1}{4\pi a^2(t-\tau)}\iint_{S_{a(t-\tau)}^M} f(\xi,\eta,\zeta,\tau)\mathrm{d}S\right]\mathrm{d}\tau$$

根据叠加原理得定解问题（3.3.20），（3.3.21）的解为

$$\begin{aligned} u(x,y,z,t) &= \frac{\partial}{\partial t}\left[\frac{1}{4\pi a^2 t}\iint_{S_{at}^M}\varphi(\xi,\eta,\zeta)\mathrm{d}S\right] + \frac{1}{4\pi a^2 t}\iint_{S_{at}^M}\psi(\xi,\eta,\zeta)\mathrm{d}S + \\ &\quad \int_0^t\left[\frac{1}{4\pi a^2(t-\tau)}\iint_{S_{a(t-\tau)}^M} f(\xi,\eta,\zeta,\tau)\mathrm{d}S\right]\mathrm{d}\tau \end{aligned} \tag{3.3.22}$$

(3.3.22)称为基尔霍夫(Kirchhoff)公式.

## 3.3.2　二维波动方程的初值问题

现在我们研究二维波动方程的初值问题

$$\begin{cases}\dfrac{\partial^2 u}{\partial t^2}-a^2\left(\dfrac{\partial^2 u}{\partial x^2}+\dfrac{\partial^2 u}{\partial y^2}\right)=f(x,y,t),(x,y)\in\mathbf{R}^2,t>0 & (3.3.23)\\ u\big|_{t=0}=\varphi(x,y),\dfrac{\partial u}{\partial t}\Big|_{t=0}=\psi(x,y),(x,y)\in\mathbf{R}^2 & (3.3.24)\end{cases}$$

我们利用上面的三维波动方程的初值问题求解的结果来解决这个问题,这是由于所考虑的二维波动方程初值问题的解 $u(x,y,t)$ 总可以看成是高一维空间(三维空间)$(x,y,z,t)$ 中的函数 $\tilde{u}(x,y,z,t)=u(x,y,t)$,即 $\tilde{u}(x,y,z,t)$ 和自变量 $z$ 无关,因此它满足三维波动方程

$$\frac{\partial^2\tilde{u}}{\partial t^2}-a^2\left(\frac{\partial^2\tilde{u}}{\partial x^2}+\frac{\partial^2\tilde{u}}{\partial y^2}+\frac{\partial^2\tilde{u}}{\partial z^2}\right)=f(x,y,t) \tag{3.3.25}$$

及初始条件

$$\tilde{u}\Big|_{t=0}=\varphi(x,y),\frac{\partial\tilde{u}}{\partial t}\Big|_{t=0}=\psi(x,y),(x,y,z)\in\mathbf{R}^2 \tag{3.3.26}$$

其中 $\varphi(x,y)$,$\psi(x,y)$ 也被视为三维空间 $(x,y,z)$ 中的函数,$f(x,y,t)$ 被视为三维空间 $(x,y,z,t)$ 中的函数. 反之,如果三维波动方程的初值问题(3.3.25),(3.3.26)的解 $\tilde{u}(x,y,z,t)$ 是一个与自变量 $z$ 无关的函数,则它所满足的方程和初始条件都化为二维波动方程初值问题(3.3.23),(3.3.24). 我们如果解出三维波动方程的初值问题(3.3.25),(3.3.26)的解 $\tilde{u}(x,y,z,t)$,并能证明 $\tilde{u}(x,y,z,t)$ 是与 $z$ 无关的函数,那么二维波动方程的初值问题(3.3.23),(3.3.24)也就能得到解决. 这种利用高维波动方程初值问题的解得出低维波动方程初值问题解的方法称为降维法.

三维波动方程初值问题的基尔霍夫公式中的前两个积分是在三维空间中的球面 $S_{at}^M$ 上进行的,第三个积分的内层积分是在球面 $S_{a(t-\tau)}^M$ 上进行的. 由于 $\varphi$,$\psi$ 都是和 $z$ 无关的函数,因此关于它们在球面上的积分可以化为在超平面 $z=$ 常数上的投影

$$\sum\nolimits_{at}^{M}:(\xi-x)^2+(\eta-y)^2\leqslant a^2t^2$$

上面的二重积分. 同样,$f$ 也是和 $z$ 无关的函数,关于它在相应球面上的积分也可以化为超平面 $z=$ 常数上的投影

$$\sum\nolimits_{a(t-\tau)}^{M}:(\xi-x)^2+(\eta-y)^2\leqslant a^2(t-\tau)^2$$

上面的二重积分. 再注意到上下半球面的积分都化成同一圆上的积分,这样,就可以把 $\tilde{u}(x,y,z,t)$ 表示成

$$\tilde{u}(x,y,z,t) = \frac{1}{2\pi a}\left[\frac{\partial}{\partial t}\iint\limits_{\Sigma_{at}^{M}}\frac{\varphi(\xi,\eta)}{\sqrt{(at)^2-(\xi-x)^2-(\eta-y)^2}}\mathrm{d}\xi\mathrm{d}\eta + \iint\limits_{\Sigma_{at}^{M}}\frac{\psi(\xi,\eta)}{\sqrt{(at)^2-(\xi-x)^2-(\eta-y)^2}}\mathrm{d}\xi\mathrm{d}\eta\right] + \frac{1}{2\pi a}\int_0^t\left[\iint\limits_{\Sigma_{a(t-\tau)}^{M}}\frac{f(\xi,\eta,\tau)}{\sqrt{a^2(t-\tau)^2-(\xi-x)^2-(\eta-y)^2}}\mathrm{d}\xi\mathrm{d}\eta\right]\mathrm{d}\tau \tag{3.3.27}$$

它是与 $z$ 无关的函数,因此(3.3.27)就是二维波动方程初值问题(3.3.23),(3.3.24)的解. 若 $f(x,y,t)\equiv 0$,则称(3.3.27)为二维波动方程初值问题的泊松公式.

降维法不仅适用于波动方程,也适用于某些其他类型的方程. 在许多情况下,此方法可以使我们从多个自变量方程的定解公式中,推导出自变量较少的方程的解答.

### 3.3.3 依赖区域、决定区域和影响区域

首先考察二维的情形. 在 $(x,y,t)$ 空间中任意取出一点 $(x_0,y_0,t_0)$,根据二维波动方程初值问题的泊松公式,解在这点的数值是由初始平面 $t=0$ 上以 $(x_0,y_0,0)$ 为中心,$at_0$ 为半径的圆内的初始条件 $\varphi(x,y)$ 和 $\psi(x,y)$ 的积分所表达,它不依赖于圆外 $\varphi$ 和 $\psi$ 的值. 因此,平面 $t=0$ 上的圆域

$$(x-x_0)^2+(y-y_0)^2\leqslant a^2t_0^2 \tag{3.3.28}$$

称为点 $(x_0,y_0,t_0)$ 的依赖区域. 同时以初始平面 $t=0$ 上的圆域(3.3.28)为底,以 $(x_0,y_0,t_0)$ 为顶点的圆锥体区域(图3.5)

$$(x-x_0)^2+(y-y_0)^2\leqslant a^2(t-t_0)^2,\quad t\leqslant t_0$$

称为区域(3.3.28)的决定区域. 显然,这个决定区域内的任一点的依赖区域都在区域(3.3.28)的内部,决定区域(圆锥体)的母线与 $t$ 轴的夹角为 arctan $a$.

我们在初始平面 $t=0$ 上任取一点 $(x_0,y_0,0)$,过此点做圆锥体(图3.6),圆锥体的母线与 $t$ 轴的夹角为 arctan $a$,称这个圆锥体为点 $(x_0,y_0,0)$ 的影响区域

$$(x-x_0)^2+(y-y_0)^2\leqslant a^2t^2,\quad t\geqslant 0 \tag{3.3.29}$$

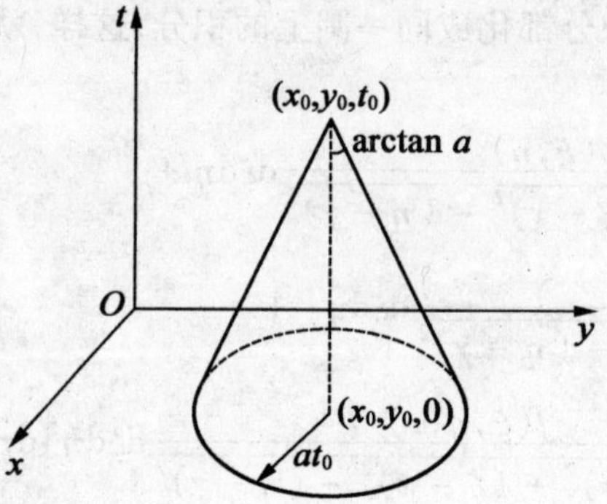


图 3.5

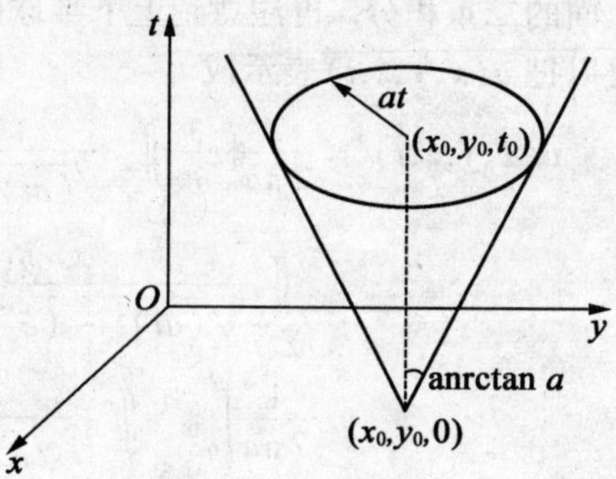


图 3.6

易见,点$(x_0,y_0,0)$的影响区域内的任一点的依赖区域都包含点$(x_0,y_0,0)$. 初始平面上某一区域的影响区域,就是由此区域上的每一点所做的圆锥体的包络面所围成的区域.

至此,可以看出锥面$(x-x_0)^2+(y-y_0)^2=a^2(t-t_0)^2$在研究波动方程时起着很大的作用,它称为二维波动方程的特征锥.

其次考察三维的情形. 先决定空间$(x,y,z,t)$中一点$(x_0,y_0,z_0,t_0)$的依赖区域. 根据三维波动方程的泊松公式,解在这点的数值是由初始平面$t=0$上以$(x_0,y_0,z_0)$为中心,$at_0$为半径的球面上的初始条件$\varphi,\psi$的数值所完全决定,和此球面内外的数值无关,因此超平面$t=0$上的球面

$$(x-x_0)^2+(y-y_0)^2+(z-z_0)^2=a^2t_0^2 \tag{3.3.30}$$

就是点$(x_0,y_0,z_0,t_0)$的依赖区域. 同时,初始平面$t=0$上球面(3.3.29)内部区域的决定区域就是以它为底,以$(x_0,y_0,z_0,t_0)$为顶点的圆锥体区域

$$(x-x_0)^2+(y-y_0)^2+(z-z_0)^2\leqslant a^2(t-t_0)^2,\quad t\leqslant t_0$$

初始平面$t=0$上一点$(x_0,y_0,z_0,0)$的影响区域就是锥面

$$(x-x_0)^2+(y-y_0)^2+(z-z_0)^2=a^2t^2,\quad t>0 \tag{3.3.31}$$

初始平面上某一区域的影响区域就是过其上每一点所做锥面(3.3.31)的包络面所围成的区域. 我们把锥面$(x-x_0)^2+(y-y_0)^2+(z-z_0)^2=a^2(t-t_0)^2$称为三维波动方程的特征面.

### 3.3.4 惠更斯(Hugens)原理

如果$f=0$,比较一下二维与三维波动方程初值问题的解的表达式(3.3.27)和(3.3.19),我们可以得到这样一个结论:虽然解$u$在定点$M_0$的值只依赖于其给定在依赖区域上的初值$\varphi,\psi$及其导数,但说得更确切一点,当$n=3$时,

$u(M_0)$只依赖于依赖区域的边界

$$\{(x,y,z) \mid \sqrt{(x-x_0)^2+(y-y_0)^2+(z-z_0)^2}=at_0\}$$

上的初值$\varphi,\psi$,而与它们在依赖区域内部的值无关. 而当$n=2$时,$u(M_0)$依赖于整个依赖区域上的初值$\varphi,\psi$. 这种差别反应了三维波动与二维波动传播之间存在着实质上的区别.

考察三维的情形. 假设$t=0$时在点$(x_0,y_0,z_0)$有一瞬时扰动,由于点$(x_0,y_0,z_0,0)$的影响区域是(3.3.31),随着时间的增加,这扰动的影响面就是

$$(x-x_0)^2+(y-y_0)^2+(z-z_0)^2=a^2t^2$$

它以速度$a$向四周扩大. 对于空间一点$(x_1,y_1,z_1)$,假设它和$(x_0,y_0,z_0)$的距离为$r$,则只有在$t_0=\dfrac{r}{a}$的一瞬时,这一点才落在扰动面上(也就是说在此时刻此点才受到瞬时扰动的影响),过后又恢复到未扰动前的状态. 如果在点$(x_0,y_0,z_0)$处的扰动持续进行了$t_1$秒,则在点$(x_1,y_1,z_1)$所受的扰动影响时间也是$t_1$秒,过后仍恢复到原来状态,只是其扰动开始较点$(x_0,y_0,z_0)$迟了$t_1$秒. 这种现象最简单的例子就是声音的传播,从某个点声源发出声音,经过一定时间后传到耳中,听到声音的长短和发出声音的长短一样.

在初始时某有界区域$\Omega$中有一个扰动(传播速度为$a$)会产生波的传播. 区域$\Omega$中任一点$M$处的扰动,经时间$t$秒后,它传到以$M$为中心,以$at$为半径的球面上,因此在$t$秒时受到初始时刻区域$\Omega$中扰动影响的区域,就是所有以$M\in\Omega$为中心,$at$为半径的球面的全体. 当$t$足够大时,这种球面簇有内外两个包络面,称外包络面为传播波的前阵面,内包络面为后阵面. 这前后阵面的中间部分就是受到扰动影响的部分. 前阵面以外的部分还未传到的区域,而后阵面以内的部分是波已传过并恢复了原来状态的区域,因此当初始扰动限制在空间某一局部范围时,波的传播有清晰的前阵面和后阵面,这现象在物理学中称为惠更斯原理或无后效现象. 它对信号的传送与接收具有重要的意义.

二维的情况完全不同. 由于点$(x_0,y_0,0)$的影响区域为锥体(3.3.29),在$t=0$时点$(x_0,y_0)$处的瞬时扰动经过时间$t$后的影响范围不是圆周而是整个圆

$$(x-x_0)^2+(y-y_0)^2\leqslant a^2t^2$$

它以速度$a$向外扩大. 对于$(x_0,y_0)$的距离为$r$的一点,经过$t_0=\dfrac{r}{a}$秒后开始受到扰动影响,但随着时间的增加,在此点的扰动影响并不消失,仍然继续发生作用. 如果初始扰动在$(x,y)$平面上的有界区域$\Omega$中,观察在区域$\Omega$外的任一点$M_0(x_0,y_0)$在时刻$t_0$时的状态$u(M_0,t_0)$. 由于点$(x_0,y_0,t_0)$的依赖区域是

(3. 3. 28),它的数值由以 $M_0$ 为中心而半径为 $at_0$ 的圆内各点的初始值决定. 对于 $t_0 < \frac{d}{a}$ 的各时刻(其中 $d$ 为 $M_0$ 到区域 $\Omega$ 的最近点的距离)函数 $u(M_0, t_0) = 0$,即扰动的影响还未传到这点. 如果 $t > \frac{d}{a}$,则 $u(M_0, t_0) \neq 0$,就表示从时刻 $t_0 = \frac{d}{a}$ 开始,在点 $M_0$ 处就受到了扰动的影响,而且此扰动在以后不会消失,不过由于(3. 3. 27)中分母含有 $at$,我们可以断定,随着 $t$ 的无限增加,扰动的影响是越来越弱的. 因此在二维情况,局部范围中的初始扰动,具有长期连续的后效特性,波的传播有清晰的前阵面,但没有后阵面. 惠更斯原理在此时是不成立的. 这个现象称为波的弥散,或说这种波具有后效现象.

## 3.4　波动方程解的唯一性和稳定性

在本节中我们要考察波动方程解的唯一性和稳定性,即研究除了所得到的解外是否还有其他的解,以及解是否连续依赖于定解条件的问题. 在研究这些问题时,我们将利用波传播中的能量关系式. 为方便起见,我们限于对一维和二维的情形进行讨论.

### 3.4.1　一维波动方程解的唯一性和稳定性

在物理学中,若质点的质量为 $m$,在时刻 $t$ 的速度为 $v$,则它在时刻 $t$ 的动能为 $\frac{1}{2}mv^2$. 现在考虑弦上的元素 $\mathrm{d}s$,当弦做微小横向振动时 $\mathrm{d}s \approx \mathrm{d}x$,它在时刻 $t$ 的速度为 $u_t$,所以 $\mathrm{d}s$ 在时刻 $t$ 所具有的动能近似地为 $\frac{1}{2}\rho u_t^2 \mathrm{d}x$,其中 $\rho$ 是弦的线密度(一般来说是函数),整个弦在 $t$ 时刻的动能为

$$U = \int_0^l \frac{1}{2}\rho u_t^2 \mathrm{d}x \tag{3.4.1}$$

弦在 $t$ 时刻的位能(或称势能)记为 $V$. 假设弦不受外力作用,则使弦形变的力只有张力,反抗张力所做的功就是弦的位能的增量. 当弦的振幅很小时,它的张力可以看作是一个常向量,其大小记作 $T$,张力在位移方向的分量近似等于 $Tu_x$. 在这个力的作用下,弦发生形变,位移增量为 $\Delta u \approx \mathrm{d}u = u_x \mathrm{d}x$, 所以弦上有元素 $\mathrm{d}s$ 在 $t$ 时刻的位能近似为 $\frac{1}{2}Tu_x^2 \mathrm{d}x$,整个弦在 $t$ 时刻的位能为

$$V=\int_0^l \frac{1}{2}Tu_x^2\mathrm{d}x \tag{3.4.2}$$

如果除了张力以外，在 $t$ 时刻在位移方向还受到密度为 $f(x,t)$ 的外力作用，这时的位能应为

$$V=\int_0^l\left(\frac{1}{2}Tu_x^2+fu\right)\mathrm{d}x \tag{3.4.3}$$

将(3.4.1)和(3.4.2)(或(3.4.3))相加，即得弦在 $t$ 时刻的总能量为

$$E(t)=\int_0^l\left(\frac{1}{2}\rho u_t^2+\frac{1}{2}Tu_x^2\right)\mathrm{d}x \tag{3.4.4}$$

$$E(t)=\int_0^l\left(\frac{1}{2}\rho u_t^2+\frac{1}{2}Tu_x^2+fu\right)\mathrm{d}x \tag{3.4.5}$$

如果 $\rho$ 是常数，并不记常数因子，(3.4.4)可以表示为

$$E(t)=\int_0^l\left[u_t^2(x,t)+a^2u_x^2(x,t)\right]\mathrm{d}x \tag{3.4.6}$$

其中 $a^2=\frac{T}{\rho}$. 或者更简单地写成

$$E(t)=\int_0^l\left[u_t^2(x,t)+u_x^2(x,t)\right]\mathrm{d}x \tag{3.4.7}$$

我们把(3.4.6)或(3.4.7)称为能量积分，或称为 $u$ 的能量模.

现在考察初值问题

$$\begin{cases}\dfrac{\partial^2u}{\partial t^2}-a^2\dfrac{\partial^2u}{\partial x^2}=f(x,t),\ -\infty<x<\infty,t>0\\ u\big|_{t=0}=\varphi(x),u_t\big|_{t=0}=\psi(x),\ -\infty<x<\infty\end{cases} \tag{3.4.8}$$

讨论这个定解问题的解的唯一性和稳定性，需要建立能量不等式. 而在证实所建立的能量不等式确实是正确的时候，往往借助一个重要的数学工具——Gronwall 不等式.

**引理**(Gronwall 不等式) 若非负函数 $G(\tau)$ 在 $[0,T]$ 上连续可微，$G(0)=0$，且对 $\tau\in[0,T]$，有

$$\frac{\mathrm{d}G(\tau)}{\mathrm{d}\tau}\leqslant CG(\tau)+F(\tau) \tag{3.4.9}$$

其中 $C>0$ 为常数，$F(\tau)$ 为 $[0,T]$ 上单调不减的非负可积函数，则

$$\frac{\mathrm{d}G(\tau)}{\mathrm{d}\tau}\leqslant \mathrm{e}^{C\tau}F(\tau) \tag{3.4.10}$$

$$G(\tau)\leqslant C^{-1}(\mathrm{e}^{C\tau}-1)F(\tau) \tag{3.4.11}$$

**证明** 在(3.4.9)两边同乘 $\mathrm{e}^{-C\tau}$，则有

$$\frac{\mathrm{d}}{\mathrm{d}\tau}[\mathrm{e}^{-C\tau}G(\tau)]\leqslant \mathrm{e}^{-C\tau}F(\tau)$$

上式两边在$[0,\tau]$上积分得到

$$\mathrm{e}^{-C\tau}G(\tau)\leqslant\int_0^\tau \mathrm{e}^{-Ct}F(t)\,\mathrm{d}t\leqslant F(\tau)C^{-1}(1-\mathrm{e}^{-C\tau})$$

从而

$$G(\tau)\leqslant C^{-1}(\mathrm{e}^{C\tau}-1)F(\tau)$$

(3.4.11)得证,将(3.4.11)代入(3.4.9)即得(3.4.10).

为了建立能量不等式,我们过点$(x_0,t_0)$向下做两条特征线$x=x_0\pm a(t-t_0)$,它们与$x$轴相交于点$(x_0-at_0,0)$及$(x_0+at_0,0)$,这两条特征线与$x$轴所围成的区域记作$K$. 由初值问题(3.4.8)解的表达式

$$u(x,t)=\frac{1}{2}[\varphi(x+at)+\varphi(x-at)]+\frac{1}{2a}\int_{x-at}^{x+at}\psi(\xi)\,\mathrm{d}\xi+\frac{1}{2a}\int_0^t\mathrm{d}\tau\int_{x-a(t-\tau)}^{x+a(t-\tau)}f(\xi,\tau)\,\mathrm{d}\xi$$

可知$u$在点$(x_0,t_0)$的值只依赖于$\varphi,\psi$在依赖区间$[x_0-at_0,x_0+at_0]$上的值以及$f$在$K$上的值,也就是说$u$在$(x_0,t_0)$点的值由$\varphi,\psi,f$在$K$上的值唯一确定. 任取$\tau(0\leqslant\tau\leqslant t_0)$,令$k_\tau=K\cap\{0\leqslant t\leqslant\tau\}$(侧边为特征线的梯形)

$\Omega_\tau=K\cap\{t=\tau\}=(x_0+a(\tau-t_0),x_0-a(\tau-t_0))$(这是一个区间)(图3.7)

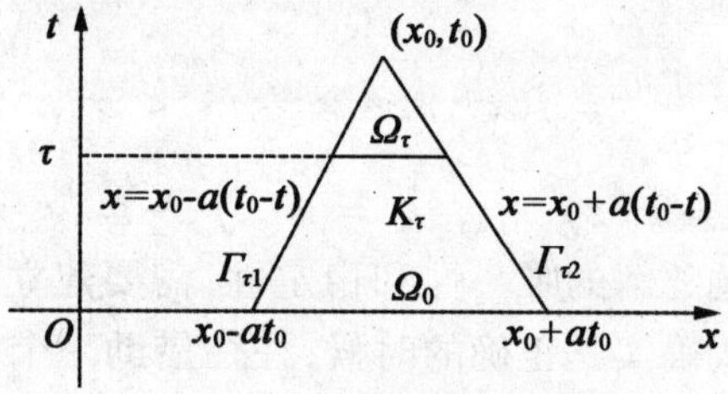


图3.7

**定理**3.4(能量不等式)　设$u\in C^1(\overline{Q})\cap C^2(Q)$是定解问题(3.4.8)的解,对任意的$(x_0,t_0)$,$t_0>0$,则有估计

$$E(\tau)=\int_{\Omega_\tau}[u_t^2(x,\tau)+a^2u_x^2(x,\tau)]\,\mathrm{d}x\leqslant M\Big[\int_{\Omega_0}(\psi^2+a^2\varphi_x^2)\,\mathrm{d}x+\iint_{K\tau}f^2(x,t)\,\mathrm{d}x\mathrm{d}t\Big]\tag{3.4.12}$$

$$\iint_{K\tau}[u_t^2(x,t)+a^2u_x^2(x,t)]\,\mathrm{d}x\mathrm{d}t\leqslant M\Big[\int_{\Omega_0}(\psi^2+a^2\varphi_x^2)\,\mathrm{d}x+\iint_{K\tau}f^2(x,t)\,\mathrm{d}x\mathrm{d}t\Big]\tag{3.4.13}$$

其中 $M = e^{t_0}$, $Q = \{(x,t) \mid -\infty < x < \infty, t > 0\}$.

**证明** 在(3.4.8)中的波动方程两端同乘以$\frac{\partial u}{\partial t}$,并在 $K_\tau$ 上积分,得

$$\iint_{K_\tau} \frac{\partial u}{\partial t}\left(\frac{\partial^2 u}{\partial t^2} - a^2 \frac{\partial^2 u}{\partial x^2}\right) \mathrm{d}x\mathrm{d}t = \iint_{K_\tau} \frac{\partial u}{\partial t} f \mathrm{d}x\mathrm{d}t \tag{3.4.14}$$

由于

$$\frac{\partial u}{\partial t}\frac{\partial^2 u}{\partial t^2} = \frac{1}{2}\frac{\partial}{\partial t}\left(\frac{\partial u}{\partial t}\right)^2$$

$$\frac{\partial u}{\partial t}\frac{\partial^2 u}{\partial x^2} = \frac{\partial}{\partial x}\left(\frac{\partial u}{\partial t}\frac{\partial u}{\partial x}\right) - \frac{\partial}{\partial x}\left(\frac{\partial u}{\partial t}\right)\frac{\partial u}{\partial x} = \frac{\partial}{\partial x}\left(\frac{\partial u}{\partial t}\frac{\partial u}{\partial x}\right) - \frac{1}{2}\frac{\partial}{\partial t}\left(\frac{\partial u}{\partial x}\right)^2$$

故(3.4.14)左侧积分(记为 $J$)

$$\begin{aligned} J &= \iint_{K_\tau} \frac{\partial u}{\partial t}\left(\frac{\partial^2 u}{\partial t^2} - a^2 \frac{\partial^2 u}{\partial x^2}\right)\mathrm{d}x\mathrm{d}t \\ &= \iint_{K_\tau} \left\{\frac{1}{2}\frac{\partial}{\partial t}\left[\left(\frac{\partial u}{\partial t}\right)^2 + a^2\left(\frac{\partial u}{\partial x}\right)^2\right] - a^2 \frac{\partial}{\partial x}\left(\frac{\partial u}{\partial t}\frac{\partial u}{\partial x}\right)\right\}\mathrm{d}x\mathrm{d}t \end{aligned}$$

应用 Green 公式得

$$J = -\oint_{\partial K_\tau} \left\{a^2\left(\frac{\partial u}{\partial t}\frac{\partial u}{\partial x}\right) + \frac{1}{2}\left[\left(\frac{\partial u}{\partial t}\right)^2 + a^2\left(\frac{\partial u}{\partial x}\right)^2\right]\mathrm{d}x\right\}$$

其中$\partial K_\tau$ 为锥台 $K_\tau$ 的边界,用 $\Gamma_{\tau_1}$ 和 $\Gamma_{\tau_2}$ 分别表示锥台 $K_\tau$ 的侧边,则有

$$\begin{aligned} J &= \frac{1}{2}\int_{\Omega_\tau}\left[\left(\frac{\partial u}{\partial t}\right)^2 + a^2\left(\frac{\partial u}{\partial x}\right)^2\right]\mathrm{d}x - \frac{1}{2}\int_{\Omega_0}(\psi^2 + a^2\varphi_x^2)\mathrm{d}x - \\ &\quad \int_{\Gamma_{\tau_1}\cup\Gamma_{\tau_2}}\left\{a^2\left(\frac{\partial u}{\partial t} + a\frac{\partial u}{\partial x}\right)^2\mathrm{d}t + \frac{1}{2}\left[\left(\frac{\partial u}{\partial t}\right)^2 + a^2\left(\frac{\partial u}{\partial x}\right)^2\right]\mathrm{d}x\right\} \\ &= J_1 + J_2 + J_3 \end{aligned}$$

其中

$$J_1 = \frac{1}{2}\int_{\Omega_\tau}\left[\left(\frac{\partial u}{\partial t}\right)^2 + a^2\left(\frac{\partial u}{\partial x}\right)^2\right]\mathrm{d}x, J_2 = -\frac{1}{2}\int_{\Omega_0}(\psi^2 + a^2\varphi_x^2)\mathrm{d}x$$

$$J_3 = -\int_{\Gamma_{\tau_1}\cup\Gamma_{\tau_2}}\left\{a^2\left(\frac{\partial u}{\partial t} + a\frac{\partial u}{\partial x}\right)^2\mathrm{d}t + \frac{1}{2}\left[\left(\frac{\partial u}{\partial t}\right)^2 + a^2\left(\frac{\partial u}{\partial x}\right)^2\right]\mathrm{d}x\right\}$$

由于在 $\Gamma_{\tau_1}$上 $\mathrm{d}x = a\mathrm{d}t$,在 $\Gamma_{\tau_2}$上 $\mathrm{d}x = -a\mathrm{d}t$,从而

$$J_3 = -\frac{a}{2}\int_{\Gamma_{\tau_1}}\left(\frac{\partial u}{\partial t} + a\frac{\partial u}{\partial x}\right)^2\mathrm{d}t + \frac{a}{2}\int_{\Gamma_{\tau_2}}\left(\frac{\partial u}{\partial t} - a\frac{\partial u}{\partial x}\right)\mathrm{d}t$$

注意到沿着$\partial K_\tau$ 的逆时针方向,在 $\Gamma_{\tau_1}$上 $\mathrm{d}t$ 为负,在 $\Gamma_{\tau_2}$上 $\mathrm{d}t$ 为正,所以

$$J_3 \geqslant 0$$

再由 $J = \iint\limits_{K_\tau} \frac{\partial u}{\partial t} f \mathrm{d}x\mathrm{d}t$ 及 $J = J_1 + J_2 + J_3$ 知

$$J \geqslant J_1 + J_2$$

$$\iint\limits_{\Omega_\tau} \left[ \left( \frac{\partial u}{\partial t} \right)^2 + a^2 \left( \frac{\partial u}{\partial x} \right)^2 \right] \mathrm{d}x \leqslant \int\limits_{\Omega_0} (\psi^2 + a^2 \varphi_x^2) \mathrm{d}x + 2 \iint\limits_{K_\tau} \frac{\partial u}{\partial t} f \mathrm{d}x\mathrm{d}t \quad (3.4.15)$$

处理(3.4.15)右端第二项

$$2 \iint\limits_{K_\tau} \frac{\partial u}{\partial t} f \mathrm{d}x\mathrm{d}t \leqslant \iint\limits_{K_\tau} \left[ \left( \frac{\partial u}{\partial t} \right)^2 + f^2 \right] \mathrm{d}x\mathrm{d}t = \iint\limits_{K_\tau} \left( \frac{\partial u}{\partial t} \right)^2 \mathrm{d}x\mathrm{d}t + \iint\limits_{K_\tau} f^2 \mathrm{d}x\mathrm{d}t$$

从而

$$\iint\limits_{\Omega_\tau} \left[ \left( \frac{\partial u}{\partial t} \right)^2 + a^2 \left( \frac{\partial u}{\partial x} \right)^2 \right] \mathrm{d}x \leqslant \int\limits_{\Omega_0} (\psi^2 + a^2 \varphi_x^2) \mathrm{d}x + \iint\limits_{K_\tau} \left( \frac{\partial u}{\partial t} \right)^2 \mathrm{d}x\mathrm{d}t + \iint\limits_{K_\tau} f^2 \mathrm{d}x\mathrm{d}t$$

令

$$G(\tau) = \iint\limits_{K_\tau} \left[ \left( \frac{\partial u}{\partial t} \right)^2 + a^2 \left( \frac{\partial u}{\partial x} \right)^2 \right] \mathrm{d}x\mathrm{d}t = \int_0^\tau \left\{ \int_{x_0 - a(t_0 - t)}^{x_0 + a(t_0 - t)} \left[ \left( \frac{\partial u}{\partial t} \right)^2 + a^2 \left( \frac{\partial u}{\partial x} \right)^2 \right] \mathrm{d}x \right\} \mathrm{d}t$$

$$F(\tau) = \int\limits_{\Omega_0} (\psi^2 + a^2 \varphi_x^2) \mathrm{d}x + \iint\limits_{K_\tau} f^2 \mathrm{d}x\mathrm{d}t$$

又

$$\frac{\mathrm{d}G(\tau)}{\mathrm{d}\tau} = \int_{\Omega_\tau} \left[ \left( \frac{\partial u}{\partial t} \right)^2 + a^2 \left( \frac{\partial u}{\partial x} \right)^2 \right] \mathrm{d}x$$

$$\iint\limits_{K_\tau} \left( \frac{\partial u}{\partial t} \right)^2 \mathrm{d}x\mathrm{d}t \leqslant \iint\limits_{K_\tau} \left[ \left( \frac{\partial u}{\partial t} \right)^2 + a^2 \left( \frac{\partial u}{\partial x} \right)^2 \right] \mathrm{d}x\mathrm{d}t$$

故

$$\frac{\mathrm{d}G(\tau)}{\mathrm{d}\tau} \leqslant G(\tau) + F(\tau)$$

由 Gronwall 不等式得

$$\frac{\mathrm{d}G(\tau)}{\mathrm{d}\tau} \leqslant \mathrm{e}^\tau F(\tau) \leqslant \mathrm{e}^{t_0} F(\tau)$$

和

$$G(\tau) \leqslant (\mathrm{e}^\tau - 1) F(\tau) \leqslant \mathrm{e}^{t_0} F(\tau)$$

所以有(3.4.12)与(3.4.13)成立.

**推论**　设 $u \in C^1(\overline{Q}) \cap C^2(Q)$ 是定解问题(3.4.8)的解,则对任意的 $(x_0, t_0)$, $t_0 > 0$,有估计

$$\int_{\Omega_\tau} u^2(x, \tau) \mathrm{d}x \leqslant M_1 \left[ \int_{\Omega_0} (\varphi^2 + \psi^2 + a^2 \varphi_x^2) \mathrm{d}x + \iint\limits_{K_\tau} f^2(x, t) \mathrm{d}x\mathrm{d}t \right] \quad (3.4.16)$$

$$\iint_{K_\tau} u^2(x,\tau)\mathrm{d}x\mathrm{d}t \leqslant M_1\left[\int_{\Omega_0}(\varphi^2+\psi^2+a^2\varphi_x^2)\mathrm{d}x+\iint_{K_\tau} f^2(x,t)\mathrm{d}x\mathrm{d}t\right] \quad (3.4.17)$$

其中

$$M_1=\mathrm{e}^{t_0}(\mathrm{e}^{t_0}+1),\tau\in[0,t_0]$$

**证明** 对 $\forall\tau\in[0,t]$，有

$$\begin{aligned}\int_{\Omega_\tau}[u^2(x,\tau)-u^2(x,0)]\mathrm{d}x &= \int_{\Omega_\tau}\int_0^\tau \frac{\partial}{\partial t}u^2(x,\tau)\mathrm{d}t\mathrm{d}x \\ &= \int_{\Omega_\tau}\int_0^\tau 2u(x,t)u_t(x,t)\mathrm{d}t\mathrm{d}x \\ &\leqslant \iint_{K_\tau} 2u(x,t)u_t(x,t)\mathrm{d}x\mathrm{d}t \\ &\leqslant \iint_{K_\tau} u^2(x,t)\mathrm{d}x\mathrm{d}t+\iint_{K_\tau} u_t^2(x,t)\mathrm{d}x\mathrm{d}t\end{aligned}$$

从而

$$\begin{aligned}\int_{\Omega_\tau}u^2(x,\tau)\mathrm{d}x &\leqslant \int_{\Omega_\tau}u^2(x,0)\mathrm{d}x+\iint_{K_\tau}u^2(x,t)\mathrm{d}x\mathrm{d}t+\iint_{K_\tau}u_t^2(x,t)\mathrm{d}x\mathrm{d}t \\ &\leqslant \int_{\Omega_0}\varphi^2\mathrm{d}x+\iint_{K_\tau}u^2(x,t)\mathrm{d}x\mathrm{d}t+\iint_{K_\tau}u_t^2(x,t)\mathrm{d}x\mathrm{d}t\end{aligned}$$

令

$$G(\tau)=\iint_{K_\tau}u^2(x,t)\mathrm{d}x\mathrm{d}t$$

$$F(\tau)=\int_{\Omega_0}\varphi^2\mathrm{d}x+\iint_{K_\tau}u_t^2(x,t)\mathrm{d}x\mathrm{d}t$$

则

$$G(0)=0$$

且

$$\frac{\mathrm{d}G(\tau)}{\mathrm{d}\tau}=\int_{\Omega_\tau}u^2(x,\tau)\mathrm{d}x$$

$$\frac{\mathrm{d}G(\tau)}{\mathrm{d}\tau}\leqslant G(\tau)+F(\tau)$$

由 Gronwall 不等式得

$$\int_{\Omega_\tau}u^2(x,\tau)\mathrm{d}x\leqslant \mathrm{e}^{t_0}\left(\int_{\Omega_0}\varphi^2\mathrm{d}x+\iint_{K_\tau}u_t^2(x,t)\mathrm{d}x\mathrm{d}t\right) \quad (3.4.18)$$

$$\iint_{K_t}u^2(x,t)\mathrm{d}x\mathrm{d}t\leqslant \mathrm{e}^{t_0}\left(\int_{\Omega_0}\varphi^2\mathrm{d}x+\iint_{K_t}u_t^2(x,t)\mathrm{d}x\mathrm{d}t\right) \quad (3.4.19)$$

再由能量不等式得

$$\iint_{K_t}[u_t^2(x,t)+a^2u_x^2(x,t)]\mathrm{d}x\mathrm{d}t \leqslant \mathrm{e}^{t_0}\left[\int_{\Omega_\tau}(\psi^2+a^2\varphi_x^2)\mathrm{d}x+\iint_{K_t}f^2(x,t)\mathrm{d}x\mathrm{d}t\right]$$

进而

$$\iint_{K_t}u_t^2(x,t)\mathrm{d}x\mathrm{d}t \leqslant \mathrm{e}^{t_0}\left[\int_{\Omega_0}(\psi^2+a^2\varphi_x^2)\mathrm{d}x+\iint_{K_t}f^2(x,t)\mathrm{d}x\mathrm{d}t\right] \quad (3.4.20)$$

将(3.4.20)代入(3.4.18)和(3.4.19)得(3.4.16)和(3.4.17).

**定理** 3.5(唯一性)　若波动方程定解问题(3.4.8)的解存在,则这个解是唯一的.

**证明**　设 $u_1 \equiv u_2$ 都是波动方程定解问题(3.4.8)的解,则有

$$\begin{cases}\dfrac{\partial^2 u_1}{\partial t^2}-a^2\dfrac{\partial^2 u_1}{\partial x^2}=f(x,t),x\in\mathbf{R},t>0\\ u_1(x,0)=\varphi(x),x\in\mathbf{R}\\ \dfrac{\partial u_1(x,0)}{\partial t}=\psi(x),x\in\mathbf{R}\end{cases}$$

与

$$\begin{cases}\dfrac{\partial^2 u_2}{\partial t^2}-a^2\dfrac{\partial^2 u_2}{\partial x^2}=f(x,t),x\in\mathbf{R},t>0\\ u_2(x,0)=\varphi(x),x\in\mathbf{R}\\ \dfrac{\partial u_2(x,0)}{\partial t}=\psi(x),x\in\mathbf{R}\end{cases}$$

令 $u=u_1-u_2$,则 $u$ 满足

$$\begin{cases}\dfrac{\partial^2 u}{\partial t^2}-a^2\dfrac{\partial^2 u}{\partial x^2}=0,x\in\mathbf{R},t>0\\ u(x,0)=0,x\in\mathbf{R}\\ \dfrac{\partial u(x,0)}{\partial t}=0,x\in\mathbf{R}\end{cases} \quad (3.4.21)$$

由(3.4.16)和(3.4.17)知

$$\int_{\Omega_t}u^2(x,t)\mathrm{d}x \leqslant 0$$

$$\iint_{K_t}u^2(x,t)\mathrm{d}x\mathrm{d}t \leqslant 0$$

所以,$u\equiv 0,u_1\equiv u_2$.

**附注** 关于证明波动方程定解问题(3.4.8)的解的唯一性,我们也可以采取以下叙述形式:只需证满足(3.4.21)的 $u\equiv 0$ 即可. 由能量不等式(3.4.12)知

$$E(t)=\int_{\Omega_t}[u_t^2(x,t),a^2u_x^2(x,t)]\mathrm{d}x\leqslant 0$$

又由 $E(t)$ 的表达式知 $E(t)\geqslant 0$,故

$$E(t)\equiv 0$$

于是得到

$$u\equiv 常量$$

再由初始条件 $u(x,0)=0$ 得 $u\equiv 0$. 因此 $u_1\equiv u_2$,即定解问题(3.4.8)的解是唯一的.

**定理3.6** 波动方程定解问题(3.4.8)的解在下述意义下关于初始条件是稳定的:对 $\forall\varepsilon>0,\exists\eta>0$,只要初始条件之差 $\varphi_1-\varphi_2,\psi_1-\psi_2$,满足

$$\|\varphi_1-\varphi_2\|_{L^2(\Omega_0)}<\eta,\ \|\varphi_{1x}-\varphi_{2x}\|_{L^2(\Omega_0)}<\eta,\ \|\varphi_1-\varphi_2\|_{L^2(\Omega_0)}<\eta$$

且自由项之差 $f_1-f_2$ 满足

$$\|f_1-f_2\|_{L^2(K_t)}<\eta$$

就有对应的解的差 $u_1-u_2$ 满足

$$\|u_1-u_2\|_{L^2(K_t)}<\varepsilon$$

**证明** 设 $u_i(i=1,2)$ 是定解问题

$$\begin{cases}\dfrac{\partial^2u_i}{\partial t^2}-a^2\dfrac{\partial^2u_i}{\partial x^2}=f_i(x,t),x\in\mathbf{R},t>0\\ u_i(x,0)=\varphi_i(x),x\in\mathbf{R}\\ \dfrac{\partial u_i(x,0)}{\partial t}=\psi_i(x),x\in\mathbf{R}\end{cases}$$

的解,则对于 $u=u_1-u_2$ 满足

$$\begin{cases}\dfrac{\partial^2u}{\partial t^2}-a^2\dfrac{\partial^2u}{\partial x^2}=f_1(x,t)-f_2(x,t),x\in\mathbf{R},t>0\\ u(x,0)=\varphi_1(x)-\varphi_2(x),x\in\mathbf{R}\\ \dfrac{\partial u(x,0)}{\partial t}=\psi_1(x)-\psi_2(x),x\in\mathbf{R}\end{cases}$$

由推论知

$$\|u_1-u_2\|_{L^2(K_t)}^2=\iint_{K_t}(u_1-u_2)^2\mathrm{d}x\mathrm{d}t$$

$$
\begin{aligned}
&\leqslant e^{2t_0}\int_{\Omega_0}(\varphi_1-\varphi_2)^2\mathrm{d}x+a^2e^{2t_0}\int_{\Omega_0}(\varphi_{1x}-\varphi_{2x})^2\mathrm{d}x+\\
&\quad e^{2t_0}\int_{\Omega_0}(\psi_1-\psi_2)^2\mathrm{d}x+e^{2t_0}\iint_{K_t}(f_1-f_2)^2\mathrm{d}x\mathrm{d}t\\
&=e^{2t_0}\|\varphi_1-\varphi_2\|_{L^2(\Omega_0)}+a^2e^{2t_0}\|\varphi_{1x}-\varphi_{2x}\|_{L^2(\Omega_0)}+\\
&\quad e^{2t_0}\|\psi_1-\psi_2\|_{L^2(\Omega_0)}+e^{2t_0}\|f_1-f_2\|_{L^2(K_t)}\\
&<(3+a^2)e^{2t_0}\eta^2
\end{aligned}
$$

故对 $\forall\varepsilon>0$,取 $\eta=\dfrac{\varepsilon}{\sqrt{(3+a^2)e^{2t_0}}}$,则有

$$\|u_1-u_2\|_{L^2(K_t)}<\varepsilon$$

### 3.4.2　二维波动方程解的唯一性和稳定性

讨论膜振动方程的混合问题

$$
\begin{cases}
\dfrac{\partial^2u}{\partial t^2}-a^2\left(\dfrac{\partial^2u}{\partial x^2}+\dfrac{\partial^2u}{\partial y^2}\right)=f(x,y,t),(x,y)\in\Omega,t>0 & (3.4.22)\\
u\big|_{t=0}=\phi(x,y),\dfrac{\partial u}{\partial t}\Big|_{t=0}=\psi(x,y),(x,y)\in\Omega & (3.4.23)\\
u(x,y,t)\big|_{(x,y)\in\partial\Omega}=\mu(x,y,t),t>0 & (3.4.24)
\end{cases}
$$

记 $U$ 为薄膜的动能,$V$ 为薄膜的位能,则

$$U=\frac{1}{2}\iint_{\Omega}\rho u_t^2\mathrm{d}x\mathrm{d}y$$

$$V=\frac{1}{2}\iint_{\Omega}T(u_x^2+u_y^2)\mathrm{d}x\mathrm{d}y$$

其中 $T$ 是张力. 薄膜的边界是固定或自由的情况下,外界对膜不做功,因而在薄膜振动的过程中,和外界没有能量的交换,薄膜的总能量为

$$
\begin{aligned}
E(t)&=\frac{1}{2}\iint_{\Omega}\rho u_t^2\mathrm{d}x\mathrm{d}y+\frac{1}{2}\iint_{\Omega}T(u_x^2+u_y^2)\mathrm{d}x\mathrm{d}y\\
&=\iint_{\Omega}\left[\frac{1}{2}\rho u_t^2+\frac{T}{2}(u_x^2+u_y^2)\right]\mathrm{d}x\mathrm{d}y
\end{aligned}
$$

为讨论方便起见,设 $\rho=2,T=2a^2$. 这样,薄膜的总能量写为

$$E(t)=\iint_{\Omega}[u_t^2+a^2(u_x^2+u_y^2)]\mathrm{d}x\mathrm{d}y \tag{3.4.25}$$

在薄膜不受外力作用时,膜振动方程是齐次方程,关于齐次波动方程混合问题

$$\begin{cases}\dfrac{\partial^2 u}{\partial t^2}-a^2\left(\dfrac{\partial^2 u}{\partial x^2}+\dfrac{\partial^2 u}{\partial y^2}\right)=0,(x,y)\in\Omega,t>0 & (3.4.26)\\ u\big|_{t=0}=\varphi(x,y),\dfrac{\partial u}{\partial t}\Big|_{t=0}=\psi(x,y),(x,y)\in\Omega & (3.4.27)\\ u(x,y,t)\big|_{(x,y)\in\partial\Omega}=0,t>0 & (3.4.28)\end{cases}$$

有

$$\frac{\mathrm{d}E(t)}{\mathrm{d}t}=0 \tag{3.4.29}$$

事实上,在(3.4.26)的两端同时乘以 $u_t$ 并在 $\Omega$ 上积分,得

$$\iint_\Omega [u_t u_{tt}-a^2(u_t u_{xx}+u_t u_{yy})]\mathrm{d}x\mathrm{d}y=0 \tag{3.4.30}$$

因为

$$u_t u_{tt}=\frac{1}{2}(u_t^2)_t$$

$$\begin{aligned}u_t u_{xx}+u_t u_{yy}&=(u_t u_x)_x+(u_t u_y)_y-u_{tx}u_x-u_{ty}u_y\\&=(u_t u_x)_x+(u_t u_y)_y-\frac{1}{2}(u_x^2+u_y^2)_t\end{aligned}$$

将上面两式代入(3.4.29)得

$$\frac{1}{2}\frac{\mathrm{d}E(t)}{\mathrm{d}t}-a^2\iint_\Omega[(u_t u_x)_x+(u_t u_y)_y]\mathrm{d}x\mathrm{d}y=0$$

由 Green 公式

$$\iint_\Omega[(u_t u_x)_x+(u_t u_y)_y]\mathrm{d}x\mathrm{d}y=\oint_{\partial\Omega}u_t\frac{\partial u}{\partial n}\mathrm{d}s$$

其中 $\boldsymbol{n}$ 是边界曲线 $\partial\Omega$ 的单位外法向量. 而由(3.4.28)知,在 $\partial\Omega$ 上,$u_t\equiv0$,故

$$\iint_\Omega[(u_t u_x)_x+(u_t u_y)_y]\mathrm{d}x\mathrm{d}y=0$$

从而有(3.4.29)成立. 另外,从能量守恒的角度也可得(3.4.29)成立.

(3.4.29)说明 $E(t)$ 是一个与 $t$ 无关的常数,因此 $E(t)\equiv E(0)$. 从这一事实出发,我们可立刻得到混合问题(3.4.22)~(3.4.24)的解的唯一性.

**定理 3.7** 若波动方程定解问题(3.4.22)~(3.4.24)的解存在,则这个解是唯一的.

**证明** 设 $u_1,u_2$ 是波动方程(3.4.22)~(3.4.24)的解,则有

$$\begin{cases}u_{1tt}-a^2(u_{1xx}+u_{1yy})=f(x,y,t),(x,y)\in\Omega,t>0\\ u_1\big|_{t=0}=\psi(x,y),u_{1t}\big|_{t=0}=\psi(x,y),(x,y)\in\Omega\\ u_1(x,y,t)\big|_{(x,y)\in\partial\Omega}=\mu(x,y,t),t>0\end{cases}$$

与

$$\begin{cases} u_{2tt}-a^2(u_{2xx}+u_{2yy})=f(x,y,t),(x,y)\in\Omega,t>0 \\ u_2|_{t=0}=\psi(x,y),u_{2t}|_{t=0}=\psi(x,y),(x,y)\in\Omega \\ u_2(x,y,t)|_{(x,y)\in\partial\Omega}=\mu(x,y,t),t>0 \end{cases}$$

令 $u=u_1-u_2$，则 $u$ 满足齐次波动方程的混合问题

$$\begin{cases} u_{tt}-a^2(u_{xx}+u_{yy})=0,(x,y)\in\Omega,t>0 \\ u|_{t=0}=0,u_t|_{t=0}=0,(x,y)\in\Omega \\ u(x,y,t)|_{(x,y)\in\partial\Omega}=0,t>0 \end{cases}$$

故在初始时刻有

$$E(0)=0$$

从而

$$E(t)=\iint_\Omega [u_t^2+a^2(u_x^2+u_y^2)]\mathrm{d}x\mathrm{d}y=0$$

即

$$u_t=u_x=u_y=0 \text{ 或 } u(x,y,t)=\text{常数}$$

又由于在初始时刻 $u=0$，故得

$$u(x,y,t)\equiv 0,\ u_1\equiv u_2$$

为了解决定解问题(3.4.22)~(3.4.24)的解的稳定性问题，我们建立下面的能量不等式. 设 $u(x,y,t)$ 是满足齐次方程(3.4.26)和齐次边界条件(3.4.28)的任一函数，记

$$E_0(t)=\|u\|_{L^2(\Omega)}^2=\iint_\Omega u^2(x,y,t)\mathrm{d}x\mathrm{d}y \tag{3.4.31}$$

将(3.4.31)关于 $t$ 求导得

$$\frac{\mathrm{d}E_0(t)}{\mathrm{d}t}=2\iint_\Omega uu_t\mathrm{d}x\mathrm{d}y\leqslant\iint_\Omega u^2\mathrm{d}x\mathrm{d}y+\iint_\Omega u_t^2\mathrm{d}x\mathrm{d}y\leqslant E_0(t)+E(t)$$

上式两端同时乘以 $\mathrm{e}^{-t}$ 得

$$\frac{\mathrm{d}}{\mathrm{d}t}(\mathrm{e}^{-t}E_0(t))\leqslant\mathrm{e}^{-t}E(t)$$

$$E_0(t)\leqslant\mathrm{e}^tE_0(0)+\mathrm{e}^t\int_0^t\mathrm{e}^{-\tau}E(\tau)\mathrm{d}\tau \tag{3.4.32}$$

根据能量守恒，$E(t)=E(0)$. 由式(4.2.11)得下列不等式

$$E_0(t)\leqslant\mathrm{e}^tE_0(0)+\mathrm{e}^tE(0)\int_0^t\mathrm{e}^{-\tau}\mathrm{d}\tau$$

或

$$E_0(t) \leqslant e^t E_0(0) + E(0)(e^t - 1) \tag{3.4.33}$$

称不等式(3.4.33)为能量不等式.

**定理3.8** 波动方程混合问题(3.4.22)~(3.4.24)的解在下述意义下关于初始条件是稳定的:对$\forall \varepsilon > 0, \exists \eta > 0$,只要初始条件之差$\varphi_1 - \varphi_2, \psi_1 - \psi_2$满足

$$\|\varphi_1 - \varphi_2\|_{L^2(\Omega)} < \eta, \|\varphi_{1x} - \varphi_{2x}\|_{L^2(\Omega)} < \eta$$

$$\|\varphi_{1y} - \varphi_{2y}\|_{L^2(\Omega)} < \eta, \|\psi_1 - \psi_2\|_{L^2(\Omega)} < \eta$$

就有对应的解的差$u_1 - u_2$满足

$$\|u_1 - u_2\|_{L^2(\Omega)} < \varepsilon$$

或

$$\sqrt{\int_0^T \iint_\Omega (u_1 - u_2)^2 \mathrm{d}x\mathrm{d}y\mathrm{d}t} < \varepsilon$$

**证明** 设$u_i(i=1,2)$是定解问题

$$\begin{cases} \dfrac{\partial^2 u_i}{\partial t^2} - a^2 \dfrac{\partial^2 u_i}{\partial x^2} = f(x,y,t), (x,y) \in \Omega, t > 0 \\ u_i\big|_{t=0} = \varphi_i(x,y), \dfrac{\partial u_i}{\partial t}\Big|_{t=0} = \psi_i(x,y), (x,y) \in \Omega \\ u_i(x,y,t)\big|_{(x,y)\in\partial\Omega} = \mu(x,y,t), t > 0 \end{cases}$$

的解,则对于$u = u_1 - u_2$满足齐次方程(3.4.26)和齐次边界条件(3.4.28)以及初始条件

$$u\big|_{t=0} = \varphi_1 - \varphi_2, u_t\big|_{t=0} = \psi_1 - \psi_2$$

在初始时刻$t=0$时有

$$E_0(0) = \iint_\Omega (\varphi_1 - \varphi_2)^2 \mathrm{d}x\mathrm{d}y = \|\varphi_1 - \varphi_2\|^2_{L^2(\Omega)}$$

$$\begin{aligned} E(0) &= \iint_\Omega \{(\psi_1 - \psi_2)^2 + a^2[(\varphi_{1x} - \varphi_{2x})^2 + (\varphi_{1y} - \varphi_{2y})^2]\} \mathrm{d}x\mathrm{d}y \\ &= \iint_\Omega (\psi_1 - \psi_2)^2 \mathrm{d}x\mathrm{d}y + a^2 \iint_\Omega (\varphi_{1x} - \varphi_{2x})^2 \mathrm{d}x\mathrm{d}y + a^2 \iint_\Omega (\varphi_{1y} - \varphi_{2y})^2 \mathrm{d}x\mathrm{d}y \\ &= \|\psi_1 - \psi_2\|^2_{L^2(\Omega)} + a^2 \|\varphi_{1x} - \varphi_{2x}\|^2_{L^2(\Omega)} + a^2 \|\varphi_{1y} - \varphi_{2y}\|^2_{L^2(\Omega)} \end{aligned}$$

由能量不等式(3.4.33)得

$$\begin{aligned} &\|u_1 - u_2\|^2_{L^2(\Omega)} \\ \leqslant\, &e^t \|\varphi_1 - \varphi_2\|^2_{L^2(\Omega)} + (e^t - 1)(\|\psi_1 - \psi_2\|^2_{L^2(\Omega)} + a^2 \|\varphi_{1x} - \varphi_{2x}\|^2_{L^2(\Omega)} + \\ &a^2 \|\varphi_{1y} - \varphi_{2y}\|^2_{L^2(\Omega)}) \end{aligned}$$

$$<[e^t+(e^t-1)(1+2a^2)]\eta^2$$

从而，当 $0\leqslant t\leqslant T$（正常数）时

$$\|u_1-u_2\|_{L^2(\Omega)}<\sqrt{e^t+(e^t-1)(1+2a^2)}\,\eta<\sqrt{e^T+(e^T-1)(1+2a^2)}\,\eta$$

若对 $\forall\varepsilon>0$，取 $\eta=\dfrac{\varepsilon}{\sqrt{e^T+(e^T-1)(1+2a^2)}}$，则有

$$\|u_1-u_2\|_{L^2(\Omega)}<\varepsilon$$

利用建立能量不等式的方法，同样可以考察解对自由项的稳定性问题. 设 $u(x,y,t)$ 是满足非齐次方程(3.4.22)及齐次边界条件(3.4.28)的任一函数. 由于外力不等于零，能量不守恒，$\dfrac{dE(t)}{dt}\neq 0$. 实际上，由于 $E(t)=\iint\limits_{\Omega}[u_t^2+a^2(u_x^2+u_y^2)]dxdy$，且有(3.4.22)成立，故

$$\frac{dE(t)}{dt}=2\iint\limits_{\Omega}u_tf\,dxdy\leqslant\iint\limits_{\Omega}u_t^2dxdy+\iint\limits_{\Omega}f^2dxdy$$

$$\leqslant E(t)+\iint\limits_{\Omega}f^2dxdy$$

进一步

$$\frac{d}{dt}(e^{-t}E(t))\leqslant e^{-t}\iint\limits_{\Omega}f^2dxdy$$

$$E(t)\leqslant e^t\left[E(0)+\int_0^t\left(e^{-\tau}\iint\limits_{\Omega}f^2dxdy\right)d\tau\right]$$

当 $0\leqslant t\leqslant T$ 时

$$E(t)\leqslant C_0\left[E(0)+\int_0^T\left(\iint\limits_{\Omega}f^2dxdy\right)d\tau\right]$$

其中 $C_0=e^T$ 是仅与 $T$ 有关的正常数.

记 $E_0(t)=\iint\limits_{\Omega}u^2dxdy$，则

$$\frac{dE_0(t)}{dt}=2\iint\limits_{\Omega}uu_tdxdy\leqslant\iint\limits_{\Omega}u^2vdxdy+\iint\limits_{\Omega}u_t^2dxdy\leqslant E_0(t)+E(t)$$

$$\frac{d}{dt}(e^{-t}E_0(t))\leqslant e^{-t}E(t)$$

$$E_0(t)\leqslant e^tE_0(0)+e^t\int_0^te^{-\tau}E(\tau)d\tau$$

当 $0\leqslant t\leqslant T$ 时，

$$E_0(t) \leqslant C_1\left[E_0(0)+\int_0^t E(\tau)\mathrm{d}\tau\right] \quad (C_1 = \mathrm{e}^T)$$

因为

$$\int_0^T E(\tau)\mathrm{d}\tau \leqslant \int_0^T \left\{C_0\left[E(0)+\int_0^T\left(\iint_\Omega f^2\mathrm{d}x\mathrm{d}y\right)\mathrm{d}\tau\right]\mathrm{d}t\right\}$$

$$\leqslant C_2\left[E(0)+\int_0^T\left(\iint_\Omega f^2\mathrm{d}x\mathrm{d}y\right)\mathrm{d}t\right] \quad (C_2 = C_0 T)$$

所以

$$E_0(t) \leqslant C_3\left[E_0(0)+E(0)+\int_0^T\left(\iint_\Omega f^2\mathrm{d}x\mathrm{d}y\right)\mathrm{d}t\right] \quad (C_3 = \max\{C_1, C_2\})$$

所以存在常数 $C$,使得

$$E(t)+E_0(t) \leqslant C\left[E(0)+E_0(0)+\int_0^T\left(\iint_\Omega f^2\mathrm{d}x\mathrm{d}y\right)\mathrm{d}t\right]$$

由此能量不等式得

$$\|u\|^2_{L^2(\Omega)}+\|u_x\|^2_{L^2(\Omega)}+\|u_y\|^2_{L^2(\Omega)}+\|u_t\|^2_{L^2(\Omega)}$$

$$\leqslant C'\left[\|\varphi\|^2_{L^2(\Omega)}+\|\varphi_x\|^2_{L^2(\Omega)}+\|\varphi_y\|^2_{L^2(\Omega)}+\|\psi\|^2_{L^2(\Omega)}+\|f\|^2_{L^2((0,T)\times\Omega)}\right]$$

其中 $C' = \dfrac{C}{\min\{1, a^2\}}$, $\|f\|_{L^2((0,T)\times\Omega)} = \left[\int_0^T\left(\iint_\Omega f^2\mathrm{d}x\mathrm{d}y\right)\mathrm{d}t\right]^{\frac{1}{2}}$.

余下关于稳定性的讨论由读者独立完成.

# 习题3

1. 用特征线法求解下述初值问题:

(1) $\begin{cases} u_t+2u_x=0, & -\infty<x<\infty, t>0 \\ u(x,0)=x^2, & -\infty<x<\infty \end{cases}$

(2) $\begin{cases} u_t+2u_x+u=xt, & -\infty<x<\infty, t>0 \\ u(x,0)=2-x, & -\infty<x<\infty \end{cases}$

(3) $\begin{cases} 2u_t=u_x-xu, & -\infty<x<\infty, t>0 \\ u(x,0)=2x\mathrm{e}^{\frac{x^2}{2}}, & -\infty<x<\infty \end{cases}$

(4) $\begin{cases} u_t+(1+x^2)u_x-u=0, & -\infty<x<\infty, t>0 \\ u(x,0)=\arctan x, & -\infty<x<\infty \end{cases}$

2. 证明:方程

$$\frac{\partial}{\partial x}\left[\left(1-\frac{x}{h}\right)^2\frac{\partial u}{\partial x}\right]=\frac{1}{a^2}\left(1-\frac{x}{h}\right)^2\frac{\partial^2 u}{\partial t^2}\quad (h>0\text{ 常数})$$

的通解可写成

$$u=\frac{\overline{F}(x-at)+\overline{G}(x+at)}{h-x}$$

其中 $F,G$ 为任意的单变量可微函数,并由此求解它的初值问题

$$t=0: u=\varphi(x),\frac{\partial u}{\partial t}=\psi(x)$$

3. 利用 D'Alembert 公式解下列初值问题:

(1) $\begin{cases}u_{tt}=u_{xx}, & x\in\mathbf{R}^1,t>0\\ u(x,0)=\sin x,u_t(x,0)=x^2, & x\in\mathbf{R}^1\end{cases}$

(2) $\begin{cases}u_{tt}=a^2u_{xx}, & x\in\mathbf{R}^1,t>0\\ u(x,0)=x^2,u_t(x,0)=x, & x\in\mathbf{R}^1\end{cases}$

(3) $\begin{cases}u_{tt}-a^2u_{xx}=0, & x\in\mathbf{R}^1,t>0\\ u(x,0)=0,u_t(x,0)=\dfrac{1}{1+x^2}, & x\in\mathbf{R}^1\end{cases}$

4. 试求解初值问题:

$$\begin{aligned}&u_{tt}-u_{xx}=0, && -\infty<x<\infty,t>ax\\ &u|_{t=ax}=u_0(x), && -\infty<x<\infty\\ &u_t|_{t=ax}=u_1(x), && -\infty<x<\infty\end{aligned}$$

其中 $a\neq\pm1$. 若初值只给定在 $c\leqslant x\leqslant b$ 上,试问它能在什么区域上确定解.

5. 若 $u=u(x,y,z,t)$ 是波动方程初值问题

$$\begin{cases}u_{tt}-a^2(u_{xx}+u_{yy}+u_{zz})=0, & (x,y,z)\in\mathbf{R}^3,t>0\\ u|_{t=0}=f(x)+g(y), & (x,y,z)\in\mathbf{R}^3\\ u_t|_{t=0}=\varphi(y)+\psi(z), & (x,y,z)\in\mathbf{R}^3\end{cases}$$

的解,试求解的表达式.

6. 求解下列非齐次方程的初值问题:

(1) $\begin{cases}u_{tt}-u_{xx}=x+t, & x\in\mathbf{R}^1,t>0\\ u(x,0)=1+x^2,u_t(x,0)=\sin x, & x\in\mathbf{R}^1\end{cases}$

(2) $\begin{cases} u_{tt} - u_{xx} = t\sin x, & x \in \mathbf{R}^1, t > 0 \\ u(x,0) = 0, u_t(x,0) = \sin x, & x \in \mathbf{R}^1 \end{cases}$

·7. 求解波动方程的初值问题

$$\begin{cases} u_{tt} = a^2 u_{xx} + \dfrac{tx}{(1+x^2)^2} \\ u|_{t=0} = 0, u_t|_{t=0} = \dfrac{1}{1+x^2} \end{cases}$$

8. 用延拓法求解

$$\begin{cases} u_{tt} - a^2 u_{xx} = 0, & 0 < x < \infty, t > 0 \\ u(x,0) = u_t(x,0) = 0, & 0 \leqslant x < \infty \\ u(0,t) = A\sin \omega t, & t \geqslant 0 \end{cases}$$

9. 求解古尔沙问题

$$\begin{cases} u_{tt} = u_{xx}, & t > |x| \\ u|_{t=-x} = \varphi(x), & -\infty < x \leqslant 0 \\ u|_{t=x}, & 0 \leqslant x < \infty \end{cases}$$

其中 $\varphi(0) = \psi(0)$. 如果 $\varphi(x)$ 给定在 $(-a,0]$ 上, $\psi(x)$ 给定在 $[0,b]$ 上, 指出此定解条件的决定区域.

10. 求解三维波动方程的初值问题

$$\begin{cases} u_{tt} - a^2(u_{xx} + u_{yy} + u_{zz}) = 0 \\ u|_{t=0} \\ u_t|_{t=0} = x^3 + y^2 z \end{cases}$$

11. 求解下列初值问题:

(1) $\begin{cases} u_{tt} - a^2(u_{xx} + u_{yy} + u_{zz}) = 0, & (x,y,z) \in \mathbf{R}^3, t > 0 \\ u|_{t=0} = x^3 + y^2 z, u_t|_{t=0} = 0, & (x,y,z) \in \mathbf{R}^3 \end{cases}$

(2) $\begin{cases} u_{tt} - 8(u_{xx} + u_{yy} + u_{zz}) = t^2 x^2, & (x,y,z) \in \mathbf{R}^3, t > 0 \\ u|_{t=0} = y^2, u_t|_{t=0} = z^2, & (x,y,z) \in \mathbf{R}^3 \end{cases}$

(3) $\begin{cases} u_{tt} - 2(u_{xx} + u_{yy}) = 0, & (x,y) \in \mathbf{R}^2, t > 0 \\ u|_{t=0} = 2x^2 - y^2, u_t|_{t=0} = 2x^2 + y^2, & (x,y) \in \mathbf{R}^2 \end{cases}$

(4) $\begin{cases} u_{tt} - (u_{xx} + u_{yy}) = t\sin y, & (x,y) \in \mathbf{R}^2, t > 0 \\ u|_{t=0} = x^2, u_t|_{t=0} = \sin y, & (x,y) \in \mathbf{R}^2 \end{cases}$

(5) $\begin{cases} u_{tt}-a^2(u_{xx}+u_{yy})=0, & (x,y)\in\mathbf{R}^2, t>0 \\ u|_{t=0}=x^2(x+y), u_t|_{t=0}=0, & (x,y)\in\mathbf{R}^2 \end{cases}$

12. 证明:半无界问题

$$\begin{cases} u_{tt}-a^2u_{xx}=f(x,t), & 0<x<\infty, t>0 \\ u|_{t=0}=\varphi(x), u_t|_{t=0}=\psi(x), & 0\leqslant x<\infty \\ u|_{x=0}=\mu(t), & t\geqslant 0 \end{cases}$$

解的唯一性.

13. 设受摩擦力作用的固定端点的有界弦振动,满足方程

$$u_{tt}=a^2u_{xx}-cu_t$$

证明其能量是减少的,并由此证明方程

$$u_{tt}=a^2u_{xx}-cu_t+f$$

的混合问题解的唯一性以及关于初始条件及自由项的稳定性.

14. 证明:混合问题解的唯一性.

15. 证明:关于初始条件的稳定性,即对任何 $\varepsilon>0$,可以找到 $\eta>0$,只要初始条件之差 $\varphi_1-\varphi_2,\psi_1-\psi_2$ 满足

$$\|\varphi_1-\varphi_2\|_{L^2}<\eta, \|\varphi_{1x}-\varphi_{2x}\|_{L^2}<\eta, \|\psi_1-\psi_2\|_{L^2}<\eta$$

则初始值$(\varphi_1,\psi_1)$所对应的解 $u_1$ 及$(\varphi_2,\psi_2)$所对应的解 $u_2$ 之差 $u_1-u_2$ 满足

$$\|u_1-u_2\|_{L^2}<\varepsilon$$

或

$$\sqrt{\int_0^T\int_0^l (u_1-u_2)^2\,\mathrm{d}x\mathrm{d}t}<\varepsilon$$

# 第 4 章　Laplace 变换与 Fourier 变换

在众多求解偏微分方程定解的方法中，有两种积分变换法是不能被忽视的，它们是 Laplace 变换法与 Fourier 变换法.

## 4.1　Laplace 变换

Laplace 变换是工程数学中常用的一种积分变换. Laplace 变换是一个线性变换，可将实变量函数（自变量 $t \geqslant 0$）转换为复变量函数. 有些情况下一个实变量函数在实数域中进行一些运算并不容易，但若将实变量函数做 Laplace 变换，并在复数域中做各种运算，再将运算结果做 Laplace 逆变换来求得实数域中的相应结果，往往计算上容易得多. 它可以把一些线性偏微分方程转化为常微分方程，解常微分方程（Laplace 变换也可把一些常微分方程化为容易求解的代数方程，从而使计算简化），然后用 Laplace 逆变换求出原函数，从而达到求解的目的. 在工程学上，Laplace 变换的重大意义在于：将一个信号从时域上转化到复频域上来表示；在线性系统、控制自动化上都有广泛的应用.

### 4.1.1　Laplace 变换的定义

**定义** 4.1　如果函数 $f(t)\,(t \geqslant 0)$ 使积分

$$\int_0^{\infty} \mathrm{e}^{-st} f(t)\,\mathrm{d}t$$

对于给定的复数 $s$ 存在，则称

$$F(s) = \int_0^{\infty} \mathrm{e}^{-st} f(t)\,\mathrm{d}t \tag{4.1.1}$$

为函数 $f(t)$ 的 Laplace 变换，记为 $F(s) = L[f(t)]$.

为了使 Laplace 变换有意义，(4.1.1) 中的积分必须收敛. 对于许多函数

$f(t)$,$s$ 是受限制的. 比如,如果在 $t\to\infty$ 时,$f(t)$ 趋于非零常数,那么积分仅对 $s>0$ 才收敛. 事实上,我们有如下定理:

**定理** 4.1 若 $f(t)$ 在 $[0,\infty)$ 上按段连续且不超过指数型增长,即存在常数 $M,\alpha>0$,使得 $|\gamma(t)|\leqslant Me^{\alpha t}$,则 $f(t)$ 的 Laplace 变换对满足 Re $s>\alpha$ 的所有 $s$ 都成立,其中 Re $s$ 是 $s$ 的实部.

**例** 4.1 求下列函数的 Laplace 变换:

(1) $f(t)=1$;

(2) $f(t)=e^{at}$;

(3) $f(t)=\sin t$.

**解** (1) $F(s)=\int_0^\infty 1\cdot e^{-st}dt=\dfrac{-1}{s}[e^{-st}]_0^\infty=\dfrac{1}{s}$ (Re $s>0$ 时存在)

(2) $$F(s)=\int_0^\infty e^{at}e^{-st}dt=\int_0^\infty e^{-(s-a)t}dt=\frac{-1}{s-a}[e^{-(s-a)t}]_0^\infty$$

$$=\frac{-1}{s-a}(0-1)=\frac{1}{s-a}\ (\text{Re } s>a\ 时存在)$$

(3) $$F(s)=\int_0^\infty e^{-st}\sin t dt=\int_0^\infty e^{-st}\left[\frac{1}{2i}(e^{it}-e^{-it})\right]dt$$

$$=\frac{1}{2i}\left[\int_0^\infty e^{-(s-i)t}dt-\int_0^\infty e^{-(s+i)t}dt\right]$$

$$=\frac{1}{2i}\left(\frac{1}{s-i}-\frac{1}{s+i}\right)=\frac{1}{s^2+1}$$

**附注** 在计算 Laplace 变换时,常常略去存在域,只有在非常必要时才特别注明.

**定义** 4.2 如果 $F(s)=\mathcal{L}[f(t)]$,则称 $f(t)$ 为 $F(s)$ 的 Laplace 逆变换,有时也称 $f(t)$ 为 $F(s)$ 的原函数,记为

$$\mathcal{L}^{-1}[F(s)]=f(t)$$

通过 $F(s)$ 可由如下积分求出 $f(t)$

$$f(t)=\mathcal{L}^{-1}[F(s)]=\frac{1}{2\pi i}\int_{c-i\infty}^{c+i\infty}F(s)e^{st}ds,\quad t>0 \tag{4.1.2}$$

其中 $F(s)$ 定义在半平面 Re $s>c$ 上.

式(4.1.2)的右端是一个复积分,具体计算非常复杂. 在有些情况下,可以利用 Laplace 变换的性质来求逆变换. 但是,在多数情况下,都需要借助于 Laplace 积分变换表.

### 4.1.2　Laplace 变换的性质

**性质** 1(线性性质)　若 $\alpha,\beta$ 是常数,则有

$$\mathcal{L}[\alpha f(t)+\beta g(t)]=\alpha\mathcal{L}[f(t)]+\beta\mathcal{L}[g(t)]$$

**证明**

$$\begin{aligned}\mathcal{L}[\alpha f(t)+\beta g(t)]&=\int_0^{\infty}[\alpha f(t)+\beta g(t)]\mathrm{e}^{-st}\mathrm{d}t\\&=\alpha\int_0^{\infty}f(t)\mathrm{e}^{-st}\mathrm{d}t+\beta\int_0^{\infty}g(t)\mathrm{e}^{-st}\mathrm{d}t\\&=\alpha\mathcal{L}[f(t)]+\beta\mathcal{L}[g(t)]\end{aligned}$$

**性质** 2(微分性质)

$$\mathcal{L}[f'(t)]=s\mathcal{L}[f(t)]-f(0)$$

$$\mathcal{L}[f^{(n)}(t)]=s^n\mathcal{L}[f(t)]-s^{n-1}f(0)-s^{n-2}f'(0)-\cdots-f^{(n-1)}(0)\quad(4.1.3)$$

**证明**

$$\begin{aligned}\mathcal{L}[f'(t)]&=\int_0^{\infty}\mathrm{e}^{-st}f'(t)\mathrm{d}t\\&=\mathrm{e}^{-st}f(t)\Big|_0^{\infty}+\int_0^{\infty}s\mathrm{e}^{-st}f(t)\mathrm{d}t\\&=-f(0)+s\int_0^{\infty}\mathrm{e}^{-st}f(t)\mathrm{d}t\\&=s\mathcal{L}[f(t)]-f(0)\end{aligned}$$

$$\begin{aligned}\mathcal{L}[f''(t)]&=s\mathcal{L}[f'(t)]-f'(0)\\&=s\{s\mathcal{L}[f(t)]-sf(0)\}-f'(0)\\&=s^2\mathcal{L}[f(t)]-sf(0)-f'(0)\end{aligned}$$

如此类推可得(4.1.3).

特别地,如果 $f(0)=f'(0)=\cdots=f^{(n-1)}(0)=0$,则有

$$\mathcal{L}[f^{(n)}(t)]=s^n\mathcal{L}[f(t)]$$

由此性质可以看出,对原函数的关于 $t$ 微商运算经 Laplace 变换转化为 $s$ 的幂函数与象函数的乘法运算,因此利用 Laplace 变换可把常系数微分方程简化为代数方程,或把偏微分方程简化为常微分方程. 正是由于这个原因,Laplace 变换成为解微分方程的重要工具.

**性质** 3(积分性质)

$$\mathcal{L}\left[\int_0^t f(\tau)\mathrm{d}\tau\right]=\frac{1}{s}\mathcal{L}[f(t)]$$

**证明**

$$\int_0^{\infty}\left[\int_0^t f(\tau)\mathrm{d}\tau\right]\mathrm{e}^{-st}\mathrm{d}t=\left[-\frac{\mathrm{e}^{-st}}{s}\int_0^t f(\tau)\mathrm{d}\tau\right]_0^{\infty}+\frac{1}{s}\int_0^{\infty}f(t)\mathrm{e}^{-st}\mathrm{d}t$$

$$= \frac{1}{s}\int_0^{\infty} f(t)\,\mathrm{e}^{-st}\mathrm{d}t$$

$$= \frac{1}{s}L[f(t)]$$

**性质** 4(象函数的积分性质)

若 $\mathcal{L}[f(t)] = F(s)$,则 $\mathcal{L}\left[\frac{f(t)}{t}\right] = \int_s^{\infty} F(s)\,\mathrm{d}s$.

**证明**

$$F(s) = \int_0^{\infty} \mathrm{e}^{-st} f(t)\,\mathrm{d}t$$

两边对 $s$ 积分

$$\begin{aligned}\int_s^{\infty} F(s)\,\mathrm{d}s &= \int_s^{\infty}\left[\int_0^{\infty} f(t)\,\mathrm{e}^{-st}\mathrm{d}t\right]\mathrm{d}s \\ &= \int_0^{\infty} f(t)\left[\int_s^{\infty} \mathrm{e}^{-st}\mathrm{d}s\right]\mathrm{d}t \\ &= \int_0^{\infty} f(t)\left[-\frac{1}{t}\mathrm{e}^{-st}\Big|_s^{\infty}\right]\mathrm{d}t \\ &= \int_0^{\infty} \frac{f(t)}{t}\mathrm{e}^{-st}\mathrm{d}t = \mathcal{L}\left[\frac{f(t)}{t}\right]\end{aligned}$$

**性质** 5(位移性质)

若 $\mathcal{L}[f(t)] = F(s)$,则

$$\mathcal{L}[\mathrm{e}^{at} f(t)] = F(s-a)$$

**证明**

$$\begin{aligned}\mathcal{L}[f(t)\,\mathrm{e}^{at}] &= \int_0^{\infty} f(t)\,\mathrm{e}^{at}\mathrm{e}^{-st}\mathrm{d}t \\ &= \int_0^{\infty} f(t)\,\mathrm{e}^{-(s-a)t}\mathrm{d}t \\ &= F(s-a)\end{aligned}$$

**性质** 6(相似性质)

若 $\mathcal{L}[f(t)] = F(s)$,则

$$\mathcal{L}[f(at)] = \frac{1}{a}F\left(\frac{s}{a}\right), a>0 \text{ 是常数}$$

**证明**　由定义知,$\mathcal{L}[f(at)] = \int_0^{\infty} f(at)\,\mathrm{e}^{-st}\mathrm{d}t$, 令 $\tau = at$,则

$$\mathcal{L}[f(at)] = \int_0^{\infty} f(\tau)\,\mathrm{e}^{-(\frac{s}{a})\tau}\mathrm{d}\left(\frac{\tau}{a}\right) = \frac{1}{a}\int_0^{\infty} f(\tau)\,\mathrm{e}^{-(\frac{s}{a})\tau}\mathrm{d}\tau = \frac{1}{a}F\left(\frac{s}{a}\right)$$

**性质** 7(延迟性质)

若 $\mathcal{L}[f(t)]=F(s)$,当 $t<\tau$ 时,$f(t-\tau)=0$,则

$$\mathcal{L}[f(t-\tau)]=\mathrm{e}^{-s\tau}F(s)$$

**证明**

$$\begin{aligned}\mathcal{L}[f(t-\tau)] &= \int_0^{\infty} f(t-\tau)\mathrm{e}^{-st}\mathrm{d}t = \int_{\tau}^{\infty} f(t-\tau)\mathrm{e}^{-st}\mathrm{d}t \\ &\xlongequal{\text{令} t-\tau=t_1} \int_0^{\infty} f(t_1)\mathrm{e}^{-s(\tau+t_1)}\mathrm{d}t_1 \\ &= \mathrm{e}^{-s\tau}\int_0^{\infty} f(t_1)\mathrm{e}^{-st_1}\mathrm{d}t_1 \\ &= \mathrm{e}^{-s\tau}F(s)\end{aligned}$$

**性质** 8(乘多项式)

若 $\mathcal{L}[f(t)]=F(s)$,则

$$\mathcal{L}[tf(t)]=-\frac{\mathrm{d}F(s)}{\mathrm{d}s}$$

$$\mathcal{L}[t^n f(t)]=(-1)^n\frac{\mathrm{d}^n F(s)}{\mathrm{d}s^n}$$

**证明**

$$\frac{\mathrm{d}F(s)}{\mathrm{d}s}=\frac{\mathrm{d}}{\mathrm{d}s}\int_0^{\infty} f(t)\mathrm{e}^{-st}\mathrm{d}t=\int_0^{\infty} f(t)(-t)\mathrm{e}^{-st}\mathrm{d}t=\mathcal{L}[-tf(t)]$$

故

$$\mathcal{L}[tf(t)]=-\frac{\mathrm{d}F(s)}{\mathrm{d}s}$$

$$\mathcal{L}[t^2 f(t)]=-\frac{\mathrm{d}[\mathcal{L}[tf(t)]]}{\mathrm{d}s}=(-1)^2\frac{\mathrm{d}^2 F(s)}{\mathrm{d}s^2}$$

如此类推可得

$$\mathcal{L}[t^n f(t)]=(-1)^n\frac{\mathrm{d}^n F(s)}{\mathrm{d}s^n}$$

**性质** 9(卷积性质)

两个函数 $f_1(t)$ 和 $f_2(t)$ 的卷积是指

$$f_1(t)*f_2(t)=\int_{-\infty}^{+\infty} f_1(\tau)f_2(t-\tau)\mathrm{d}t$$

如果当 $t<0$ 时,$f_1(t)=f_2(t)=0$,则有

$$f_1(t)*f_2(t)=\int_0^{t} f_1(\tau)f_2(t-\tau)\mathrm{d}\tau,t\geqslant 0$$

显然,由上式给出的卷积满足交换律、结合律以及分配律. 另外,关于卷积我们有一个重要的定理.

**卷积定理**　若 $\mathcal{L}[f_1(t)]=F_1(s)$，$\mathcal{L}[f_2(t)]=F_2(s)$，则

$$\mathcal{L}[f_1(t)*f_2(t)]=F_1(s)\cdot F_2(s)$$

**证明**

$$\begin{aligned}\mathcal{L}[f_1(t)*f_2(t)] &= \int_0^{+\infty}[f_1(t)*f_2(t)]\mathrm{e}^{-st}\mathrm{d}t \\ &= \int_0^{+\infty}\left[\int_0^t f_1(\tau)f_2(t-\tau)\mathrm{d}\tau\right]\mathrm{e}^{-st}\mathrm{d}t \\ &= \iint_D f_1(\tau)f_2(t-\tau)\mathrm{e}^{-st}\mathrm{d}\tau\mathrm{d}t\text{(图 4.1)} \\ &= \int_0^{+\infty}f_1(\tau)\left[\int_\tau^{+\infty}f_2(t-\tau)\mathrm{e}^{-st}\mathrm{d}t\right]\mathrm{d}\tau \\ &\xlongequal{\text{记为}} \int_0^{+\infty}f_1(\tau)I\mathrm{d}\tau\end{aligned}$$

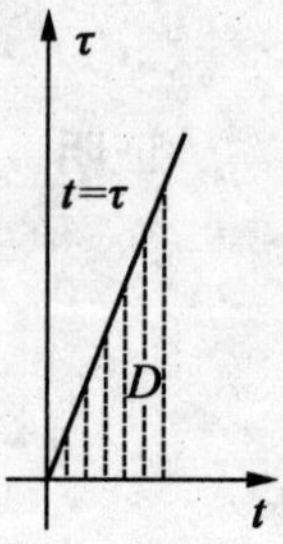

图 4.1

其中

$$I=\int_\tau^{+\infty}f_2(t-\tau)\mathrm{e}^{-st}\mathrm{d}t\xlongequal{\text{令 } x=t-\tau}\mathrm{e}^{-s\tau}\int_0^{+\infty}f_2(x)\mathrm{e}^{-sx}\mathrm{d}x=\mathrm{e}^{-s\tau}F_2(s)$$

故

$$\mathcal{L}[f_1(t)*f_2(t)]=\int_0^{+\infty}f_1(\tau)\mathrm{e}^{-s\tau}\mathrm{d}\tau\cdot F_2(s)=F_1(s)\cdot F_2(s)$$

我们根据 Laplace 变换的定义与性质求一些具体函数的 Laplace 变换.

**例 4.2**　求下列函数的 Laplace 变换

(1) $f(t)=t^m$；

(2) $f(t)=\cos at$；

(3) $f(t)=\sin at$；

(4) $f(t)=\sin 2t\sin 3t$；

(5) $f(t)=\mathrm{e}^t\cos t$.

**解**　(1)利用定义求解

$$\begin{aligned}\mathcal{L}[t^m] &= \int_0^{+\infty}t^m\mathrm{e}^{-st}\mathrm{d}t=\frac{1}{-s}\int_0^{+\infty}t^m\mathrm{d}\mathrm{e}^{-st} \\ &= \frac{1}{-s}t^m\mathrm{e}^{-st}\Big|_0^{+\infty}+\frac{m}{s}\int_0^{+\infty}t^{m-1}\mathrm{e}^{-st}\mathrm{d}t=\frac{m}{s}\mathcal{L}[t^{m-1}] \\ &= \frac{m(m-1)}{s^2}\mathcal{L}[t^{m-2}]=\cdots=\frac{m!}{s^m}\mathcal{L}[1]=\frac{m!}{s^{m+1}}\end{aligned}$$

利用性质求解：由 $f(0)=f'(0)=\cdots=f^{(m-1)}(0)=0$ 以及 $f^{(m)}(t)=m!$ 有

$$\begin{aligned}\mathcal{L}[f^{(m)}(t)] &= \mathcal{L}[m!] \\ &= s^mF(s)-s^{m-1}f(0)-s^{m-2}f'(0)-\cdots-f^{(m-1)}(0)\end{aligned}$$

$$= s^m \mathcal{L}[f(t)] = s^m \mathcal{L}[t^m]$$

故有

$$\mathcal{L}[t^m] = \frac{1}{s^m}\mathcal{L}[m!] = \frac{m!}{s^m}\mathcal{L}[1] = \frac{m!}{s^{m+1}}$$

(2)
$$\begin{aligned}\mathcal{L}[\cos at] &= \int_0^{\infty} \cos at\mathrm{e}^{-st}\mathrm{d}t \\ &= \frac{1}{2}\left(\int_0^{\infty} \mathrm{e}^{\mathrm{i}at}\mathrm{e}^{-st}\mathrm{d}t + \int_0^{\infty} \mathrm{e}^{-\mathrm{i}at}\mathrm{e}^{-st}\mathrm{d}t\right) \\ &= \frac{1}{2}(\mathcal{L}[\mathrm{e}^{\mathrm{i}at}] + \mathcal{L}[\mathrm{e}^{-\mathrm{i}at}]) \\ &= \frac{1}{2}\left(\frac{1}{s-\mathrm{i}a} + \frac{1}{s+\mathrm{i}a}\right) \\ &= \frac{s}{s^2+a^2}\end{aligned}$$

(3)
$$\begin{aligned}\mathcal{L}[\sin at] &= \int_0^{\infty} \sin at\mathrm{e}^{-st}\mathrm{d}t \\ &= \frac{1}{2\mathrm{i}}\left(\int_0^{\infty} \mathrm{e}^{\mathrm{i}at}\mathrm{e}^{-st}\mathrm{d}t - \int_0^{\infty} \mathrm{e}^{-\mathrm{i}at}\mathrm{e}^{-st}\mathrm{d}t\right) \\ &= \frac{1}{2\mathrm{i}}(\mathcal{L}[\mathrm{e}^{\mathrm{i}at}] - \mathcal{L}[\mathrm{e}^{-\mathrm{i}at}]) \\ &= \frac{1}{2\mathrm{i}}\left(\frac{1}{s-\mathrm{i}a} - \frac{1}{s+\mathrm{i}a}\right) \\ &= \frac{a}{s^2+a^2}\end{aligned}$$

(4)
$$f(t) = \sin 2t\sin 3t = \frac{1}{2}(\cos t - \cos 5t)$$

$$\begin{aligned}\mathcal{L}[f(t)] &= \frac{1}{2}(\mathcal{L}[\cos t] - \mathcal{L}[\cos 5t]) \\ &= \frac{1}{2}\left(\frac{s}{s^2+1} - \frac{s}{s^2+25}\right) \\ &= \frac{12s}{(s^2+1)(s^2+25)}\end{aligned}$$

(5)
$$\mathcal{L}[\mathrm{e}^t\cos t] = \frac{s-1}{(s-1)^2+1}$$

**例 4.3**　求函数 $f_1(t) = t$ 与 $f_2(t) = \sin t$ 的卷积.

**解**　$f_1(t) * f_2(t) = \int_0^t \tau\sin(t-\tau)\mathrm{d}\tau$

$$
\begin{aligned}
&= \int_0^t t\mathrm{d}\cos(t-\tau) \\
&= \tau\cos(t-\tau)\Big|_0^t - \int_0^t \cos(t-\tau)\mathrm{d}\tau \\
&= t + \sin(t-\tau)\Big|_0^t \\
&= t - \sin t
\end{aligned}
$$

**例 4.4** 设 $F(s)=\frac{1}{s-1}\mathrm{e}^{-2s}$,求 $\mathscr{L}^{-1}[F(s)]$.

**解** 由于 $\mathscr{L}^{-1}\left[\frac{1}{s-1}\right]=\mathrm{e}^{t}H(t)$,根据延迟性质有

$$
\begin{aligned}
\mathscr{L}^{-1}[F(s)] &= \mathrm{e}^{t-2}H(t-2) \\
&= \begin{cases} \mathrm{e}^{t-2}, & t\geqslant 2 \\ 0, & t<2 \end{cases}
\end{aligned}
$$

**例 4.5** 设 $F(s)=\frac{s^2}{(s^2+1)^2}$,求 $f(t)=\mathscr{L}^{-1}[F(s)]$.

**解** 由于 $F(s)=\frac{s}{s^2+1}\cdot\frac{s}{s^2+1}$,$\mathscr{L}^{-1}\left[\frac{s}{s^2+1}\right]=\cos t$,故有

$$
\begin{aligned}
f(t) &= \mathscr{L}^{-1}[F(s)] = \cos t * \cos t \\
&= \int_0^t \cos\tau\cos(t-\tau)\mathrm{d}\tau \\
&= \frac{1}{2}\int_0^t [\cos t + \cos(2\tau-t)]\mathrm{d}\tau \\
&= \frac{1}{2}(t\cos t + \sin t)
\end{aligned}
$$

### 4.1.3 偏微分方程的 Laplace 变换解法

**例 4.6** 利用 Laplace 变换求解半无界弦振动方程的混合问题

$$
\begin{cases}
\frac{\partial^2 u}{\partial t^2} - a^2\frac{\partial^2 u}{\partial x^2} = 0, & 0<x<\infty, t>0 \\
u\big|_{t=0}=0, \frac{\partial u}{\partial t}\Big|_{t=0}=0, & 0\leqslant x<\infty \\
u\big|_{x=0}=\varphi(t), \lim\limits_{x\to\infty}u(x,t)=0, & t>0
\end{cases}
$$

**解** 对定解问题关于 $t$ 取 Laplace 变换,记

$$\mathscr{L}[u(x,t)]=U(x,s)$$
$$\mathscr{L}[\varphi(t)]=\Phi(s)$$

并利用 Laplace 变换的微分性质及初始条件得

$$\mathscr{L}\left[\frac{\partial^2 u}{\partial t^2}\right]=s^2U(x,s)-su(x,0)-\left.\frac{\partial u}{\partial t}\right|_{t=0}=s^2U(x,s)$$

$$\mathscr{L}\left[\frac{\partial^2 u}{\partial x^2}\right]=\int_0^{\infty}\frac{\partial^2 u}{\partial x^2}\mathrm{e}^{-st}\mathrm{d}t=\frac{\partial^2}{\partial x^2}\int_0^{\infty}u(x,t)\mathrm{e}^{-st}\mathrm{d}t=\frac{\mathrm{d}^2}{\mathrm{d}x^2}U(x,s)$$

$$L[u(0,t)]=U(0,s)=\Phi(s)$$

$$\lim_{x\to\infty}U(x,s)=0$$

这样,求解原定解问题转化为求解含有参数 $s$ 的常微分方程的边值问题

$$\begin{cases}\dfrac{\mathrm{d}^2}{\mathrm{d}x^2}U(x,s)-\dfrac{s^2}{a^2}U(x,s)=0\\ U(0,s)=\Phi(s),\lim\limits_{x\to\infty}U(x,s)=0\end{cases}$$

这里,方程是 $U(x,s)$ 关于 $x$ 的一个二阶常系数齐次线性微分方程,易得其通解为

$$U(x,s)=c_1\mathrm{e}^{-\frac{s}{a}x}+c_2\mathrm{e}^{\frac{s}{a}x}$$

由其边界条件可得

$$c_1=\Phi(s),c_2=0$$

从而

$$U(x,s)=\Phi(s)\mathrm{e}^{-\frac{s}{a}x}$$

对上式取 Laplace 逆变换,且利于延迟性质,得原定解问题的解为

$$u(x,t)=\mathscr{L}^{-1}[U(x,s)]=\mathscr{L}^{-1}[\Phi(s)\mathrm{e}^{-\frac{s}{a}x}]=\begin{cases}0, & t<\dfrac{x}{a}\\ \varphi\left(t-\dfrac{x}{a}\right), & t>\dfrac{x}{a}\end{cases}$$

从这个例题的求解过程可以看出,用 Laplace 变换求解偏微分方程的定解问题大致步骤:先将定解问题中的未知函数看作是某一个自变量的函数,对方程及定解条件关于该自变量取 Laplace 变换,把偏微分方程和定解条件化为象函数的常微分方程的定解问题;再根据这个常微分方程和相应的定解条件,求出象函数;然后再取 Laplace 逆变换,得到原定解问题的解.

**例 4.7**　利用 Laplace 变换求解半无界杆热传导方程的混合问题

$$\begin{cases}\dfrac{\partial u}{\partial t}-a^2\dfrac{\partial^2 u}{\partial x^2}=0, & 0<x<\infty, t>0\\ u|_{t=0}=u_0, & 0\leqslant x<\infty\\ u|_{x=0}=u_1, \lim\limits_{x\to\infty}u(x,t)=u_0, & t>0\end{cases}$$

其中 $u_0, u_1$ 均为常数.

**解** 对定解问题关于 $t$ 取 Laplace 变换,并利用微分性质及初始条件得

$$\mathcal{L}[u(x,t)]=U(x,s)$$

$$\mathcal{L}\left[\frac{\partial u}{\partial t}\right]=sU(x,s)-u(x,0)=sU-u_0$$

$$\mathcal{L}\left[\frac{\partial^2 u}{\partial x^2}\right]=\frac{d^2}{dx^2}U(x,s)$$

这样,原定解问题转化为以 $s$ 为参数的常微分方程的定解问题

$$\begin{cases}\dfrac{\mathrm{d}^2 U}{\mathrm{d}x^2}-\dfrac{s}{a^2}U=-\dfrac{u_0}{a^2}\\ U(0,s)=\dfrac{u_1}{s}, \lim\limits_{x\to\infty}U(x,s)=\dfrac{u_0}{s}\end{cases}$$

其中常微分方程的通解为

$$U(x,s)=c_1\mathrm{e}^{\frac{\sqrt{s}}{a}x}+c_2\mathrm{e}^{-\frac{\sqrt{s}}{a}x}+\frac{u_0}{s}$$

由边界条件可知

$$c_1=0, c_2=\frac{1}{s}(u_1-u_0)$$

从而

$$U(x,s)=\frac{u_0}{s}+\frac{u_1-u_0}{s}\mathrm{e}^{-\frac{\sqrt{s}}{a}x}$$

对上式取 Laplace 逆变换,并利用附录 I 中的公式,得原定解问题的解为

$$u(x,t)=u_0+(u_1-u_0)\frac{2}{\sqrt{\pi}}\int_{\frac{x}{2a\sqrt{t}}}^{\infty}\mathrm{e}^{-\tau^2}\mathrm{d}\tau$$

对于这个题的未知函数 $u(x,t)$ 的自变量 $x$ 和 $t$ 的取值范围都是 $(0,\infty)$,我们能否将此定解问题关于 $x$ 取 Laplace 变换呢?实际上,我们对 $\dfrac{\partial^2 u}{\partial x^2}$ 关于 $x$ 取 Laplace 变换后就可以看出,设 $\mathcal{L}[u(x,t)]=U(x,s)$,则由微分性质可知

$$\mathcal{L}\left[\frac{\partial^2 u}{\partial x^2}\right]=s^2U(s,t)-su|_{x=0}-\frac{\partial u}{\partial x}\bigg|_{x=0}$$

而 $\left.\frac{\partial u}{\partial x}\right|_{x=0}$ 是未知的，上式不能得到确定，从而原定解问题中的方程关于 $x$ 取 Laplace 变换后得到的关于 $U(s,t)$ 的方程也是不确定的. 因此，本题对 $x$ 取 Laplace 变换并不能最终解决问题. 由二元函数 $u(x,t)$ 构成的定解问题，是关于 $x$ 还是关于 $t$ 取 Laplace 变换，不仅要看 $x$ 和 $t$ 的变化范围是否为 $(0,\infty)$，还要考虑定解问题的定解条件.

**例 4.8**　利用 Laplace 变换求解定解问题

$$\begin{cases}\dfrac{\partial^2 u}{\partial x\partial y}=1, & 0<x<\infty,0<y<\infty\\ u|_{x=0}=y+1, & 0\leqslant y<\infty\\ u|_{y=0}=1, & 0\leqslant x<\infty\end{cases}$$

**解**　这里方程的二元函数 $u(x,y)$ 的自变量 $x$ 与 $y$ 的变化范围都是 $(0,\infty)$，现将定解问题关于 $x$ 取 Laplace 变换，记

$$\mathcal{L}[u(x,y)]=U(s,y)$$

由微分性质及已知条件 $u|_{x=0}=y+1$ 得

$$\frac{\partial u}{\partial y}=1$$

从而

$$\mathcal{L}\left[\frac{\partial^2 u}{\partial x\partial y}\right]=\mathcal{L}\left[\frac{\partial}{\partial x}\left(\frac{\partial u}{\partial y}\right)\right]=s\mathcal{L}\left[\frac{\partial u}{\partial y}\right]-\left.\frac{\partial u}{\partial y}\right|_{x=0}=s\frac{\mathrm{d}}{\mathrm{d}y}U(s,y)-1$$

这样，原定解问题转化为以 $s$ 为参数的常微分方程的定解问题

$$\begin{cases}\dfrac{\mathrm{d}U}{\mathrm{d}y}=\dfrac{1}{s^2}+\dfrac{1}{s}\\ U|_{y=0}=\dfrac{1}{s}\end{cases}$$

解之得

$$U(s,y)=\frac{1}{s^2}y+\frac{1}{s}y+\frac{1}{s}$$

取其逆变换，可得原定解问题的解为

$$u(x,y)=xy+y+1$$

本题也可以关于 $y$ 取 Laplace 变换，其结果完全一样.

## 4.2 Fourier 变换

上一节简要地介绍了 Laplace 变换. 现在我们学习另一种积分变换——Fourier 变换. 我们会发现无论是从两种变换的定义方式,还是两种变换具有的性质,还有利用两种变换解决问题的思路都非常相似. Fourier 变换作为研究偏微分方程的基础工具之一的重要性,利用 Fourier 变换我们可以求解热传导方程的初值问题、弦振动方程的初值问题、非齐次传输方程的初值问题、无界梁的振动问题、上半空间调和方程的 Dirichlet 边值问题、Cahn-Hiliard 方程的边值问题、量子力学的 Schrödinger 方程的初值问题等典型方程的定解问题. 另外 Fourier 变换的重要性也远远超出解偏微分方程的范围,它在其他应用科学,如信息论、无线电技术等学科都有着极为广阔的应用. 它是近代科学技术中得到广泛应用的重要数学工具.

### 4.2.1 Fourier 变换的定义

**定理** 4.2(Fourier 积分定理)　若 $f(x)$ 在 $(-\infty,\infty)$ 上满足下列条件:①$f(x)$ 在任一有限区间上满足 Dirichlet 条件(即连续或只有有限个第一类间断点,并且只有有限个极值点);②$f(x)$ 在无限区间 $(-\infty,\infty)$ 上绝对可积(即积分 $\int_{-\infty}^{\infty}|f(x)|\mathrm{d}x$ 收敛),则有

$$f(x)=\frac{1}{2\pi}\int_{-\infty}^{\infty}\left[\int_{-\infty}^{\infty}f(x)\mathrm{e}^{-\mathrm{i}\lambda x}\mathrm{d}x\right]\mathrm{e}^{\mathrm{i}\lambda x}\mathrm{d}\lambda \tag{4.2.1}$$

在 $f(x)$ 的连续点成立,而在 $f(x)$ 的第一类间断点 $x_0$ 处,上式左端应为 $\frac{f(x+0)+f(x-0)}{2}$.

这个定理的条件是充分的,它的证明要用到较多的基础理论,这里仅就 $f(x)\in L(-\infty,\infty)\cap C^1(-\infty,\infty)$ 的情况给予证明.

**证明**　对任意取定的 $x$,只要证明出对任意的 $\varepsilon>0$,存在 $N_0$,使得当 $N>N_0$ 时

$$\left|\frac{1}{2\pi}\int_{-N}^{N}\left[\int_{-\infty}^{\infty}f(x)\mathrm{e}^{-\mathrm{i}\lambda x}\mathrm{d}x\right]\mathrm{e}^{\mathrm{i}\lambda x}\mathrm{d}\lambda-f(x)\right|<\varepsilon$$

即可.

由于 $f(x)\in L(-\infty,\infty)$,因此积分

$$\int_{-\infty}^{\infty} f(x)\,\mathrm{e}^{-\mathrm{i}\lambda x}\,\mathrm{d}x$$

对 $\lambda$ 一致收敛,且为 $\lambda$ 的连续函数,从而有

$$\begin{aligned}
&\frac{1}{2\pi}\int_{-N}^{N}\left[\int_{-\infty}^{\infty} f(x)\,\mathrm{e}^{-\mathrm{i}\lambda x}\,\mathrm{d}x\right]\mathrm{e}^{\mathrm{i}\lambda x}\,\mathrm{d}\lambda \\
&= \frac{1}{2\pi}\int_{-\infty}^{\infty} f(\xi)\,\mathrm{d}\xi\int_{-N}^{N}\mathrm{e}^{\mathrm{i}\lambda(x-\xi)}\,\mathrm{d}\lambda \\
&= \frac{1}{\pi}\int_{-\infty}^{\infty} f(\xi)\,\frac{\sin N(x-\xi)}{x-\xi}\,\mathrm{d}\xi \quad (令\ \eta = \xi - x) \\
&= \frac{1}{\pi}\int_{-\infty}^{\infty} f(\eta + x)\,\frac{\sin N\eta}{\eta}\,\mathrm{d}\eta \\
&= \frac{1}{\pi}\left(\int_{-\infty}^{-M} f(\eta + x)\,\frac{\sin N\eta}{\eta}\,\mathrm{d}\eta + \int_{-M}^{M} f(\eta + x)\,\frac{\sin N\eta}{\eta}\,\mathrm{d}\eta + \right. \\
&\qquad \left.\int_{M}^{\infty} f(\eta + x)\,\frac{\sin N\eta}{\eta}\,\mathrm{d}\eta\right) \\
&= J_1 + J_2 + J_3
\end{aligned} \tag{4.2.2}$$

分别考察当 $N\to\infty$ 时 $J_1, J_2, J_3$ 的极限. 易知

$$|J_1|, |J_3| \leqslant \frac{1}{\pi M}\int_{-\infty}^{\infty} |f(x)|\,\mathrm{d}x \tag{4.2.3}$$

因此对任意的 $\varepsilon > 0$,存在 $M_0$,使得当 $M > M_0$ 时,$|J_1|, |J_3| < \frac{\varepsilon}{4}$,而

$$\begin{aligned}
J_2 &= \frac{1}{\pi}\int_{-M}^{M} \frac{f(x+\eta) - f(x)}{\eta}\sin N\eta\,\mathrm{d}\eta + \frac{f(x)}{\pi}\int_{-M}^{M}\frac{\sin N\eta}{\eta}\,\mathrm{d}\eta \\
&= \frac{1}{\pi}\int_{-M}^{M} g(x,\eta)\sin N\eta\,\mathrm{d}\eta + \frac{f(x)}{\pi}\int_{-MN}^{MN}\frac{\sin \eta}{\eta}\,\mathrm{d}\eta
\end{aligned} \tag{4.2.4}$$

其中 $g(x,\eta) = \int_0^1 f'(x + \tau\eta)\,\mathrm{d}\tau$ 是 $x, \eta$ 的连续函数(由于 $f \in C^1(-\infty, \infty)$).

现在首先取 $M_0$,使当 $M > M_0$ 时(4.2.3)的右端小于 $\frac{\varepsilon}{4}$,然后固定 $M$,取 $N$ 充分大,由 Riemann-Lebesgue 引理(即若 $f(x)$ 在 $[-\pi, \pi]$ 上可积,则 $\lim\limits_{n\to\infty}\int_{-\pi}^{\pi} f(x)\sin nx\,\mathrm{d}x = 0$),式(4.2.4)右端的第一个积分可小于 $\frac{\varepsilon}{4}$,至少第二个积分,由熟知的定积分公式(即 $\int_{-\infty}^{\infty}\frac{\sin x}{x}\,\mathrm{d}x = \pi$),当 $N$ 充分大时

$$\left|\frac{f(x)}{\pi}\int_{-MN}^{MN}\frac{\sin \eta}{\pi}\,\mathrm{d}\eta - f(x)\right| \leqslant \frac{\varepsilon}{4}$$

将它们代入(4.2.2)可得当 $N>N_0$ 时

$$\left|\frac{1}{2\pi}\int_{-N}^{N}\left[\int_{-\infty}^{\infty}f(x)\mathrm{e}^{-\mathrm{i}\lambda x}\mathrm{d}x\right]\mathrm{e}^{\mathrm{i}\lambda x}\mathrm{d}\lambda-f(x)\right|<\varepsilon$$

根据定理4.2,若 $f(x)$ 满足定理4.1中的条件,则在 $f(x)$ 的连续点处,便有(4.2.1)成立.从式(4.2.1)出发,设

$$\hat{f}(\lambda)=\int_{-\infty}^{\infty}f(x)\mathrm{e}^{-\mathrm{i}\lambda x}\mathrm{d}x \tag{4.2.5}$$

则

$$f(x)=\frac{1}{2\pi}\int_{-\infty}^{\infty}\hat{f}(\lambda)\mathrm{e}^{\mathrm{i}\lambda x}\mathrm{d}\lambda \tag{4.2.6}$$

从上面两式可以看出,$f(x)$ 和 $\hat{f}(\lambda)$ 通过指定的积分运算可以相互表达.(4.2.5)叫作 $f(x)$ 的 Fourier 变换式,可记为

$$[f(x)]^{\wedge}=\hat{f}(\lambda)=\mathscr{F}[f(x)]$$

$\hat{f}(\lambda)$ 叫作 $f(x)$ 的象函数.(4.2.6)叫作 $\hat{f}(\lambda)$ 的 Fourier 逆变换式,可记为

$$f(x)=\mathscr{F}^{-1}[\hat{f}(\lambda)]=[\hat{f}(\lambda)]^{\vee}$$

$f(x)$ 叫作 $\hat{f}(\lambda)$ 的象原函数.

(4.2.5)右端的积分运算叫作 $f(x)$ 的 Fourier 变换,(4.2.6)右端的积分运算叫作 $\hat{f}(\lambda)$ 的 Fourier 逆变换.可以说象函数 $\hat{f}(\lambda)$ 和象原函数 $f(x)$ 构成了一个Fourier 变换对它们有相同的奇偶性.

**例4.9** 求指数衰减函数 $f(x)=\begin{cases}0, & x<0,\\ \mathrm{e}^{-\alpha x}, & x\geqslant 0\end{cases}$ 的 Fourier 变换,其中 $\beta>0$.

**解** 根据(4.2.5),有

$$\begin{aligned}\hat{f}(\lambda)&=\mathscr{F}[f(x)]=\int_{-\infty}^{\infty}f(x)\mathrm{e}^{-\mathrm{i}\lambda x}\mathrm{d}x\\&=\int_{0}^{\infty}\mathrm{e}^{-\alpha x}\mathrm{e}^{-\mathrm{i}\lambda x}\mathrm{d}x=\int_{0}^{\infty}\mathrm{e}^{-(\alpha+\mathrm{i}\lambda)x}\mathrm{d}x\\&=\frac{1}{\alpha+\mathrm{i}\lambda}=\frac{\alpha-\mathrm{i}\lambda}{\alpha^2+\lambda^2}\end{aligned}$$

这便是指数衰减函数的 Fourier 变换,指数衰减函数是工程技术中常见的一个函数.

### 4.2.2 $\delta$ 函数及其 Fourier 变换

在物理和工程技术中,除了用到指数衰减函数以外,还常常会碰到单位脉

冲函数. 因为有许多物理现象具有脉冲性质, 如在电学中, 要研究线性电路受具有脉冲性质的电势作用后所产生的电流; 在力学中, 要研究机械系统受冲击力作用后的运动情况等. 实际上, 除了连续分布的量外, 还有集中于一点或一瞬时的量. 只有引入一个函数来表示它们的分布密度, 才有可能把这种集中的量与连续分布的量来统一处理.

在数轴上的原点位置放置一单位质点, 考虑数轴上的密度函数. 设 $m(x)$ 为 $(-\infty, x]$ 上的全部质量, 有

$$m(x) = \begin{cases} 0, & x < 0 \\ 1, & x \geqslant 0 \end{cases}$$

由密度计算公式

$$\delta(x) = \lim_{\Delta x \to 0} \frac{m(x + \Delta x) - m(x - \Delta x)}{2\Delta x}$$

得

$$\delta(x) = \begin{cases} 0, & x \neq 0 \\ \infty, & x = 0 \end{cases}$$

根据质量分布函数与密度函数的关系

$$m(x) = \int_{-\infty}^{x} \delta(s)\,\mathrm{d}s$$

有整条数轴的质量

$$\int_{-\infty}^{\infty} \delta(s)\,\mathrm{d}s = 1$$

但是, 由积分的性质知

$$\int_{-\infty}^{\infty} \delta(s)\,\mathrm{d}s = 0$$

这就产生了矛盾.

类似的问题很多, 必须引进一个新的函数, 这个函数称为 Dirac 函数或 $\delta$ 函数. 有了这种函数, 对于许多集中于一点或一瞬间的量, 就能够像处理连续分布的量那样, 以统一的方式加以解决.

$\delta$ 函数是一个广义函数, 它没有普通意义下的"函数值", 所以, 它不能用通常意义下"值的对应关系"来定义. 要想讲清楚这个定义并不容易, 我们也没有必要纠结于如何定义 $\delta$ 函数, 这不是研究的方向. 为方便起见, 我们仅把 $\delta$ 函数看作是弱收敛函数序列的弱极限.

对于任何一个无穷次可微的函数 $f(x)$, 如果满足

$$\int_{-\infty}^{\infty} \delta(x) f(x)\,\mathrm{d}x = \lim_{\varepsilon \to 0} \int_{-\infty}^{\infty} \delta_{\varepsilon}(x) f(x)\,\mathrm{d}x$$

其中 $\delta_\varepsilon(x)=\begin{cases}\dfrac{1}{\varepsilon}, & 0\leqslant x\leqslant\varepsilon\\ 0, & 其他\end{cases}$,则称 $\delta_\varepsilon(t)$ 的弱极限为 $\delta$ 函数,记为 $\delta(x)$. 工程上,常将 $\delta$ 函数称为单位脉冲函数.

由 $\delta$ 函数的定义,可以推出 $\delta$ 函数的一个重要结果,称为 $\delta$ 函数的筛选性质:

若 $f(x)$ 为无穷次可微的函数,则有

$$\int_{-\infty}^{\infty}\delta(x)f(x)\,\mathrm{d}x=f(0)$$

事实上,$\int_{-\infty}^{\infty}\delta(x)f(x)\,\mathrm{d}x=\lim\limits_{\varepsilon\to0}\int_{-\infty}^{\infty}\delta_\varepsilon(x)f(x)\,\mathrm{d}x=\lim\limits_{\varepsilon\to0}\int_0^{\varepsilon}\frac{1}{\varepsilon}f(x)\,\mathrm{d}x=\lim\limits_{\varepsilon\to0}\frac{1}{\varepsilon}\int_0^{\varepsilon}f(x)\,\mathrm{d}x$,由于 $f(x)$ 无穷次可微,故必连续,由积分中值定理,有

$$\int_{-\infty}^{\infty}\delta(x)f(x)\,\mathrm{d}x=\lim_{\varepsilon\to0}\frac{1}{\varepsilon}\int_0^{\varepsilon}f(x)\,\mathrm{d}x=\lim_{\varepsilon\to0}f(\theta\varepsilon),\quad 0<\theta<1$$

所以

$$\int_{-\infty}^{\infty}\delta(x)f(x)\,\mathrm{d}x=f(0)$$

更一般地成立着

$$\int_{-\infty}^{\infty}\delta(x-x_0)f(x)\,\mathrm{d}x=f(x_0)$$

$\delta$ 函数的筛选性质告诉我们:任何一个无穷次可微函数 $f(x)$ 都对应着一个确定的数 $f(0)$ 或 $f(x_0)$.

$\delta$ 函数除了重要的筛选性质外,还有一些性质也不难得到,分别是:

① $\delta$ 函数是偶函数,即 $\delta(x)=\delta(-x)$;

② $\int_{-\infty}^{t}\delta(\tau)\,\mathrm{d}\tau=u(t)$, $\frac{\mathrm{d}}{\mathrm{d}t}u(t)=\delta(t)$,其中 $u(t)=\begin{cases}0, & t<0\\ 1, & t>0\end{cases}$ 称为单位阶跃函数;

③ 若 $f(x)$ 为无穷次可微的函数,则有

$$\int_{-\infty}^{\infty}\delta'(x)f(x)\,\mathrm{d}x=-f'(0)$$

一般地,有

$$\int_{-\infty}^{\infty}\delta^{(n)}(x)f(x)\,\mathrm{d}x=(-1)^nf^{(n)}(0)$$

④ $\delta$ 函数的 Fourier 变换为

$$\mathcal{F}[\delta(x)] = \int_{-\infty}^{\infty} \delta(x) e^{-i\lambda x} dx = e^{-i\lambda x}|_{x=0} = 1$$

⑤
$$\mathcal{F}[1] = \int_{-\infty}^{\infty} e^{-i\lambda x} dx = 2\pi\delta(\lambda)$$

$$\mathcal{F}[e^{i\lambda_0 x}] = \int_{-\infty}^{\infty} e^{-i(\lambda-\lambda_0)x} dx = 2\pi\delta(\lambda-\lambda_0)$$

**例 4.10**　求正弦函数 $f(x)=\sin\lambda_0 x$ 的 Fourier 变换.

**解**　由 Fourier 变换公式,有

$$\begin{aligned}\hat{f}(\lambda) &= \int_{-\infty}^{\infty} e^{-i\lambda x}\sin\lambda_0 x dx \\ &= \int_{-\infty}^{\infty} e^{-i\lambda x}\frac{e^{i\lambda_0 x}-e^{-i\lambda_0 x}}{2i}dx \\ &= \frac{1}{2i}\int_{-\infty}^{\infty}[e^{-i(\lambda-\lambda_0)x}-e^{-i(\lambda+\lambda_0)x}]dx \\ &= \frac{1}{2i}[2\pi\delta(\lambda-\lambda_0)-2\pi\delta(\lambda+\lambda_0)] \\ &= i\pi[\delta(\lambda+\lambda_0)-\delta(\lambda-\lambda_0)]\end{aligned}$$

通过上述的讨论,我们可以看出引进 $\delta$ 函数的重要性. 它使得在普通意义下的一些不存在的积分,有了确定的数值;而且利用 $\delta$ 函数及其 Fourier 变换可以很方便地得到许多重要函数的 Fourier 变换.

## 4.2.3　Fourier 变换的性质

现在我们介绍 Fourier 变换的几个重要性质,这些性质有助于我们求得相关的 Fourier 变换与 Fourier 逆变换. 为了叙述方便,假定在这些性质中,凡是需要求 Fourier 变换的函数都满足 Fourier 积分定理中的条件.

**性质 1**(线性性质)

$$[\alpha f(x)+\beta g(x)]^{\wedge} = \alpha\hat{f}(x)+\beta\hat{g}(x)$$

其中 $\alpha,\beta\in\mathbb{C}$.

**证明**
$$\begin{aligned}[\alpha f(x)+\beta g(x)]^{\wedge} &= \int_{-\infty}^{\infty}[\alpha f(x)+\beta g(x)]e^{-i\lambda x}dx \\ &= \alpha\int_{-\infty}^{\infty}f(x)e^{-i\lambda x}dx+\beta\int_{-\infty}^{\infty}g(x)e^{-i\lambda x}dx \\ &= \alpha\hat{f}(x)+\beta\hat{g}(x)\end{aligned}$$

同样,Fourier 逆变换也具有类似的线性性质,即

$$[\alpha\hat{f}(x)+\beta\hat{g}(x)]^{\vee} = \alpha f(x)+\beta g(x)$$

**性质 2(微分性质)**　若 $f(x)$ 在 $(-\infty,\infty)$ 上连续或只有有限个可去间断点,且当 $|x|\to\infty$ 时,$f(x)\to 0$,则

$$[f'(x)]^{\wedge}=\mathrm{i}\lambda\hat{f}(\lambda)$$

**证明**　由 Fourier 变换的定义,并利用分部积分公式可得

$$\begin{aligned}[f'(x)]^{\wedge}&=\int_{-\infty}^{\infty}f'(x)\mathrm{e}^{-\mathrm{i}\lambda x}\mathrm{d}x\\&=f(x)\mathrm{e}^{-\mathrm{i}\lambda x}\Big|_{-\infty}^{\infty}+\mathrm{i}\lambda\int_{-\infty}^{\infty}f(x)\mathrm{e}^{-\mathrm{i}\lambda x}\mathrm{d}x\\&=\mathrm{i}\lambda\hat{f}(\lambda)\end{aligned}$$

这个性质说明微商运算经 Fourier 变换转化为乘积运算,因此利用 Fourier 变换可把常系数微分方程简化为函数方程,或把偏微分方程简化为常微分方程. 正是由于这个原因,Fourier 变换成为解微分方程的重要工具.

**推论**　若 $f^{(k)}(x)$ 在 $(-\infty,\infty)$ 上连续或只有有限个可去间断点,且 $\lim\limits_{|x|\to+\infty}f^{(k)}(x)=0,k=0,1,2,\cdots,n-1$,则有

$$[f^{(n)}(x)]^{\wedge}=(\mathrm{i}\lambda)^{n}\hat{f}(\lambda)$$

同样,可得 $\hat{f}(\lambda)$ 的求导公式:

$$\frac{\mathrm{d}}{\mathrm{d}\lambda}\hat{f}(\lambda)=-\mathrm{i}[xf(x)]^{\wedge}$$

一般地,有

$$\frac{\mathrm{d}^{n}}{\mathrm{d}\lambda^{n}}\hat{f}(\lambda)=(-\mathrm{i})^{n}[x^{n}f(x)]^{\wedge}$$

**性质 3(积分性质)**

若 $\lim\limits_{x\to\infty}\int_{-\infty}^{x}f(x)\mathrm{d}x=0$, 则

$$\left[\int_{-\infty}^{x}f(x)\mathrm{d}x\right]^{\wedge}=\frac{1}{\mathrm{i}\lambda}\hat{f}(\lambda)$$

**证明**　因为

$$\frac{\mathrm{d}}{\mathrm{d}x}\int_{-\infty}^{x}f(x)\mathrm{d}x=f(x)$$

所以

$$\left[\frac{\mathrm{d}}{\mathrm{d}x}\int_{-\infty}^{x}f(x)\mathrm{d}x\right]^{\wedge}=\hat{f}(\lambda)$$

再由微分性质得

$$\left[\frac{\mathrm{d}}{\mathrm{d}x}\int_{-\infty}^{x} f(x)\,\mathrm{d}x\right]^{\wedge} = \mathrm{i}\lambda\left[\int_{-\infty}^{x} f(x)\,\mathrm{d}x\right]^{\wedge}$$

从而

$$\left[\int_{-\infty}^{x} f(x)\,\mathrm{d}x\right]^{\wedge} = \frac{1}{\mathrm{i}\lambda}\hat{f}(\lambda)$$

**性质** 4(位移性质)

$$[f(x \pm x_0)]^{\wedge} = \mathrm{e}^{\pm \mathrm{i}\lambda x_0}\hat{f}(\lambda)$$

**证明**　由 Fourier 变换的定义,有

$$\begin{aligned}
[f(x \pm x_0)]^{\wedge} &= \int_{-\infty}^{\infty} f(x \pm x_0)\mathrm{e}^{-\mathrm{i}\lambda x}\mathrm{d}x \\
&= \int_{-\infty}^{\infty} f(u)\mathrm{e}^{-\mathrm{i}\lambda(u \mp x_0)}\mathrm{d}u \quad (\text{令 } x \pm x_0 = u) \\
&= \mathrm{e}^{\pm \mathrm{i}\lambda x_0}\int_{-\infty}^{\infty} f(u)\mathrm{e}^{-\mathrm{i}\lambda u}\mathrm{d}u \\
&= \mathrm{e}^{\pm \mathrm{i}\lambda x_0}\hat{f}(\lambda)
\end{aligned}$$

同样,Fourier 逆变换也具有类似的位移性质,即

$$[\hat{f}(\lambda \mp \lambda_0)]^{\vee} = f(x)\mathrm{e}^{\pm \mathrm{i}\lambda_0 x}$$

**性质** 5(乘多项式)

$$[xf(x)]^{\wedge} = \mathrm{i}\frac{\mathrm{d}}{\mathrm{d}\lambda}\hat{f}(\lambda)$$

证明

$$\begin{aligned}
\frac{\mathrm{d}}{\mathrm{d}\lambda}\hat{f}(\lambda) &= \frac{\mathrm{d}}{\mathrm{d}\lambda}\int_{-\infty}^{\infty} f(x)\mathrm{e}^{-\mathrm{i}\lambda x}\mathrm{d}x \\
&= \int_{-\infty}^{\infty} f(x)(-\mathrm{i}x)\mathrm{e}^{-\mathrm{i}\lambda x}\mathrm{d}x \\
&= -\mathrm{i}\int_{-\infty}^{\infty} xf(x)\mathrm{e}^{-\mathrm{i}\lambda x}\mathrm{d}x \\
&= -\mathrm{i}[xf(x)]^{\wedge}
\end{aligned}$$

故

$$[xf(x)]^{\wedge} = \mathrm{i}\frac{\mathrm{d}}{\mathrm{d}\lambda}\hat{f}(\lambda)$$

**推论**　$[x^m f(x)]^{\wedge} = \mathrm{i}^m \dfrac{\mathrm{d}^m}{\mathrm{d}\lambda^m}\hat{f}(\lambda), m = 1,2,\cdots.$

**性质** 6(伸缩性质)

$$[f(kx)]^{\wedge}=\frac{1}{|k|}\hat{f}\left(\frac{\lambda}{k}\right),k\neq 0$$

**证明**　不妨设 $k<0$，由 Fourier 变换的定义，有

$$\begin{aligned}[f(kx)]^{\wedge}&=\int_{-\infty}^{\infty}f(kx)\mathrm{e}^{-\mathrm{i}\lambda x}\mathrm{d}x\\&=\int_{-\infty}^{\infty}f(y)\mathrm{e}^{-\mathrm{i}\lambda\frac{y}{k}}\mathrm{d}\left(\frac{y}{k}\right)\quad(\text{令 }y=kx)\\&=\left(-\frac{1}{k}\right)\int_{-\infty}^{\infty}f(y)\mathrm{e}^{-\mathrm{i}\frac{\lambda}{k}y}\mathrm{d}y\\&=\frac{1}{|k|}\hat{f}\left(\frac{\lambda}{k}\right)\end{aligned}$$

**性质 7（卷积定理）**　若已知函数 $f(x)$，$g(x)$，则积分

$$\int_{-\infty}^{\infty}f(t)g(x-t)\mathrm{d}t$$

称为函数 $f(x)$ 与 $g(x)$ 的卷积，记为 $f(x)*g(x)$，即

$$\int_{-\infty}^{\infty}f(t)g(x-t)\mathrm{d}t=f(x)*g(x)$$

显然，卷积满足交换律、结合律和分配律.

**卷积定理**

$$[f(x)*g(x)]^{\wedge}=\hat{f}(\lambda)\hat{g}(\lambda)$$

$$[\hat{f}(\lambda)\hat{g}(\lambda)]^{\vee}=f(x)*g(x)$$

**证明**　由 Fourier 变换的定义，有

$$\begin{aligned}[f(x)*g(x)]^{\wedge}&=\int_{-\infty}^{\infty}[f(x)*g(x)]\mathrm{e}^{-\mathrm{i}\lambda x}\mathrm{d}x\\&=\int_{-\infty}^{\infty}\left[\int_{-\infty}^{\infty}f(t)g(x-t)\mathrm{d}t\right]\mathrm{e}^{-\mathrm{i}\lambda x}\mathrm{d}x\\&=\int_{-\infty}^{\infty}\int_{-\infty}^{\infty}f(t)\mathrm{e}^{-\mathrm{i}\lambda t}g(x-t)\mathrm{e}^{-\mathrm{i}\lambda(x-t)}\mathrm{d}t\mathrm{d}x\\&=\int_{-\infty}^{\infty}f(t)\mathrm{e}^{-\mathrm{i}\lambda t}\left[\int_{-\infty}^{\infty}g(x-t)\mathrm{e}^{-\mathrm{i}\lambda(x-t)}\mathrm{d}x\right]\mathrm{d}t\\&=\hat{f}(\lambda)\,\hat{g}(\lambda)\end{aligned}$$

这个性质表明，两个函数卷积的 Fourier 变换等于这两个函数 Fourier 变换的乘积. 同理可得

$$[f(x)g(x)]^{\wedge}=\frac{1}{2\pi}\hat{f}(\lambda)*\hat{g}(\lambda)$$

即两个函数乘积的 Fourier 变换等于这两个函数 Fourier 变换的卷积除以 $2\pi$. 关于 $n$ 个函数的卷积的 Fourier 变换可表为

$$[f_1(x)*f_2(x)*\cdots*f_n(x)]^{\wedge}=\hat{f}_1(\lambda)\cdot\hat{f}_2(\lambda)\cdots\hat{f}_n(\lambda)$$

且有

$$[f_1(x)\cdot f_2(x)\cdot\cdots\cdot f_n(x)]^{\wedge}=\frac{1}{(2\pi)^{n-1}}\hat{f}_1(\lambda)*\hat{f}_2(\lambda)*\cdots*\hat{f}_n(\lambda)$$

**例 4.11** 求下列函数的 Fourier 变换.

(1) $f_1(x)=\begin{cases}e^{-x}, & x>0,\\ 0, & x<0;\end{cases}$

(2) $f_2(x)=e^{-|x|}$;

(3) $f_3(x)=e^{-x^2}$;

(4) $f_4(x)=e^{-Ax^2}(Ax)$.

**解** (1) 由 Fourier 变换的定义

$$\hat{f}_1(\lambda)=\int_0^{\infty}e^{-x}e^{-i\lambda x}dx=\int_0^{\infty}e^{-(1+i\lambda)x}dx=\frac{1}{1+i\lambda}$$

(2) 由于 $f_2(x)=f_1(x)+f_1(-x)$，由性质 1 和性质 6 可得

$$\hat{f}_2(\lambda)=\hat{f}_1(\lambda)+[f_1(-x)]^{\wedge}=\hat{f}_1(\lambda)+\hat{f}_2(-\lambda)=\frac{1}{1+i\lambda}+\frac{1}{1-i\lambda}=\frac{2}{1+\lambda^2}$$

(3) 由 Fourier 变换的定义、分部积分公式及性质 5 得

$$\hat{f}_3(\lambda)=\int_{-\infty}^{\infty}e^{-x^2}e^{-i\lambda x}dx=\frac{i}{\lambda}\left[e^{-x^2}e^{-i\lambda x}\Big|_{-\infty}^{\infty}+2\int_{-\infty}^{\infty}xe^{-x^2}e^{-i\lambda x}dx\right]$$

$$=\frac{2i}{\lambda}[xe^{-x^2}]^{\wedge}=-\frac{2}{\lambda}\frac{d}{d\lambda}\hat{f}_3(\lambda)$$

$\hat{f}_3(\lambda)$ 作为 $\lambda$ 的函数适合下面常微分方程初值问题:

$$\begin{cases}\dfrac{d}{d\lambda}\hat{f}_3(\lambda)=-\dfrac{\lambda}{2}\hat{f}_3(\lambda)\\ \hat{f}_3(0)=\displaystyle\int_{-\infty}^{\infty}e^{-x^2}dx=\sqrt{\pi}\end{cases}$$

解之得

$$\hat{f}_3(\lambda)=\sqrt{\pi}e^{-\frac{\lambda^2}{4}}$$

(4) 由性质 6

$$\hat{f}_4(\lambda)=[f_4(x)]^{\wedge}=[f_3(\sqrt{A}x)]^{\wedge}==\frac{1}{\sqrt{A}}\hat{f}_3\left(\frac{\lambda}{\sqrt{A}}\right)=\sqrt{\frac{\pi}{A}}e^{-\frac{\lambda^2}{4A}}$$

### 4.2.4 偏微分方程的 Fourier 变换解法

为了叙述方便起见，对于 $u(x,t)$ 及其偏导数 $\frac{\partial u}{\partial x}, \frac{\partial^2 u}{\partial x^2}$ 作为 $x$ 的一元函数取 Fourier 变换时都满足 Fourier 变换中微分性质的条件；$\frac{\partial u}{\partial t}, \frac{\partial^2 u}{\partial t^2}$ 关于 $x$ 取 Fourier 变换时允许偏导数运算与积分运算交换次序，即

$$\mathscr{F}\left[\frac{\partial u}{\partial t}\right] = \int_{-\infty}^{\infty} \frac{\partial u}{\partial t} e^{-i\lambda x} dx = \frac{\partial}{\partial t}\int_{-\infty}^{\infty} u(x,t) e^{-i\lambda x} dx$$
$$= \frac{\partial}{\partial t}\mathscr{F}[u(x,t)] = \frac{d\,\hat{u}(\lambda,t)}{dt}$$

同理

$$\mathscr{F}\left[\frac{\partial^2 u}{\partial t^2}\right] = \frac{\partial^2}{\partial t^2}\mathscr{F}[u(x,t)] = \frac{d^2\,\hat{u}(\lambda,t)}{dt^2}$$

**例** 4.12（一维热传导方程的初值问题）利用 Fourier 变换求解定解问题：

$$\begin{cases} \frac{\partial u}{\partial t} = a^2 \frac{\partial^2 u}{\partial x^2} + f(x,t), & -\infty < x < \infty, t > 0 \\ u|_{t=0} = \varphi(x), & -\infty < x < \infty \end{cases}$$

**解** 对定解问题关于 $x$ 取 Fourier 变换，记

$$\mathscr{F}[u(x,t)] = \hat{u}(\lambda,t)$$
$$\mathscr{F}[f(x,t)] = \hat{f}(\lambda,t)$$
$$\mathscr{F}\left[\frac{\partial^2 u}{\partial x^2}\right] = (i\lambda)^2 \hat{u}(\lambda,t) = -\lambda^2 \hat{u}(\lambda,t)$$
$$\mathscr{F}\left[\frac{\partial u}{\partial t}\right] = \frac{d}{dt}\hat{u}(\lambda,t)$$
$$\mathscr{F}[\varphi(x)] = \hat{\varphi}(\lambda)$$

这样，我们就将求解原定解问题转化为求解含有参数 $\lambda$ 的常微分方程的初值问题：

$$\begin{cases} \frac{d\hat{u}}{dt} + a^2\lambda^2 \hat{u} = \hat{f}(\lambda,t) \\ \hat{u}|_{t=0} = \hat{\varphi}(\lambda) \end{cases}$$

解之得

$$\hat{u}(\lambda,t) = \hat{\varphi} e^{-a^2\lambda^2 t} + \int_0^t [\hat{f}(\lambda,\tau) e^{-a^2\lambda^2(t-\tau)}] d\tau$$

对上式两端取 Fourier 逆变换,得

$$u(x,t) = (\hat{\varphi}e^{-a^2\lambda^2 t})^{\vee} + \int_0^t [\hat{f}(\lambda,\tau)e^{-a^2\lambda^2(t-\tau)}]^{\vee}\,d\tau$$

由例 4.11 中(4)的结果$\left(其中 A=\dfrac{1}{4a^2t}\right)$,得

$$e^{-a^2\lambda^2 t} = [g(x,t)]^{\wedge}$$

其中

$$g(x,t) = \frac{1}{2a\sqrt{\pi t}}e^{-\frac{x^2}{4a^2t}}$$

从而根据 Fourier 变换的卷积性质有

$$(\hat{\varphi}e^{-a^2\lambda^2 t})^{\vee} = (\hat{\varphi}\,\hat{g})^{\vee} = \varphi(x) * \frac{1}{2a\sqrt{\pi t}}e^{-\frac{x^2}{4a^2t}} = \frac{1}{2a\sqrt{\pi t}}\int_{-\infty}^{\infty}\varphi(\xi)e^{-\frac{(x-\xi)^2}{4a^2t}}d\xi$$

同理我们有

$$[\hat{f}(\lambda,\tau)e^{-a^2\lambda^2(t-\tau)}]^{\vee} = \frac{1}{2a\sqrt{\pi(t-\tau)}}\int_{-\infty}^{\infty}f(\xi,\tau)e^{-\frac{(x-\xi)^2}{4a^2(t-\tau)}}d\xi$$

所以原定解问题的解为

$$u(x,t) = \frac{1}{2a\sqrt{\pi t}}\int_{-\infty}^{\infty}\varphi(\xi)e^{-\frac{(x-\xi)^2}{4a^2t}}d\xi + \frac{1}{2a\sqrt{\pi}}\int_0^t\int_{-\infty}^{\infty}\frac{f(\xi,\tau)}{\sqrt{t-\tau}}e^{-\frac{(x-\xi)^2}{4a^2(t-\tau)}}d\xi d\tau$$

此例中的热传导方程是非齐次的,求解区域是无界的,若用其他方法求解,其运算比 Fourier 变换方法复杂得多. 若 $f(x,t)=0$,则得一维非齐次热传导方程初值问题的解

$$u(x,t) = \frac{1}{2a\sqrt{\pi t}}\int_{-\infty}^{\infty}\varphi(\xi)e^{-\frac{(x-\xi)^2}{4a^2t}}d\xi$$

从这个问题的求解过程可以看出,用 Fourier 变换求解偏微分方程的定解问题的基本步骤,即先将定解问题中的未知函数看作是某一个自变量的函数,对方程及定解条件关于该变量取 Fourier 变换,把偏微分方程和定解条件化为象函数的常微分方程的定解问题;再根据这个常微分方程和相应的定解条件,求出象函数;然后再取 Fourier 逆变换,得到原定解问题的解.

**例 4.13**　利用 Fourier 变换求解定解问题

$$\begin{cases}\dfrac{\partial^2 u}{\partial t^2} = \dfrac{\partial^2 u}{\partial x^2}, & -\infty < x < \infty, t > 0\\ u\big|_{t=0} = \cos x, \dfrac{\partial u}{\partial t}\Big|_{t=0} = \sin x, & -\infty < x < \infty\end{cases}$$

**解**　对定解问题关于 $x$ 取 Fourier 变换,记

$$\mathscr{F}[u(x,t)]=\hat{u}(\lambda,t)$$

$$\mathscr{F}\left[\frac{\partial^2 u}{\partial x^2}\right]=-\lambda^2\hat{u}(\lambda,t)$$

$$\mathscr{F}\left[\frac{\partial^2 u}{\partial t^2}\right]=\frac{\mathrm{d}^2}{\mathrm{d}t^2}\hat{u}(\lambda,t)$$

$$\mathscr{F}[\cos x]=\pi[\delta(\lambda+1)+\delta(\lambda-1)]$$

$$\mathscr{F}[\sin x]=\pi\mathrm{i}[\delta(\lambda+1)-\delta(\lambda-1)]$$

得以 $\lambda$ 为参数的常微分方程的初值问题：

$$\begin{cases}\dfrac{\mathrm{d}^2\hat{u}}{\mathrm{d}t^2}=-\lambda^2\hat{u}\\ \hat{u}\big|_{t=0}=\pi[\delta(\lambda+1)+\delta(\lambda-1)]\\ \dfrac{\mathrm{d}\hat{u}}{\mathrm{d}t}\Big|_{t=0}=\pi\mathrm{i}[\delta(\lambda+1)-\delta(\lambda-1)]\end{cases}$$

解之得

$$\hat{u}(\lambda,t)=\left(\frac{\pi}{\lambda}\mathrm{i}\sin\lambda t+\pi\cos\lambda t\right)\delta(\lambda+1)+\left(\pi\cos\lambda t-\frac{\pi}{\lambda}\mathrm{i}\sin\lambda t\right)\delta(\lambda-1)$$

对上式两端取 Fourier 逆变换，且利用 $\delta$－函数的筛选性质，得原定解问题的解为

$$\begin{aligned}u(x,t)&=\frac{1}{2\pi}\int_{-\infty}^{\infty}\left[\left(\frac{\pi}{\lambda}\mathrm{i}\sin\lambda t+\pi\cos\lambda t\right)\delta(\lambda+1)+\right.\\&\qquad\left.\left(\pi\cos\lambda t-\frac{\pi}{\lambda}\mathrm{i}\sin\lambda t\right)\delta(\lambda-1)\right]\mathrm{e}^{\mathrm{i}\lambda x}\mathrm{d}\lambda\\&=\sin t\,\frac{\mathrm{e}^{\mathrm{i}x}-\mathrm{e}^{-\mathrm{i}x}}{2\mathrm{i}}+\cos t\,\frac{\mathrm{e}^{\mathrm{i}x}+\mathrm{e}^{-\mathrm{i}x}}{2}=\sin t\sin x+\cos t\cos x\\&=\cos(t-x)\end{aligned}$$

**例 4.14**　利用 Fourier 变换求解定解问题

$$\begin{cases}\dfrac{\partial^2 u}{\partial x^2}+\dfrac{\partial^2 u}{\partial y^2}=0,\quad -\infty<x<\infty,y>0\\ u\big|_{y=0}=f(x)\\ \lim\limits_{x^2+y^2\to\infty}u=0\end{cases}$$

**解**　这是一个二维 Laplace 方程定解问题. 由于 $x$ 的变化范围是$(-\infty,\infty)$，因此我们对方程和边界条件关于 $x$ 取 Fourier 变换，记

$$\mathscr{F}[u(x,y)]=\hat{u}(\lambda,y)$$

$$\mathcal{F}\left[\frac{\partial^2 u}{\partial x^2}\right] = -\lambda^2 \hat{u}(\lambda, y)$$

$$\mathcal{F}\left[\frac{\partial^2 u}{\partial y^2}\right] = \frac{d^2}{dy^2}\hat{u}(\lambda, y)$$

$$\mathcal{F}[f(x)] = \hat{f}(\lambda)$$

这样,我们得以 $\lambda$ 为参数的常微分方程的边值问题:

$$\begin{cases} \dfrac{d^2 \hat{u}}{dy^2} - \lambda^2 \hat{u} = 0, \\ \hat{u}\big|_{y=0} = \hat{f}(\lambda), \\ \lim\limits_{\lambda^2+y^2} \hat{u} = \lim\limits_{y\to\infty} \hat{u}\, 0 \end{cases}$$

解此二阶常系数线性齐次微分方程可得其通解为

$$\hat{u}(\lambda, y) = c_1 e^{|\lambda|y} + c_2 e^{-|\lambda|y}$$

代入边界条件,有 $c_1 + c_2 = \hat{u}(\lambda, y)$,由 $\lim\limits_{y\to\infty}\hat{u} = 0$ 知 $c_1 = 0$,从而 $c_2 = \hat{f}(\lambda)$. 因此,常微分方程边值问题的解为

$$\hat{u}(\lambda, y) = \hat{f}(\lambda) e^{-|\lambda|y}$$

对上式两端取 Fourier 逆变换,由卷积定理得

$$u(x, y) = [\hat{f}(\lambda) e^{-|\lambda|y}]^{\vee} = f(x) * (e^{-|\lambda|y})^{\vee}$$

借助附录 II 中的公式,可知

$$[e^{-|\lambda|y}]^{\vee} = \frac{y}{\pi} \cdot \frac{1}{x^2 + y^2}$$

所以原定解问题的解为

$$u(x, y) = f(x) * \frac{y}{\pi(x^2 + y^2)} = \frac{1}{\pi}\int_{-\infty}^{\infty} \frac{yf(t)}{(x-t)^2 + y^2} dt$$

**附注**　对于一个线性偏微分方程的定解问题,一般来说,要根据自变量的变化范围和方程及其定解条件的具体情况来决定选取变换方法. 就本书内容而言,如果自变量的变化范围是$(-\infty, \infty)$,应选取 Fourier 变换方法;如果自变量的变化范围为$(0, \infty)$,则应选取 Laplace 变换方法.

# 习题 4

1. 求下列函数的 Laplace 变换

(1) $f(t)=e^{-3t}$　　(2) $f(t)=t^3$

(3) $f(t)=3\sin t\cos t$　　(4) $f(t)=t^2+2t+1$

(5) $f(t)=1-te^t$　　(6) $f(t)=e^{-5t}\cdot\cos 5t$

(7) $f(t)=t^n e^{at}$　　(8) $f(t)=\sinh \lambda t$

2. 求下列函数的 Laplace 逆变换

(1) $F(s)=\dfrac{1}{s^2+16}$　　(2) $F(s)=\dfrac{1}{s^5}$

(3) $F(s)=\dfrac{1}{(s+1)^2}$　　(4) $F(s)=\dfrac{1}{s+2}$

(5) $F(s)=\dfrac{2s+1}{s^2+4}$　　(6) $F(s)=\dfrac{4}{(s+1)(s-3)}$

(7) $F(s)=\dfrac{s+1}{s^2+s-6}$　　(8) $F(s)=\dfrac{1}{(s^2+4s+13)^2}$

3. 求解下列偏微分方程定解问题

(1) $\begin{cases} u_{tt}-a^2u_{xx}=g \quad (g\text{ 为常数}), & 0<x<\infty, t>0 \\ u|_{t=0}=0, u_t|_{t=0}=0, & 0\leqslant x<\infty \\ u|_{x=0}=0, & t\geqslant 0 \end{cases}$

(2) $\begin{cases} u_{tt}-a^2u_{xx}+bu=0 \quad (b\text{ 为常数}), & 0<x<\infty, t>0 \\ u|_{x=0}=c, \quad (c\text{ 为常数}) & t>0 \\ u|_{t=0}=0, & 0<x<\infty \end{cases}$

(3) $\begin{cases} u_{xy}=x^2y, & 0<x,y<\infty \\ u|_{y=0}=x^2, & 0\leqslant x<\infty \\ u|_{x=0}=3y, & 0\leqslant y<\infty \end{cases}$

4. 设 $\hat{f}(\lambda)$ 是函数 $f(x)$ 的 Fourier 变换，证明：$\hat{f}(\lambda)$ 与 $f(x)$ 有相同的奇偶性。

5. 求下列函数的 Fourier 变换

(1) $f(x)=\begin{cases} ae^{-bx}, & x>0, \\ 0, & x<0 \end{cases} \quad (a>0, b>0)$

(2) $f(x)=\begin{cases} \cos x, & |x|\leqslant\pi \\ 0, & |x|>\pi \end{cases}$

(3) $f(x)=\cos x\sin x$

(4) $f(x)=\delta(x-x_0)$

(5) $f(x)=\begin{cases}0, & x<0\\ e^{-\alpha x}, & x\geqslant 0\end{cases}$

(6) $f(x)=\begin{cases}0, & x<0\\ xe^{-\alpha x}, & x\geqslant 0\end{cases}$

(7) $f(x)=xe^{-x^2}$

(8) $f(x)=e^{-|x|}$

6. 若 $\hat{f}_1(\lambda)=\mathcal{F}[f_1(x)]$，$\hat{f}_2(\lambda)=\mathcal{F}[f_2(x)]$，证明

$$\mathcal{F}[f_1(x)\cdot f_2(x)]=\frac{1}{2\pi}\hat{f}_1(\lambda)*\hat{f}_2(\lambda)$$

7. 求函数 $\hat{f}(\lambda)=e^{-t|\lambda|}$ 的 Fourier 逆变换，其中 $t>0$ 为参数。

8. 利用的 Fourier 变换求解下列定解问题

(1) $\begin{cases}u_t-a^2u_{xx}=0, & -\infty<x<\infty, t>0\\ u(x,0)=1+x^2, & -\infty<x<\infty\end{cases}$

(2) $\begin{cases}u_t-a^2u_{xx}-bu_x-cu=f(x,t), & -\infty<x<\infty, t>0\\ u(x,0)=0, & -\infty<x<\infty\end{cases}$

(3) $\begin{cases}u_{tt}-u_{xx}=t\sin x, & -\infty<x<\infty, t>0\\ u(x,0)=0, u_t(x,t)=\sin x\end{cases}$

(4) $\begin{cases}u_t-a^2u_{xx}=Au, & -\infty<x<\infty, t>0, A\text{ 为常数}\\ u(x,0)=\delta(\xi-x), & -\infty<x<\infty\end{cases}$

(5) $\begin{cases}u_{tt}+a^2u_{xxxx}=f(x,t), & -\infty<x<\infty, t>0\\ u(x,0)=\varphi(x), u_t(x,0)=\psi(x); & -\infty<x<\infty\end{cases}$

# 第5章 热传导方程

热传导方程是最典型的抛物型方程,在研究热传导、扩散等物理现象时都会遇到这类方程.本章研究热传导方程

$$\frac{\partial u}{\partial t}-a^2\Delta u=f$$

的初值问题和混合问题,讨论相应问题的解的适定性.而为了更正确地掌握基本解的概念与物理意义.我们首先介绍了作为研究偏微分方程的基本工具之一的广义函数的概念与相关性.

## 5.1 广义函数简介

我们在第4章已经见到了一种重要的广义函数——$\delta$函数.广义函数是研究偏微分方程的重要工具之一.这里简要地介绍一些广义函数的基本知识.20世纪30年代,美国物理学家P. A. M. Dirac在量子力学中引进$\delta$函数处理脉冲问题.由于$\delta$函数无法用古典函数的概念理解,因而受到当时很多数学家的质疑.但是,$\delta$函数确实反映了现实世界的一种量的关系,给物理学中遇到复杂的连续量提供了方便的描述,能够解决很多实际的问题.所以促使人们去深入研究这种函数,建立起它的科学基础理论.广义函数作为一门严格的数学理论,与Sobolev和Schwartz两个人紧密联系在一起.前者扩充了导数的概念,从而为偏微分方程广义解的研究奠定了基础.后者在局部凸线性拓扑空间的基础上,确立了广义函数的严格数学理论.要想深入理解和掌握这个理论,必须具备一定的泛函分析基础,而此亦超出了本课程的讨论范围.因此,在这里我们着重介绍广义函数的概念及其基本的运算法则,并为简单起见,仅以一元广义函数为例,事实上对于多元情形,讨论是完全类似的.

### 5.1.1　Schwartz 定义广义函数概念的思想方法简述

20 世纪 50 年代,法国数学家 Schwartz 改进和系统发展了广义函数论. 他的思想方法最重要的一步是重新考虑函数概念的定义,不是传统的从定义域内每一点的坐标 $x$ 对应数值 $f(x)$ 的角度来认识函数 $f$,而是从把函数 $f$ 看成是对其他函数 $\varphi$ 所起的作用的角度来认识函数.

假设 $f(x)$ 是一个可积函数,若 $\varphi(x)$ 是某一函数类 $\Phi$ 中的任意连续函数,那么可以建立 $\Phi$ 到实数集 $\mathbf{R}$ 的对应关系:

$$F_f:\varphi(x)\to\int_a^b f(x)\varphi(x)\,\mathrm{d}x,\varphi(x)\in\Phi$$

这显然是由函数 $f(x)$ 唯一规定的函数类 $\Phi$ 上的一个泛函(故可以把 $f$ 抽象地看成是这个泛函),此泛函是线性的. 事实上,若 $\varphi_1,\varphi_2\in\Phi$,任意常数 $c_1,c_2\in\mathbf{R}$,则有

$$\begin{aligned}F_f(c_1\varphi_1+c_2\varphi_2)&=\int_a^b f(x)[c_1\varphi_1(x)c_2\varphi_2(x)]\,\mathrm{d}x\\&=c_1\int_a^b f(x)\varphi_1(x)\,\mathrm{d}x+c_2\int_a^b f(x)\varphi_2(x)\,\mathrm{d}x\\&=c_1F_f(\varphi_1)+c_2F_f(\varphi_2)\end{aligned}$$

因此,一个普通可积函数 $f(x)$ 可以确定函数类 $\Phi$ 上的一个线性泛函. 但是,反过来一个线性泛函不一定与普通可积函数对应. 例如线性泛函

$$F_\delta(\varphi)=\int_a^b\delta(x-a)\varphi(x)\,\mathrm{d}x=\varphi(a)$$

其对应的函数 $\delta(x-a)$ 不是一个普通可积函数. 由此可见,如果我们把函数看成是函数类 $\Phi$ 上的一个线性泛函,这样定义的函数既包括了普通可积函数,又包括了许多非常规的函数,其含义就更广泛了. 简单地说,所谓广义函数,就是函数空间 $\Phi$ 上的线性泛函.

### 5.1.2　广义函数的严格定义

我们知道,泛函是从函数集到实数集的对应,其中作为"自变量"的是函数,它的定义范围是泛函定义的集合. 因此,首先讨论广义函数这种泛函的定义集合——基本空间.

**定义 5.1**　如果 $\varphi(x)\in C_0^\infty(\mathbf{R}),\varphi_n(x)\in C_0^\infty(\mathbf{R}),n=1,2,\cdots$,且满足

(1) 存在 $M>0$,使得当 $|x|\geqslant M$ 时 $\varphi(x)\equiv0,\varphi_n(x)\equiv0,n=1,2,\cdots$,

(2) $\lim\limits_{n\to\infty}\max\limits_{[-M,M]}|\varphi_n(x)-\varphi(x)|=0$,

$$\lim_{n\to\infty}\max_{[-M,M]}\left|\varphi_n^{(k)}(x)-\varphi^{(k)}(x)\right| = 0, k=1,2,\cdots,$$

则称序列$\{\varphi_n\}$收敛于$\varphi$. 规定上述收敛性的线性空间$C_0^\infty(\mathbf{R})$称为基本空间,记为$\mathcal{D}(\mathbf{R})$. 而$\varphi\in\mathcal{D}(\mathbf{R})$称为试验函数.

现在我们定义广义函数.

**定义 5.2**　如果$f$是基本空间$\mathcal{D}(\mathbf{R})$到实数集$\mathbf{R}$的线性连续泛函,则称 f 是一个广义函数. 设$\varphi\in\mathcal{D}(\mathbf{R})$是一个试验函数,通常,它的广义函数值$f[\varphi(x)]$记为$\langle f,\varphi\rangle$,即

$$\langle f,\varphi\rangle = f[\varphi(x)]$$

$\langle f,\varphi\rangle$称为对偶积. $\mathcal{D}(\mathbf{R})$上广义函数的全体记为$\mathcal{D}'(\mathbf{R})$.

由定义可知广义函数$f$是线性的,即对于$\forall a,b\in\mathbf{R}$, $\forall\varphi,\psi\in\mathcal{D}(\mathbf{R})$,有

$$\langle f,a\varphi+b\psi\rangle = a\langle f,\varphi\rangle + b\langle f,\psi\rangle$$

$f$是连续的,即若$\lim\limits_{n\to\infty}\varphi_n(x)=\varphi(x)$(在$\mathcal{D}(\mathbf{R})$意义下),则有

$$\lim_{n\to\infty}\langle f,\varphi_n\rangle = \langle f,\varphi\rangle$$

有了广义函数的定义,在这里,我们就可以把$\delta$函数重新定义为:使任意试验函数$\varphi(x)$与它在$x=0$处的函数值$\varphi(0)$对应的广义函数称为$\delta$函数,即$\delta$函数满足

$$\langle\delta,\varphi\rangle=\varphi(0),\quad \forall\varphi\in\mathcal{D}(\mathbf{R})$$

可以验证$\delta$函数是线性连续泛函. 显然$\delta$函数是泛函,事实上,对于$\forall a,b\in\mathbf{R}$, $\forall\varphi,\psi\in\mathcal{D}(\mathbf{R})$,有

$$\langle\delta,a\varphi+b\psi\rangle = a\varphi(0)+b\psi(0) = a\langle\delta,\varphi\rangle + b\langle\delta,\psi\rangle$$

若$\lim\limits_{n\to\infty}\varphi_n(x)=\varphi(x)$,则

$$\lim_{n\to\infty}\langle\delta,\varphi_n\rangle = \lim_{n\to\infty}\varphi_n(0)=\varphi(0)=\langle\delta,\varphi\rangle$$

如果我们设$f(x)$是$\mathbf{R}$上的局部绝对可积函数,即在任何有限区间$(a,b)$上积分

$$\int_a^b |f(x)|\,\mathrm{d}x$$

存在,则可以用以下方式定义一个广义函数:

$$\varphi(x)\to\int_{-\infty}^{\infty} f(x)\varphi(x)\,\mathrm{d}x,\ \forall\varphi\in\mathcal{D}(\mathbf{R}) \tag{5.1.1}$$

能够证明,对于一个确定的局部可积函数$f(x)$,有唯一的上述广义函数. 反过来,对上述广义函数的$f(x)$也是唯一的. 因此,在(5.1.1)的广义函数表现形式中,局部可积函数$f(x)$与相应的广义函数可以认为是等同的. 以后,我们把广义函数(5.1.1)与局部可积函数$f(x)$不加区分,将广义函数(5.1.1)记作$f$,即

$$\langle f,\varphi\rangle = \int_{-\infty}^{\infty} f(x)\varphi(x)\mathrm{d}x,\ \forall \varphi \in \mathcal{D}(\mathbf{R})$$

任一局部可积函数 $f$ 确实都是广义函数(线性连续泛函). 事实上,若 $\forall a,b \in \mathbf{R}$, $\forall \varphi,\psi \in \mathcal{D}(\mathbf{R})$,有

$$\begin{aligned}\langle f,a\varphi + b\psi\rangle &= \int_{-\infty}^{\infty} f(x)[a\varphi(x) + b\psi(x)]\mathrm{d}x \\ &= a\int_{-\infty}^{\infty} f(x)\varphi(x)\mathrm{d}x + b\int_{-\infty}^{\infty} f(x)\psi(x)\mathrm{d}x \\ &= a\langle f,\varphi\rangle + b\langle f,\psi\rangle\end{aligned}$$

若 $\varphi,\varphi_n \in \mathcal{D}(\mathbf{R})$, $n=1,2,\cdots$,则由定义 1,存在 $M>0$,使得

$$\begin{aligned}\left|\lim_{n\to\infty}(\langle f,\varphi_n\rangle - \langle f,\varphi\rangle)\right| &= \left|\lim_{n\to\infty}\int_{-\infty}^{\infty} f(x)[\varphi_n(x) - \varphi(x)]\mathrm{d}x\right| \\ &\leqslant \lim_{n\to\infty}\max_{[-M,M]}|\varphi_n(x) - \varphi(x)|\left|\int_{-M}^{M} f(x)\mathrm{d}x\right| = 0\end{aligned}$$

**附注 1**　$\delta$ 函数不是局部可积函数. 由此可知广义函数的集合 $\mathcal{D}'(\mathbf{R})$ 真包含全体局部可积函数的集合.

### 5.1.3　广义函数的运算性质与广义导数

广义函数可以按照通常的方式定义加法和乘法运算:

(1) 若 $f,g \in \mathcal{D}'(\mathbf{R})$,则 $f+g \in \mathcal{D}'(\mathbf{R})$,且

$$\langle f+g,\varphi\rangle = \langle f,\varphi\rangle + \langle g,\varphi\rangle,\ \forall \varphi \in \mathcal{D}(\mathbf{R})$$

(2) 若 $f \in \mathcal{D}'(K)$, $a \in \mathbf{R}$,则 $af \in \mathcal{D}'(K)$,且

$$\langle af,\varphi\rangle = a\langle f,\varphi\rangle,\ \forall \varphi \in \mathcal{D}(K)$$

(3) 若 $f \in \mathcal{D}'(\mathbf{R})$, $\alpha(x) \in C^{\infty}(\mathbf{R})$,则 $\alpha f \in \mathcal{D}'(\mathbf{R})$,且 $\langle \alpha f,\varphi\rangle = \langle f,\alpha\varphi\rangle$, $\forall \varphi \in \mathcal{D}(\mathbf{R})$.

**附注 2**　一般而言,广义函数与广义函数的乘积是没有意义的.

**定义 5.3**　设 $f \in \mathcal{D}'(\mathbf{R})$, $\{f_n\} \subset \mathcal{D}'(\mathbf{R})$,如果

$$\lim_{n\to\infty}\langle f_n,\varphi\rangle = \langle f,\varphi\rangle,\ \forall \varphi \in \mathcal{D}(\mathbf{R})$$

则称广义函数序列 $\{f_n\}$ 当 $n\to\infty$ 时的极限为 $f$,记作

$$\lim_{n\to\infty} f_n = f$$

类似可定义依赖参数的广义函数的极限:

**定义 5.4**　设 $f \in \mathcal{D}'(\mathbf{R})$, $f_t \in \mathcal{D}'(\mathbf{R})$,其中 $t$ 是参数,如果

$$\lim_{t\to t_0}\langle f_t,\varphi\rangle = \langle f,\varphi\rangle,\ \forall \varphi \in \mathcal{D}(\mathbf{R})$$

则称广义函数 $f_t$ 当 $t\to t_0$ 时的极限为 $f$,记作

$$\lim_{t\to t_0} f_t = f$$

**例 5.1** 矩形脉冲函数:

$$Q_n(x)=\begin{cases}\dfrac{n}{2}, & |x|\leqslant \dfrac{1}{n}\\ 0, & |x|>\dfrac{1}{n}\end{cases}$$

是局部可积函数,对 $\forall \varphi\in\mathcal{D}(\mathbf{R})$,有

$$\begin{aligned}\langle Q_n,\varphi\rangle &= \int_{-\infty}^{\infty} Q_n(x)\varphi(x)\mathrm{d}x\\ &= \frac{n}{2}\int_{-\frac{1}{n}}^{\frac{1}{n}}\varphi(x)\mathrm{d}x\\ &= \varphi(\xi)\end{aligned}$$

其中 $\xi\in\left[-\dfrac{1}{n},\dfrac{1}{n}\right]$.

$$\begin{aligned}\lim_{n\to\infty}\langle Q_n,\varphi\rangle &= \lim_{n\to\infty}\varphi(\xi)=\varphi(0)\\ &= \langle\delta,\varphi\rangle,\ \forall\varphi\in\mathcal{D}(\mathbf{R})\end{aligned}$$

由此知,矩形脉冲函数序列 $\{Q_n\}$ 收敛于 $\delta$ 函数.

**例 5.2** Dirichlet 核函数:

$$k_n(x)=\begin{cases}1+2\displaystyle\sum_{k=1}^{n}\cos kx=\frac{\sin\left(n+\frac{1}{2}\right)x}{\sin\frac{x}{2}}, & |x|\leqslant\pi\\ 0, & |x|>\pi\end{cases}$$

是局部可积函数,对 $\forall \varphi\in\mathcal{D}(\mathbf{R})$,有

$$\begin{aligned}\left\langle\frac{1}{2\pi}k_n,\varphi\right\rangle-\varphi(0) &= \int_{-\infty}^{\infty}\frac{1}{2\pi}k_n(x)\varphi(x)\mathrm{d}x-\int_{-\pi}^{\pi}\frac{1}{2\pi}\varphi(0)\mathrm{d}x\\ &= \frac{1}{2\pi}\int_{-\pi}^{\pi}\frac{\varphi(x)-\varphi(0)}{\sin\frac{x}{2}}\sin\left(n+\frac{1}{2}\right)x\mathrm{d}x\end{aligned}$$

由于

$$\lim_{x\to 0}\frac{\varphi(x)-\varphi(0)}{\sin\frac{x}{2}}=2\varphi'(0)$$

因此 $\dfrac{\varphi(x)-\varphi(0)}{\sin\frac{x}{2}}$ 在 $[-\pi,\pi]$ 上可积,由 Riemann-Lebesgue 引理得

$$\lim_{n\to\infty}\left\langle \frac{1}{2\pi}k_n,\varphi\right\rangle=\varphi(0)=\langle\delta,\varphi\rangle,\ \forall\varphi\in\mathcal{D}(\mathbf{R})$$

故

$$\lim_{n\to\infty}\frac{1}{2\pi}k_n=\delta$$

**例 5.3**　Poisson 核函数

$$k(x,t)=\begin{cases}\dfrac{1}{2a\sqrt{\pi t}}\mathrm{e}^{-\frac{x^2}{4a^2t}}, & t>0\\ 0, & t\leqslant 0\end{cases}$$

将 $t$ 视为参数，则 $k(x,t)$ 关于 $x$ 是局部可积函数，且对 $\forall\varphi\in\mathcal{D}(K)$，有

$$\begin{aligned}\lim_{t\to0^+}\langle k,\varphi\rangle&=\lim_{t\to0^+}\int_{-\infty}^{\infty}\frac{1}{2a\sqrt{\pi t}}\mathrm{e}^{-\frac{x^2}{4a^2t}}\varphi(x)\mathrm{d}x\\&=\lim_{t\to0^+}\int_{-\infty}^{\infty}\frac{1}{\sqrt{\pi}}\mathrm{e}^{-y^2}\varphi(2a\sqrt{t}y)\mathrm{d}y=\varphi(0)=\langle\delta,\varphi\rangle\end{aligned}$$

故

$$\lim_{t\to0^+}k(x,t)=\delta(x)$$

考虑局部可积函数 $f(x)$，将 $f(x)$ 向右平移 $\xi$ 个单位得 $f(x-\xi)$，$f(x-\xi)$ 仍然是局部可积函数，现在把它对应的广义函数还是记为 $f(x-\xi)$，则有

$$\langle f(x-\xi),\varphi\rangle=\int_{-\infty}^{\infty}f(x-\xi)\varphi(x)\mathrm{d}x,\ \forall\varphi\in\mathcal{D}(\mathbf{R})$$

若令 $y=x-\xi$，则有

$$\int_{-\infty}^{\infty}f(x-\xi)\varphi(x)\mathrm{d}x=\int_{-\infty}^{\infty}f(y)\varphi(y+\xi)\mathrm{d}y$$

习惯上，将 $y$ 换写成 $x$，于是

$$\int_{-\infty}^{\infty}f(y)\varphi(y+\xi)\mathrm{d}y=\int_{-\infty}^{\infty}f(x)\varphi(x+\xi)\mathrm{d}x$$

由于 $\varphi(x+\xi)\in\mathcal{D}(\mathbf{R})$，故有

$$\int_{-\infty}^{\infty}f(x)\varphi(x+\xi)\mathrm{d}x=\langle f,\varphi(x+\xi)\rangle$$

这样，关于局部可积函数 $f$ 有

$$\langle f(x-\xi),\varphi\rangle=\langle f,\varphi(x+\xi)\rangle,\ \forall\varphi\in\mathcal{D}(\mathbf{R})$$

参考上面的讨论结果，定义一般广义函数的平移：

**定义 5.5**　把广义函数 $f$ 右移 $\xi$ 个单位的结果记为 $f(x-\xi)$，$f(x-\xi)$ 仍然是广义函数，且

$$\langle f(x-\xi),\varphi\rangle=\langle f,\varphi(x+\xi)\rangle,\ \forall\varphi\in\mathcal{D}(\mathbf{R})$$

**例** 5.4　$\delta$ 函数右移 $\xi$ 个单位得广义函数 $\delta(x-\xi)$，计算得

$$\langle \delta(x-\xi),\varphi\rangle = \langle \delta,\varphi(x+\xi)\rangle = \varphi(\xi),\ \forall \varphi \in \mathcal{D}(\mathbf{R})$$

即 $\delta$ 函数右移 $\xi$ 个单位所得的广义函数 $\delta(x-\xi)$ 是使任何试验函数 $\varphi(x)$ 与它在 $x=\xi$ 处的函数值 $\varphi(\xi)$ 相对应的线性连续泛函.

**附注** 3　类似于定义 5.1 和定义 5.2，在引入 $C_0^\infty(\mathbf{R}^2)$ 及基本空间 $\mathcal{D}(\mathbf{R}^2)$ 后，可定义二元广义函数 $f$ 是线性连续泛函：

$$f:\mathcal{D}(\mathbf{R}^2)\to\mathbf{R}$$

$\mathcal{D}(\mathbf{R}^2)$ 上广义函数的全体记为 $\mathcal{D}'(\mathbf{R}^2)$. 在引入 $C_0^\infty(\mathbf{R}^n)$ 及基本空间 $\mathcal{D}(\mathbf{R}^n)$ 后，可定义 $n$ 元广义函数 $f$ 是线性连续泛函：

$$f:\mathcal{D}(\mathbf{R}^n)\to\mathbf{R}$$

$n$ 为有限正整数，$\mathcal{D}(\mathbf{R}^n)$ 上广义函数的全体记为 $\mathcal{D}'(\mathbf{R}^n)$. 同样，我们也可以类似地得到 $n$ 元广义函数的运算性质.

由于在后面的讨论中会涉及二元 $\delta$ 函数及其平移 $\delta(x-\xi,y-\eta)$，故在这里我们做简短介绍.

二元 $\delta$ 函数满足：

$$\langle \delta,\varphi\rangle = \varphi(0,0),\ \forall \varphi \in \mathcal{D}(\mathbf{R}^2)$$

$$\langle \delta(x-\xi,y-\eta),\varphi\rangle = \varphi(\xi,\eta),\ \forall \varphi \in \mathcal{D}(\mathbf{R}^2)$$

且不难验证

$$\delta(x-\xi,y-\eta) = \delta(x-\xi)\otimes\delta(y-\eta)$$

其中 $\delta(x-\xi)\otimes\delta(y-\eta)$ 是两个广义函数的张量积（或直积），

$$\langle \delta(x-\xi)\otimes\delta(y-\eta),\varphi(x,y)\rangle = \langle \delta(x-\xi),\langle \delta(y-\eta),\varphi(x,y)\rangle\rangle$$

事实上，对于任何试验函数 $\varphi(x,y)\in\mathcal{D}(\mathbf{R}^2)$，当 $x$ 任意固定时，作为 $y$ 的函数 $\varphi(x,y)\in\mathcal{D}(\mathbf{R})$，故

$$\langle \delta(y-\eta),\varphi(x,y)\rangle = \varphi(x,\eta)$$

同样，作为 $x$ 的函数 $\varphi(x,\eta)\in\mathcal{D}(\mathbf{R})$，有

$$\langle \delta(x-\xi),\varphi(x,\eta)\rangle = \varphi(\xi,\eta)$$

所以，我们得

$$\begin{aligned}&\langle \delta(x-\xi),\langle \delta(y-\eta),\varphi(x,y)\rangle\rangle\\ &= \varphi(\xi,\eta) = \langle \delta(x-\xi,y-\eta),\varphi(x,y)\rangle,\ \forall \varphi(x,y)\in\mathcal{D}(\mathbf{R}^2)\end{aligned}$$

在偏微分方程的研究过程中引入广义函数的目的之一是求广义解，那么就必须引入广义函数的导数的概念.

**定义** 5.6　广义函数 $f$ 的导数也是广义函数，记为 $f'$，它满足：

$$\langle f',\varphi\rangle = -\langle f,\varphi'\rangle,\ \forall \varphi \in \mathcal{D}(\mathbf{R})$$

由于$\varphi \in \mathcal{D}(\mathbf{R})$,故$\varphi' \in \mathcal{D}(\mathbf{R})$,所以上式中的$f'$确实是一个广义函数.类似地可知

$$\langle f'',\varphi\rangle = -\langle f',\varphi'\rangle = (-1)^2\langle f,\varphi''\rangle$$

$$\langle f''',\varphi\rangle = (-1)^3\langle f,\varphi'''\rangle$$

$$\cdots$$

$$\langle f^{(n)},\varphi\rangle = (-1)^n\langle f,\varphi^{(n)}\rangle, n=1,2,\cdots$$

故任一广义函数都是无穷次可导的.

**例5.5** 设$f \in C^1(\mathbf{R})$,则作为广义函数$f$的导数$f'$就是$f$的普通导数$f'(x)$确定的广义函数.

**证明** 对于$\forall \varphi \in \mathcal{D}(\mathbf{R})$,由分部积分得

$$\begin{aligned}\langle f',\varphi\rangle &= -\langle f,\varphi'\rangle = -\int_{-\infty}^{\infty} f(x)\varphi'(x)\mathrm{d}x \\ &= -\int_{-\infty}^{\infty} f'(x)\varphi(x)\mathrm{d}x = \langle f'(x),\varphi\rangle\end{aligned}$$

**例5.6** 求 Heaviside 函数

$$H(x) = \begin{cases}1, & x \geqslant 0 \\ 0, & x < 0\end{cases}$$

的广义导数.

**解** 对于$\forall \varphi \in \mathcal{D}(\mathbf{R})$,有

$$\begin{aligned}\langle H',\varphi\rangle &= -\langle H,\varphi'\rangle = -\int_{-\infty}^{\infty} H(x)\varphi'(x)\mathrm{d}x \\ &= -\int_{0}^{\infty} \varphi'(x)\mathrm{d}x = \varphi(0) = \langle \delta,\varphi\rangle\end{aligned}$$

所以 Heaviside 函数的广义导数为$\delta$函数.

**附注4** 类似地,我们可以定义$n$元广义函数的偏导数,设$f$是基本空间$\mathcal{D}(\mathbf{R}^n)$上的$n$元广义函数,定义$f$关于$x_k$的偏导数为广义函数$\frac{\partial f}{\partial x_k}$,它满足:

$$\left\langle \frac{\partial f}{\partial x_k},\varphi\right\rangle = -\left\langle f,\frac{\partial \varphi}{\partial x_k}\right\rangle, \forall \varphi \in \mathcal{D}(\mathbf{R}^n)$$

同样有

$$\left\langle \frac{\partial^2 f}{\partial x_k^2},\varphi\right\rangle = (-1)^2\left\langle f,\frac{\partial^2 \varphi}{\partial x_k^2}\right\rangle$$

$$\left\langle \frac{\partial^2 f}{\partial x_j \partial x_k},\varphi\right\rangle = (-1)^2\left\langle f,\frac{\partial^2 \varphi}{\partial x_j \partial x_k}\right\rangle$$

对于重指标$\alpha$,

$$\langle \partial^{\alpha} f,\varphi\rangle = (-1)^{|\alpha|}\langle T,\partial^{\alpha}\varphi\rangle,\ \forall \varphi \in \mathcal{D}(\mathbf{R}^{n})$$

多元广义函数的导数与它求导的次序无关,例如,就二阶导数而言,有

$$\frac{\partial^2 f}{\partial x_j \partial x_k} = \frac{\partial^2 f}{\partial x_k \partial x_j}$$

这是因为对 $\forall \varphi \in \mathcal{D}(\mathbf{R}^n)$ 成立

$$\langle \frac{\partial^2 f}{\partial x_j \partial x_k},\varphi\rangle = \langle f,\frac{\partial^2 \varphi}{\partial x_j \partial x_k}\rangle = \langle f,\frac{\partial^2 \varphi}{\partial x_k \partial x_j}\rangle = \langle \frac{\partial^2 f}{\partial x_k \partial x_j},\varphi\rangle$$

在第 4 章中,我们曾对两个实数集 $\mathbf{R}$ 上的函数 $f(x)$,$g(x)$ 定义卷积为

$$f(x) * g(x) = \int_{-\infty}^{\infty} f(t)g(x-t)\,\mathrm{d}t$$

当 $x,t$ 在 $\mathbf{R}^n$ 中变化时,也可以定义卷积为

$$f(x) * g(x) = \int_{\mathbf{R}^n} f(t)g(x-t)\,\mathrm{d}t$$

如果将 $f(x) * g(x)$ 视为 $\mathcal{D}'(\mathbf{R}^n)$ 中的广义函数,作用于 $\mathcal{D}(\mathbf{R}^n)$ 函数 $\varphi(x)$ 上,则有

$$\begin{aligned}\langle f(x) * g(x),\varphi(x)\rangle &= \int_{\mathbf{R}^n}\left[\varphi(x)\cdot\int_{\mathbf{R}^n} f(t)g(x-t)\,\mathrm{d}t\right]\mathrm{d}x\\ &= \int_{\mathbf{R}^n}\left[\int_{\mathbf{R}^n}\varphi(x+t)f(t)g(x)\,\mathrm{d}t\right]\mathrm{d}x\\ &= \int_{\mathbf{R}^n}\left[g(x)\int_{\mathbf{R}^n}\varphi(x+t)f(t)\,\mathrm{d}t\right]\mathrm{d}x\\ &= \langle g(x),\langle f(t),\varphi(x+t)\rangle\rangle\end{aligned}$$

因此,我们定义两个广义函数 $f,g$ 的卷积为

$$\langle f * g,\varphi\rangle = \langle g_x,\langle f_t,\varphi(x+t)\rangle\rangle$$

这里 $f,g$ 的下标 $t,x$ 表示它们是作用在 $\mathcal{D}(\mathbf{R}_t^n)$ 与 $\mathcal{D}(\mathbf{R}_x^n)$ 上的广义函数.

关于两个广义函数卷积的具体内容是比较复杂的,根据我们课程的内容要求,读者掌握下面 3 个性质即可:

(1)若两个广义函数 $f$ 与 $g$ 的卷积存在,则

$$f * g = g * f$$

(2)
$$\delta * f = f$$

因为对任一 $\varphi \in \mathcal{D}(\mathbf{R}^n)$,有

$$\begin{aligned}\langle \delta * f,\varphi\rangle &= \langle f_x,\langle \delta_t,\varphi(x,t)\rangle\rangle\\ &= \langle f_x,\varphi(x)\rangle = [f,\varphi]\end{aligned}$$

(3)
$$\partial_k(f * g) = (\partial_k f) * g = f * (\partial_k g)$$

其中 $\partial_k$ 是某种微分算子.

在第 4 章中,我们还给出了经典的 Fourier 变换的定义. 现在有了广义函数理论作为基础,就可以去掉在定义与应用中对函数所加的一些限制,从而使 Fourier 变换成为更灵活与有力的工具. 针对广义函数的 Fourier 变换定义如下.

**定义** 5.7　对于任一 $\mathscr{D}'(\mathbf{R}^n)$ 的广义函数 $f$,定义它的 Fourier 变换为

$$\langle \hat{f},\varphi\rangle = \langle f,\hat{\varphi}\rangle,\ \forall\varphi\in\mathscr{D}(\mathbf{R}^n)$$

可以证明,如果 $f$ 是 $\mathbf{R}^n$ 上绝对可积函数,那么,上述定义与经典 Fourier 变换的定义一致.

**附注** 5　把 $\mathbf{R}$ 换成任意 $(a,b)\in\mathbf{R}$,或把 $\mathbf{R}^n$ 换成任意 $\Omega\in\mathbf{R}^n$,可完全类似地定义基本空间 $\mathscr{D}(a,b)$ 或 $\mathscr{D}(\Omega)$ 以及相应的广义函数空间 $\mathscr{D}'(a,b)$ 或 $\mathscr{D}'(\Omega)$,本节中有关 $\mathscr{D}'(\mathbf{R})$ 或 $\mathscr{D}'(\mathbf{R}^n)$ 广义函数的讨论都可以对 $\mathscr{D}'(a,b)$ 或 $\mathscr{D}'(\Omega)$ 广义函数同样地进行.

## 5.2　热传导方程的基本解

本节讨论热传导方程的基本解的相关内容,考察如何在偏微分方程理论中应用广义函数知识.

### 5.2.1　基本解的概念

已知一个阶数不高于 2 的常系数微分方程

$$Lu = \sum_{i,j=1}^{n} a_{ij}\frac{\partial^2 u}{\partial x_i\partial x_j} + \sum_{i=1}^{n} b_i\frac{\partial u}{\partial x_i} + cu = 0 \tag{5.2.1}$$

其中 $b_i$ 不全为零. 如果能够找到一个广义函数 $E\in\mathscr{D}'(\mathbf{R}^n)$,使

$$LE=\delta$$

成立,则称 $E$ 为微分方程(5.2.1)的基本解,或微分算子 $L$ 的基本解.

如果已经知道了微分方程(5.2.1)的基本解,则对于一般的非齐次方程

$$Lu=f \tag{5.2.2}$$

的解往往可以通过卷积方法得到. 因为 $E*f$ 存在,则由卷积的性质可得

$$L(E*f)=(LE)*f=\delta*f=f$$

所以 $E*f$ 就是方程(5.2.2)的解. 由此可以看出基本解的重要性.

微分方程(5.2.1)的基本解可能很多,若 $E$ 是(5.2.1)的一个基本解,而 $F$ 是(5.2.1)的任意解,则

$$L(E+F)=LE+LF=\delta+0=\delta$$

所以 $E+F$ 也是(5.2.1)的一个基本解.

**例 5.8**　Heabiside 函数 $H(x)$ 满足

$$\frac{\mathrm{d}H}{\mathrm{d}x}=\delta$$

故 $H(x)$ 是方程 $\frac{\mathrm{d}y}{\mathrm{d}x}=0$ 的一个基本解.

**例 5.9**　求方程

$$\frac{\mathrm{d}y}{\mathrm{d}x}+ay=0, a>0$$

的一个基本解.

**解**　考虑方程

$$\frac{\mathrm{d}E}{\mathrm{d}x}+aE=\delta$$

在上式两边乘以 $\mathrm{e}^{ax}$,得

$$\frac{\mathrm{d}}{\mathrm{d}x}(E\mathrm{e}^{ax})=\mathrm{e}^{ax}\delta \tag{5.2.3}$$

由于对 $\forall\varphi(x)\in\mathcal{D}(\mathbf{R})$,有

$$\langle \mathrm{e}^{ax}\delta,\varphi(x)\rangle=\langle\delta,\mathrm{e}^{ax}\varphi(x)\rangle=\mathrm{e}^{ax}\varphi(x)\big|_{x=0}=\varphi(0)=\langle\delta,\varphi(x)\rangle$$

所以 $\mathrm{e}^{ax}\delta=\delta$,于是(5.2.3)化为

$$\frac{\mathrm{d}}{\mathrm{d}x}(E\mathrm{e}^{ax})=\delta$$

从而可取

$$E\mathrm{e}^{ax}=H(x)$$

所以

$$E=\mathrm{e}^{-ax}H(x)$$

就是原方程的一个基本解.

### 5.2.2　热传导方程的基本解

考查齐次热传导方程:

$$\frac{\partial u}{\partial t}-a^2\frac{\partial^2 u}{\partial x^2}=0, -\infty<x<\infty, t>0 \tag{5.2.4}$$

方程(5.2.4)的基本解 $E(x,t)$ 满足

$$\frac{\partial E}{\partial t}-a^2\frac{\partial^2 E}{\partial x^2}=\delta(t,x) \tag{5.2.5}$$

由于 $\delta(t,x)=\delta(t)\otimes\delta(x)$，而 $\delta(x)$ 的 Fourier 变换为 1，故在(5.2.5)两边关于 $x$ 取 Fourier 变换后有

$$\frac{\mathrm{d}\hat{E}}{\mathrm{d}t}+a^2\lambda^2\hat{E}=\delta(t)$$

利用例 5.2 的结果得

$$\hat{E}=\mathrm{e}^{-a^2\lambda^2 t}H(t)$$

再求 $\hat{E}$ 关于 $\lambda$ 的 Fourier 逆变换，根据 $\mathrm{e}^{-a^2\lambda^2 t}$ 的 Fourier 逆变换为 $\frac{1}{2a\sqrt{\pi t}}\mathrm{e}^{-\frac{x^2}{4a^2t}}$，知热传导方程(5.2.4)的基本解为

$$E(x,t)=\frac{1}{2a\sqrt{\pi t}}\mathrm{e}^{-\frac{x^2}{4a^2t}}H(t)=\begin{cases}\frac{1}{2a\sqrt{\pi t}}\mathrm{e}^{-\frac{x^2}{4a^2t}}, & t>0\\ 0, & t\leqslant 0\end{cases}$$

现在我们介绍热传导方程初值问题的基本解. 考查热传导方程初值问题：

$$\begin{cases}\frac{\partial u}{\partial t}-a^2\frac{\partial^2 u}{\partial x^2}=0, & -\infty<x<\infty, t>0\\ u(x,0)=\varphi(x), & -\infty<x<\infty\end{cases}\tag{5.2.6}$$

我们称满足初值问题

$$\begin{cases}\frac{\partial E}{\partial t}-a^2\frac{\partial^2 E}{\partial x^2}=0, & -\infty<x<\infty, t>0\\ E(x,0)=\delta(x), & -\infty<x<\infty\end{cases}\tag{5.2.7}$$

的解为初值问题(5.2.6)的基本解.

如果(5.2.7)的解是 $E(x,t)$，则初值问题(5.2.6)的解为

$$u(x,t)=E(x,t)*\varphi(x)$$

这里卷积是在 $x$ 的变化范围$(-\infty,\infty)$中进行的. 事实上

$$\begin{aligned}\frac{\partial u}{\partial t}-a^2\frac{\partial^2 u}{\partial x^2}&=\left(\frac{\partial}{\partial t}-a^2\frac{\partial^2}{\partial x^2}\right)(E(x,t)*\varphi(x))\\&=\left[\left(\frac{\partial}{\partial t}-a^2\frac{\partial^2}{\partial x^2}\right)E(x,t)\right]*\varphi(x)\\&=\left[\frac{\partial E(x,t)}{\partial t}-a^2\frac{\partial^2 E(x,t)}{\partial x^2}\right]*\varphi(x)\\&=0*\varphi(x)=0\end{aligned}$$

$$u(x,0)=E(x,0)*\varphi(x)=\delta(x)*\varphi(x)=\varphi(x)$$

现对(5.2.7)两式两边均取 Fourier 变换,得

$$\begin{cases}\dfrac{d\hat{E}}{dt}+a^2\lambda^2\hat{E}=0\\ \hat{E}\big|_{t=0}=1\end{cases}$$

解得

$$\hat{E}(\lambda,t)=\mathrm{e}^{-a^2\lambda^2 t}$$

求其逆变换,即得热传导方程初值问题(5.2.6)的基本解为

$$E(x,t)=\frac{1}{2a\sqrt{\pi t}}\mathrm{e}^{-\frac{x^2}{4a^2t}}$$

从而热传导方程初值问题(5.2.6)的解为

$$u(x,t)=E(x,t)*\varphi(x)=\frac{1}{2a\sqrt{\pi t}}\int_{-\infty}^{\infty}\varphi(\xi)\mathrm{e}^{-\frac{(x-\xi)^2}{4a^2t}}\mathrm{d}\xi$$

对于非齐次热传导方程初值问题

$$\begin{cases}\dfrac{\partial u}{\partial t}-a^2\dfrac{\partial^2 u}{\partial x^2}=f(x,t), & -\infty<x<\infty,t>0\\ u(x,0)=\varphi(x), & -\infty<x<\infty\end{cases}\tag{5.2.8}$$

可以分解为初值问题(5.2.6)与

$$\begin{cases}\dfrac{\partial u}{\partial t}-a^2\dfrac{\partial^2 u}{\partial x^2}=f(x,t), & -\infty<x<\infty,t>0\\ u(x,0)=0, & -\infty<x<\infty\end{cases}\tag{5.2.9}$$

(5.2.9)的解为

$$\begin{aligned}u(x,t)&=E(x,t)*f(x,t)\\&=\int_0^t\int_{-\infty}^{\infty}f(\xi,\tau)E(x-\xi,t-\tau)\mathrm{d}\xi\mathrm{d}\tau\\&=\frac{1}{2a\sqrt{\pi}}\int_0^t\int_{-\infty}^{\infty}\frac{f(\xi,\tau)}{\sqrt{t-\tau}}\mathrm{e}^{-\frac{(x-\xi)^2}{4a^2(t-\tau)}}\mathrm{d}\xi\mathrm{d}\tau\end{aligned}$$

故非齐热传导方程初值问题的解为

$$u(x,t)=\frac{1}{2a\sqrt{\pi t}}\int_{-\infty}^{\infty}\varphi(\xi)\mathrm{e}^{-\frac{(x-\xi)^2}{4a^2t}}\mathrm{d}\xi+\frac{1}{2a\sqrt{\pi}}\int_0^t\int_{-\infty}^{\infty}\frac{f(\xi,\tau)}{\sqrt{t-\tau}}\mathrm{e}^{-\frac{(x-\xi)^2}{4a^2(t-\tau)}}\mathrm{d}\xi\mathrm{d}\tau$$

容易看到,这里的求解结果与第 4 章的结果一致. 但是,这里的推导过程不再是形式的,得到的结果也不仅仅是形式解.

### 5.2.3 基本解的物理意义

在非齐次热传导方程

$$\frac{\partial u}{\partial t}-a^2\frac{\partial^2 u}{\partial x^2}=f(x,t),\ -\infty<x<\infty,t>0 \tag{5.2.10}$$

中,右端表示无穷杆上的热量强度,由此可见,热传导方程

$$\frac{\partial u}{\partial t}-a^2\frac{\partial^2 u}{\partial x^2}=\delta(x-\xi,t-\tau),\ -\infty<x<\infty,t>0$$

描述在时刻 $t=\tau$ 一刹那在位置 $x=\xi$ 处放出一个单位引起的温度分布. 假设在时刻 $\tau$ 以前杆上各点的温度为零,则这一单位热量引起的温度分布就是基本解

$$\begin{aligned}E(x,t;\xi,\tau)&=\frac{1}{2a\sqrt{\pi(t-\tau)}}\mathrm{e}^{-\frac{(x-\xi)^2}{4a^2(t-\tau)}}\cdot H(t-\tau)\\&=\begin{cases}\dfrac{1}{2a\sqrt{\pi(t-\tau)}}\mathrm{e}^{-\frac{(x-\xi)^2}{4a^2(t-\tau)}}, & t>\tau\\ 0, & t\leqslant\tau\end{cases}\end{aligned}$$

所以,若在 $t<0$ 时存在一个连续分布的热源 $f(x,t)$ 时,从物理上来看,(5.2.10)的解自然应该是

$$\int_0^t\int_{-\infty}^{\infty}\frac{1}{2a\sqrt{\pi(t-\tau)}}\mathrm{e}^{-\frac{(x-\xi)^2}{4a^2(t-\tau)}}f(\xi,\tau)\,\mathrm{d}\xi\mathrm{d}\tau$$

再看热传导方程初值问题的基本解,(5.2.7)的解表示初始时刻有一集中在原点处的单位热量在空间中产生的温度分布为$\frac{1}{2a\sqrt{\pi t}}\mathrm{e}^{-\frac{x^2}{4a^2t}}$,如果是在 $t=\tau$ 时刻突然出现一个集中在 $x=\xi$ 处的单位热源,那么相应的初值问题的基本解就应该是

$$\frac{1}{2a\sqrt{\pi(t-\tau)}}\mathrm{e}^{-\frac{(x-\xi)^2}{4a^2(t-\tau)}}$$

## 5.3 初值问题解的适定性

本节讨论热传导方程初值问题:

$$\begin{cases}\dfrac{\partial u}{\partial t}-a^2\dfrac{\partial^2 u}{\partial x^2}=f(x,t), & -\infty<x<\infty,t>0 \quad (5.3.1)\\ u(x,0)=\varphi(x), & -\infty<x<\infty \quad (5.3.2)\end{cases}$$

解的适应性.

### 5.3.1 解的存在性

在上一章我们利用 Fourier 变换的方法得到了初值问题(5.3.1)、(5.3.2)的解为

$$u(x,t) = \frac{1}{2a\sqrt{\pi t}}\int_{-\infty}^{\infty}\varphi(\xi)\mathrm{e}^{-\frac{(x-\xi)^2}{4a^2t}}\mathrm{d}\xi + \frac{1}{2a\sqrt{\pi}}\int_0^t\int_{-\infty}^{\infty}\frac{f(\xi,\tau)}{\sqrt{t-\tau}}\mathrm{e}^{-\frac{(x-\xi)^2}{4a^2(t-\tau)}}\mathrm{d}\xi\mathrm{d}\tau \tag{5.3.3}$$

在 $f(x,t)=0$ 时,公式(5.3.3)通常称为 Poisson 公式.

在推导过程中,由于预先不知道 $u$ 是否满足进行 Fourier 变换及有关运算的条件,所以得出的解(5.3.3)只是形式解. 为了验证(5.3.3)确实是(5.3.1)、(5.3.2)的解,需要对自由项 $f(x,t)$ 及初始条件 $\varphi(x)$ 进行约束. 下面我们首先对齐次方程的情形进行验证,即 $\varphi(x)$ 在连续且有界的条件下

$$u(x,t) = \frac{1}{2a\sqrt{\pi t}}\int_{-\infty}^{\infty}\varphi(\xi)\mathrm{e}^{-\frac{(x-\xi)^2}{4a^2t}}\mathrm{d}\xi\ (\text{Poisson 公式}) \tag{5.3.4}$$

满足

$$\frac{\partial u}{\partial t} - a^2\frac{\partial^2 u}{\partial x^2} = 0 \tag{5.3.5}$$

及(5.3.2).

设 $|\varphi(x)| \leqslant M$,则由(5.3.4)得

$$|u(x,t)| \leqslant \frac{1}{2a\sqrt{\pi t}}\int_{-\infty}^{\infty}M\mathrm{e}^{-\frac{(x-\xi)^2}{4a^2t}}\mathrm{d}\xi = M\frac{1}{\sqrt{\pi}}\int_{-\infty}^{\infty}\frac{1}{2a\sqrt{t}}\mathrm{e}^{-\frac{(x-\xi)^2}{4a^2t}}\mathrm{d}\xi$$

$$= M\frac{1}{\sqrt{\pi}}\int_{-\infty}^{\infty}\mathrm{e}^{-\eta^2}\mathrm{d}\eta = M \quad (\text{令 } \eta = \frac{\xi - x}{2a\sqrt{t}})$$

故(5.3.4)中积分收敛,且 $u(x,t)$ 有界.

在(5.3.4)中 $\frac{1}{2a\sqrt{\pi t}}\mathrm{e}^{-\frac{(x-\xi)^2}{4a^2t}}$ 在 $t>0$ 时满足方程(5.3.5),因此只需说明(5.3.4)的积分对 $x$ 和 $t$ 的求导运算可以在积分号内进行,而(5.3.4)的积分限是无穷的,为了保证越过积分号求导的可行性,必须证明在积分号内求导后所得的积分是一致收敛的. 以对 $x$ 的一阶偏导为例,在积分号内对 $x$ 求一阶偏导得积分

$$\frac{1}{2a\sqrt{\pi}}\int_{-\infty}^{\infty}\frac{-(x-\xi)\varphi(\xi)}{2a^2t^{\frac{3}{2}}}\mathrm{e}^{-\frac{(x-\xi)^2}{4a^2t}}\mathrm{d}\xi$$

它在 $t>0$ 时总是一致收敛的. 所以当 $t>0$ 时有

$$\frac{\partial u(x,t)}{\partial x}=\frac{1}{2a\sqrt{\pi}}\int_{-\infty}^{\infty}\frac{-(x-\xi)\varphi(\xi)}{2a^2t^{\frac{3}{2}}}e^{-\frac{(x-\xi)^2}{4a^2t}}d\xi$$

成立. 同理可以证明(5.3.4)中的积分对 $x$ 的二阶偏导及对 $t$ 的一阶偏导都可在积分号内进行,所以当 $t>0$ 时由(5.3.4)表达的函数 $u(x,t)$ 满足方程(5.3.5).

接下来,说明由(5.3.4)表达的函数 $u(x,t)$ 满足初始条件(5.3.2). 为此要证明对任何 $x_0$,当 $t\to 0, x\to x_0$ 时 $u(x,t)\to\varphi(x_0)$,即要证明对任意给定的 $\varepsilon>0$,存在 $\delta>0$,使得当 $|x-x_0|<\delta, t<\delta$ 时,有

$$|u(x,t)-\varphi(x_0)|<\varepsilon$$

成立. 在(5.3.4)中令 $\eta=\frac{\xi-x}{2a\sqrt{t}}$,则

$$u(x,t)=\frac{1}{\sqrt{\pi}}\int_{-\infty}^{\infty}\varphi(x+2a\sqrt{t}\eta)e^{-\eta^2}d\eta$$

又知 $\varphi(x_0)=\frac{1}{\sqrt{\pi}}\int_{-\infty}^{\infty}\varphi(x_0)e^{-\eta^2}d\eta$,从而

$$u(x,t)-\varphi(x_0)=\frac{1}{\sqrt{\pi}}\int_{-\infty}^{\infty}[\varphi(x+2a\sqrt{t}\eta)-\varphi(x_0)]e^{-\eta^2}d\eta$$

对已给定 $\varepsilon>0$,取 $N$ 充分大,使

$$\frac{1}{\sqrt{\pi}}\int_{N}^{\infty}e^{-\eta^2}d\eta<\frac{\varepsilon}{6M},\frac{1}{\sqrt{\pi}}\int_{-\infty}^{N}e^{-\eta^2}d\eta<\frac{\varepsilon}{6M}$$

固定 $N$,由 $\varphi(x)$ 的连续性,可找到 $\delta>0$,使当 $|x-x_0|<\delta, t<\delta$ 时成立

$$\left|\varphi(x+2a\sqrt{t}\eta)-\varphi(x_0)\right|<\frac{\varepsilon}{3},\ -N<\eta<N$$

因此

$$\begin{aligned}|u(x,t)-\varphi(x_0)|&=\left|\frac{1}{\sqrt{\pi}}\int_{-\infty}^{\infty}[\varphi(x+2a\sqrt{t}\eta)-\varphi(x_0)]e^{-\eta^2}d\eta\right|\\&\leqslant\frac{1}{\sqrt{\pi}}\int_{-N}^{N}\left|\varphi(x+2a\sqrt{t}\eta)-\varphi(x_0)\right|e^{-\eta^2}d\eta+\\&\quad\frac{2M}{\sqrt{\pi}}\int_{-\infty}^{N}e^{-\eta^2}d\eta+\frac{2M}{\sqrt{\pi}}\int_{N}^{\infty}e^{-\eta^2}d\eta\\&<\frac{\varepsilon}{3}\frac{1}{\sqrt{\pi}}\int_{-N}^{N}e^{-\eta^2}d\eta+4M\frac{\varepsilon}{6M}\\&\leqslant\frac{\varepsilon}{3}+\frac{2\varepsilon}{3}=\varepsilon\end{aligned}$$

所以由(5.3.4)表达的函数 $u(x,t)$ 满足初始条件(5.3.2),由(5.3.4)表达的函数是齐次方程初值问题的解.

要验证由(5.3.3)表达的函数 $u(x,t)$ 是初值问题(5.3.1)、(5.3.2)的解,只需验证(5.3.3)的第二项满足

$$\begin{cases}\dfrac{\partial u}{\partial t}-a^2\dfrac{\partial^2 u}{\partial x^2}=f(x,t), & -\infty<x<\infty,t>0\\ u(x,0)=0, & -\infty<x<\infty\end{cases}\tag{5.3.6}$$

即可. 为此,要求 $f(x,t)$ 在 $(-\infty,\infty)\times[0,T]$ 上连续且有界,这里 $T$ 是任一正数,记(5.3. 3)的第二项关于 $\tau$ 的被积函数为 $w$,即

$$w=\int_{-\infty}^{\infty}\frac{f(\xi,\tau)}{\sqrt{t-\tau}}e^{-\frac{(x-\xi)^2}{4a^2(t-\tau)}}d\xi$$

类似齐次方程初值问题的讨论,$w$ 满足

$$\begin{cases}\dfrac{\partial w}{\partial t}-a^2\dfrac{\partial^2 w}{\partial x^2}=0, & -\infty<x<\infty,t>\tau\\ w(x,\tau)=f(x,\tau), & -\infty<x<\infty\end{cases}$$

再记(5.3.3)的第二项为 $v$,即

$$v=\int_0^t w(x,\tau)d\tau$$

则有

$$\frac{\partial v}{\partial t}=w(x,t)+\int_0^t\frac{\partial w}{\partial t}d\tau$$

$$\frac{\partial^2 v}{\partial x^2}=\int_0^t\frac{\partial^2 w}{\partial x^2}d\tau$$

从而

$$\begin{aligned}\frac{\partial v}{\partial t}&=a^2\frac{\partial^2 v}{\partial x^2}+w+\int_0^t\frac{\partial w}{\partial t}d\tau-a^2\int_0^t\frac{\partial^2 w}{\partial x^2}d\tau\\&=a^2\frac{\partial^2 v}{\partial x^2}+f(x,t)+\int_0^t\left(\frac{\partial w}{\partial t}-a^2\frac{\partial^2 w}{\partial x^2}\right)d\tau\\&=a^2\frac{\partial^2 v}{\partial x^2}+f(x,t)\end{aligned}$$

又在 $t=0$ 时, $v(x,0)=\left.\int_0^t w(x,\tau)d\tau\right|_{t=0}=0$, 所以(5. 3. 3)的第二项满足(5.3.6).

综上,我们有:

**定理** 5.1　若 $\varphi(x)\in C(-\infty,\infty)$ 且有界,$f(x,t)\in C((-\infty,\infty)\times$

$[0,T]$）且有界，则由(5.3.3)表达的函数 $u(x,t)$ 是初值问题(5.3.1)、(5.3.2)的有界解.

## 5.3.2　极值原理

物理上，在研究扩散、传导等现象时，人们发现在初始时刻或物体的边界上的“状态”往往是整个物理系统运行中的“极值”状态. 以热传导为例，假设物体内部没有“热源”，在热传导过程中，如果物体的初始温度和边界温度都不超过某个值 $M$，那么物体内就不可能产生大于 $M$ 的温度，因此物体的最高温度总是在初始时刻或物体的边界上达到. 当然，如果物体的初始温度和边界温度都不低于某个值 $M$，那么物体内就不可能产生小于 $M$ 的温度，因此物体的最低温度也总是在初始时刻或物体的边界上达到. “极值原理”就是反映这种现象的数学描述.

在这一小节，我们考查热传导方程

$$Lu=\frac{\partial u}{\partial t}-a^2\frac{\partial^2 u}{\partial x^2}=f(x,t) \tag{5.3.7}$$

对应的极值原理.

记 $Q=\{(x,t)\mid 0<x<l,0<t\leqslant T\}$，$Q$ 的两个侧边 $\{(x,t)\mid x=0,0\leqslant t\leqslant T\}$，$\{(x,t)\mid x=l,0\leqslant t\leqslant T\}$ 与底边（$\{(x,t)\mid 0\leqslant x\leqslant l,t=0\}$）统称为 $Q$ 的抛物边界，记为 $\Gamma$.

**定理** 5.2（弱极值定理）　设 $u(x,t)\in C^{2,1}(Q)\cap C(\overline{Q})$ 且满足 $Lu=f\leqslant 0$ 于 $Q$，则 $u(x,t)$ 在 $\overline{Q}$ 上的最大值必在 $Q$ 的抛物边界 $\Gamma$ 上达到，即

$$\max_{\overline{Q}} u(x,t)=\max_{\Gamma} u(x,t)$$

这里 $C^{2,1}(Q)=\{u\mid u,u_t,u_x,u_{xx}\in C(Q)\}$.

**证明**　因为 $\overline{Q}$ 是有界闭集，而 $u\in C(\overline{Q})$，故 $u$ 在 $\overline{Q}$ 上的最大值存在. 下面分两种情况来证明最大值必在抛物边界 $\Gamma$ 上取到.

情形 1：$f(x,t)<0$. 此时，$u(x,t)$ 不能在 $Q$ 内取得最大值. 否则，存在某点 $(x_0,t_0)\in Q$，使得 $u(x_0,t_0)=\max\limits_{\overline{Q}} u(x,t)$. 现令 $\varphi(x)\equiv u(x,t_0)\ (0<x<l)$，$\psi(t)\equiv u(x_0,t)\ (0<t\leqslant T)$，则 $\varphi(x)$ 在 $x=x_0$ 取得最大值，$\psi(t)$ 在 $t=t_0$ 取得最大值，从而有

$$u_x(x_0,t_0)=\varphi'(x_0)=0$$
$$u_{xx}(x_0,t_0)=\varphi''(x_0)\leqslant 0$$
$$u_t(x_0,t_0)=\psi'(t_0)\geqslant 0$$

于是

$$f(x_0,t_0)=(u_t-a^2u_{xx})\big|_{(x_0,t_0)}\geqslant 0$$

与$f(x,t)<0$矛盾，所以$u(x,t)$在$\overline{Q}$上的最大值在$\Gamma$上取得，即$\max\limits_{\overline{Q}} u=\max\limits_{\Gamma} u$.

情形2：$f(x,t)\leqslant 0$（即一般情况）. 此时，通过适当的函数变换，可以化为情形1. 对任意的$\varepsilon>0$，令$v=u-\varepsilon t$，则$v\in C^{2,1}(Q)\cap C(\overline{Q})$，且$Lv=v_t-a^2v_{xx}=u_t-a^2u_{xx}-\varepsilon=f-\varepsilon<0$. 对$v$应用情形1的结论，就有

$$\max_{\overline{Q}} v=\max_{\Gamma} v$$

而

$$\max_{\overline{Q}} u=\max_{\overline{Q}}(v+\varepsilon t)\leqslant\max_{\overline{Q}} v+\max_{\overline{Q}}\varepsilon t\leqslant\max_{\Gamma} v+\varepsilon T$$

$$\max_{\Gamma} v=\max_{\Gamma}(u-\varepsilon t)\leqslant\max_{\Gamma} u+\varepsilon T$$

从而

$$\max_{\overline{Q}} u\leqslant\max_{\Gamma} u+2\varepsilon T$$

令$\varepsilon\to 0$，得到

$$\max_{\overline{Q}} u\leqslant\max_{\Gamma} u$$

另一方面，因为$\Gamma\subset\overline{Q}$，总有

$$\max_{\overline{Q}} u\geqslant\max_{\Gamma} u$$

所以

$$\max_{\overline{Q}} u=\max_{\Gamma} u$$

**推论 5.1**　设$u\in C^{2,1}(Q)\cap C(\overline{Q})$且满足$Lu=f\geqslant 0$于$Q$，则$u$在$\overline{Q}$上的最小值必在抛物边界$\Gamma$上取到，即

$$\min_{\overline{Q}} u=\min_{\Gamma} u$$

**证明**　令$v=-u$，则$v\in C^{2,1}(Q)\cap C(\overline{Q})$，且$Lv=f\leqslant 0$于$Q$，由定理5.2知，

$$\max_{\overline{Q}} v=\max_{\Gamma} v$$

即

$$\max_{\overline{Q}}(-u)=\max_{\Gamma}(-u)$$

而$\max\limits_{\overline{Q}}(-u)=-\min\limits_{\overline{Q}} u$，$\max\limits_{\Gamma}(-u)=-\min\limits_{\Gamma} u$，故

$$-\min_{\overline{Q}} u=-\min_{\Gamma} u$$

于是

$$\min_{\overline{Q}} u = \min_{\Gamma} u$$

综合定理 5.2 与推论 5.1,我们可以得到:

**推论 5.2**　设 $u \in C^{2,1}(Q) \cap C(\overline{Q})$ 且满足 $Lu = 0$ 于 $Q$,则 $u$ 在 $\overline{Q}$ 上的最大值与最小值必在抛物边界 $\Gamma$ 上取到.

**推论 5.3**　设 $u,v \in C^{2,1}(Q) \cap C(\overline{Q})$,且有 $Lu \leqslant Lv$ 于 $Q$,$u \leqslant v$ 于 $\Gamma$,则在 $\overline{Q}$ 上

$$u(x,t) \leqslant v(x,t)$$

**证明**　令 $w = u - v$,则 $Lw = Lu - Lv \leqslant 0$ 于 $Q$,$w \leqslant 0$ 于 $\Gamma$. 由定理 5.2,

$$\max_{\overline{Q}} w = \max_{\Gamma} w \leqslant 0$$

所以 $w \leqslant 0$ 于 $\overline{Q}$,即在 $\overline{Q}$ 上 $u(x,t) \leqslant v(x,t)$.

**附注**　可以证明,如果 $u$ 的最大值在 $Q$ 内的某点取到,则 $u$ 在 $\overline{Q}$ 上必恒等于常数. 这个结论较定理 5.2 更"强",所以我们称定理 5.2 为弱极值定理.

### 5.3.3　解的唯一性和稳定性

我们在 5.3.1 小节已经证明了当 $\varphi(x)$、$f(x,t)$ 连续有界时,由(5.3.3)表达的函数是初值问题(5.3.1)、(5.3.2)的有界解,那么这个初值问题是否还有其他的有界解? 现在我们就在有界函数类中讨论初值问题解的唯一性和稳定性.

**定理 5.6**　初值问题(5.3.1)、(5.3.2)在有界函数类中的解是唯一的,而且连续依赖于所给初始条件.

**证明**　先证明有界解的唯一性. 设 $u_1$ 和 $u_2$ 均是初值问题(5.3.1)、(5.3.2)的有界解,则 $u = u_1 - u_2$ 满足齐次方程

$$\frac{\partial u}{\partial t} - a^2 \frac{\partial^2 u}{\partial x^2} = 0$$

及 $u(x,0) \equiv 0$. 我们证明在整个区域

$$Q = \{(x,t) \mid -\infty < x < \infty, t \geqslant 0\}$$

上 $u(x,t) \equiv 0$ 即可. 由于 $u_1, u_2$ 是有界解,故 $u$ 必有界,设 $|u| < 2M$,其中 $M$ 是一固定正数. 但是因为区域 $Q$ 是无界的,函数 $u(x,t)$ 可能在任何地方都达不到它的最大值与最小值,因此我们不能直接利用上一小节的极值原理理论.

为了利用极值原理理论来证明唯一性,我们在区域 $Q$ 内任意取定一点$(x_0, t_0)$,$t_0 > 0$,考虑下面矩形区域

$$Q_0 = \{(x,t) \mid |x - x_0| \leqslant L, 0 \leqslant t \leqslant t_0\}$$

其中 $L$ 是一个任意正数. 做函数

$$v(x,t)=\frac{4M}{L^2}\left[\frac{(x-x_0)^2}{2}+a^2t\right]$$

它在区域 $Q_0$ 上连续，在 $Q_0$ 内部满足方程

$$\frac{\partial v}{\partial t}-a^2\frac{\partial^2 v}{\partial x^2}=0$$

且有

$$v(x,0)=\frac{2M(x-x_0)^2}{L^2}\geqslant 0=u(x,0)$$

$$v(x_0\pm L,t)\geqslant 2M\geqslant u(x_0\pm L,t)$$

因此在 $Q_0$ 的两个侧边及底边成立不等式

$$v(x,t)\geqslant u(x,t)$$

于是由推论 5.3 得上式在区域 $Q_0$ 上也成立，即有

$$\frac{4M}{L^2}\left[\frac{(x-x_0)^2}{2}+a^2t\right]\geqslant u(x,t)$$

同理可证，在区域 $Q_0$ 上有

$$-\frac{4M}{L^2}\left[\frac{(x-x_0)^2}{2}+a^2t\right]\leqslant u(x,t)$$

所以，在点 $(x_0,t_0)$ 上，有

$$|u(x_0,t_0)|\leqslant\frac{4M}{L^2}a^2t_0$$

由于 $L$ 是任意的，令 $L\to\infty$，就得到

$$u(x_0,t_0)=0$$

又因为 $(x_0,t_0)$ 是区域 $Q$ 内的任意一点，故在整个区域 $Q$ 中 $u(x,t)\equiv 0$，所以 $u_1\equiv u_2$，初值问题(5.3.1)、(5.3.2)的有界解是唯一的.

下面证明有界解连续依赖于所给的初始条件. 对任意给定的 $\varepsilon>0$，取 $\delta=\frac{\varepsilon}{2}$，只需证当两初始条件 $\varphi_1(x),\varphi_2(x)$ 满足 $|\varphi_1(x)-\varphi_2(x)|<\delta$ 时，对应的两解 $u_1(x,t),u_2(x,t)$ 之差 $u(x,t)=u_1(x,t)-u_2(x,t)$ 的绝对值 $|u(x,t)|<\varepsilon$. 做函数

$$w(x,t)=\frac{4M}{L^2}\left[\frac{(x-x_0)^2}{2}+a^2t\right]+\delta$$

同样，它在 $Q_0$ 上连续，在 $Q_0$ 内部满足

$$\frac{\partial w}{\partial t}-a^2\frac{\partial^2 w}{\partial x^2}=0$$

且

$$w(x,0)=\frac{2M(x-x_0)^2}{L^2}+\delta\geqslant u(x,0)$$

$$w(x_0\pm L,t)\geqslant 2M+\delta>u(x_0\pm L,t)$$

因此在 $Q_0$ 的两个侧边及底边成立不等式

$$w(x,t)\geqslant u(x,t)$$

于是由推论 5.3 得上式在区域 $Q_0$ 也成立,即有

$$\frac{4M}{L^2}\left[\frac{(x-x_0)^2}{2}+a^2t\right]+\delta\geqslant u(x,t)$$

同理可证,在区域 $Q_0$ 上有

$$-\frac{4M}{L^2}\left[\frac{(x-x_0)^2}{2}+a^2t\right]-\delta\leqslant u(x,t)$$

所以,在点 $(x_0,t_0)$ 上,有

$$|u(x_0,t_0)|\leqslant\frac{4M}{L^2}a^2t_0+\delta$$

由于 $L$ 是任意的,$(x_0,t_0)$ 是区域 $Q$ 内任意一点,令 $L\to\infty$,就得到

$$|u(x,t)|<\varepsilon$$

所以,对有界解来说,初值问题的稳定性也成立.

**附注**　不仅初值问题(5.3.1)、(5.3.2)在有界函数类内的解是唯一的,而且可以证明,若 $u(x,t)$ 满足增长条件:存在常数 $M>0$ 和 $N>0$,使得

$$|u(x,t)|<Me^{Nx^2},(x,t)\in Q$$

则初值问题(5.3.1)、(5.3.2)的解也是唯一的.必须指出的是,已有反例表明齐次初值问题(5.3.1)、(5.3.2)存在不满足增长条件的非零解.

# 5.4　混合问题解的适定性

## 5.4.1　混合问题的形式解

我们利用分离变量法来解如下的热传导方程混合问题:

$$\begin{cases}u_t-a^2u_{xx}=f(x,t), & 0<x<l,0<t\leqslant T\\ u(x,0)=\varphi(x), & 0\leqslant x\leqslant l\\ u(0,t)=u(l,t)=0, & 0\leqslant t\leqslant T\end{cases}\qquad(5.4.1)$$

其中 $T$ 是任意正数.

找可以变量分离形式的解

$$u(x,t)=X(x)T(t)$$

把它代入相应的齐次方程和边界条件,得特征值问题

$$\begin{cases}X''(x)+\lambda X(x)=0, & 0<x<l\\ X(0)=X(l)=0\end{cases}$$

解之得所有特征值

$$\lambda_n=\left(\frac{n\pi}{l}\right)^2, n=1,2,\cdots$$

与特征值 $\lambda_n$ 对应的特征函数

$$X_n(x)=\sin\frac{n\pi}{l}x, n=1,2,\cdots$$

把 $u(x,t)$、方程的非齐次项 $f(x,t)$ 和初值 $\varphi(x)$ 按特征函数系 $\left\{\sin\frac{n\pi}{l}x\right\}$ 展开:

$$u(x,t)=\sum_{n=1}^{\infty}T_n(t)\sin\frac{n\pi}{l}x \tag{5.4.2}$$

$$f(x,t)=\sum_{n=1}^{\infty}f_n(t)\sin\frac{n\pi}{l}x$$

$$\varphi(x)=\sum_{n=1}^{\infty}\varphi_n\sin\frac{n\pi}{l}x$$

由特征函数系 $\left\{\sin\frac{n\pi}{l}x\right\}$ 在区间 $[0,l]$ 上的正交性,可得

$$f_n(t)=\frac{2}{l}\int_0^l f(x,t)\sin\frac{n\pi}{l}x\mathrm{d}x \tag{5.4.3}$$

$$\varphi_n=\frac{2}{l}\int_0^l \varphi(x)\sin\frac{n\pi}{l}x\mathrm{d}x \tag{5.4.4}$$

把上述展开式代入问题(5.4.1)的方程和初始条件,由特征函数系 $\left\{\sin\frac{n\pi}{l}x\right\}$ 的完备性,得 $T_n(t)$ 适合下列常微分方程初值问题

$$\begin{cases}T'_n(t)+\left(\frac{n\pi a}{l}\right)^2T_n(t)=f_n(t)\\ T_n(0)=\varphi_n\end{cases}$$

解之得

$$T_n(t)=\varphi_n\mathrm{e}^{-\left(\frac{n\pi a}{l}\right)^2t}+\int_0^t f_n(\tau)\mathrm{e}^{-\left(\frac{n\pi a}{l}\right)^2(t-\tau)}\mathrm{d}\tau, n=1,2,\cdots \tag{5.4.5}$$

最后，把(5.4.3)、(5.4.4)代入(5.4.5)，再将(5.4.5)代入(5.4.2)就求得了非齐次方程混合问题(5.4.1)的形式解.

### 5.4.2　解的存在性

由上面推导过程得到的解只是形式解，我们需要验证它确实是解. 下面我们只对齐次方程的情形进行验证，即指出在 $\varphi(x)$ 满足相关条件下

$$u(x,t)=\sum_{n=1}^{\infty}\left[\frac{2}{l}\int_0^l\varphi(\xi)\sin\frac{n\pi\xi}{l}\mathrm{d}\xi\right]\mathrm{e}^{-\left(\frac{n\pi a}{l}\right)^2t}\sin\frac{n\pi x}{l}\tag{5.4.6}$$

满足

$$\begin{cases}u_t-a^2u_{xx}=0, & 0<x<l,0<t\leqslant T\\ u(x,0)=\varphi(x), & 0\leqslant x\leqslant l\\ u(0,t)=u(l,t)=0, & 0\leqslant t\leqslant T\end{cases}\tag{5.4.7}$$

**定理 5.3**　设 $\varphi(x)\in C^1[0,l]$，且 $\varphi(0)=\varphi(l)=0$，则由级数(5.4.6)确定的函数 $u(x,t)$ 是混合问题(5.4.7)的解.

**证明**　先证明形式解满足齐次方程. 由于 $\varphi(x)\in C^1[0,l]$，从而有界，于是存在 $M>0$，使得 $\varphi_n=\frac{2}{l}\int_0^l\varphi(\xi)\sin\frac{n\pi\xi}{l}\mathrm{d}\xi$ 的绝对值 $|\varphi_n|\leqslant M$，故对任意的 $t_0>0$，当 $t\geqslant t_0$ 时有

$$\left|\varphi_n\mathrm{e}^{-\left(\frac{n\pi a}{l}\right)^2t}\sin\frac{n\pi x}{l}\right|\leqslant M\mathrm{e}^{-\left(\frac{n\pi a}{l}\right)^2t_0}$$

而级数 $\sum_{n=1}^{\infty}\mathrm{e}^{-\left(\frac{n\pi a}{l}\right)^2t_0}$ 收敛，因此级数(5.4.6)在 $Q=\{(x,t)\mid 0\leqslant x\leqslant l,0<t\leqslant T\}$ 内一致收敛且绝对收敛，$u(x,t)$ 在 $Q$ 内连续.

级数(5.4.6)各项对 $t$ 求导，得

$$-\varphi_n\left(\frac{n\pi a}{l}\right)^2\mathrm{e}^{-\left(\frac{n\pi a}{l}\right)^2t}\sin\frac{n\pi x}{l},n=1,2,\cdots$$

当 $t\geqslant t_0$ 时，有

$$\left|-\varphi_n\left(\frac{n\pi a}{l}\right)^2\mathrm{e}^{-\left(\frac{n\pi a}{l}\right)^2t}\sin\frac{n\pi x}{l}\right|\leqslant M\left(\frac{n\pi a}{l}\right)^2\mathrm{e}^{-\left(\frac{n\pi a}{l}\right)^2t_0}$$

而级数 $\sum_{n=1}^{\infty}\left(\frac{n\pi a}{l}\right)^2\mathrm{e}^{-\left(\frac{n\pi a}{l}\right)^2t_0}$ 收敛，所以级数 $-\sum_{n=1}^{\infty}\varphi_n\left(\frac{n\pi a}{l}\right)^2\mathrm{e}^{-\left(\frac{n\pi a}{l}\right)^2t_0}\sin\frac{n\pi x}{l}$ 在区域 $Q$ 内一致收敛且绝对收敛，

$$u_t = -\sum_{n=1}^{\infty}\varphi_n\left(\frac{n\pi a}{l}\right)^2 \mathrm{e}^{-(\frac{n\pi a}{l})^2 t}\sin\frac{n\pi x}{l} \tag{5.4.8}$$

$u_t$ 在 $Q$ 内连续.

级数(5.4.6)各项对 $x$ 两次求导,得

$$-\varphi_n\left(\frac{n\pi}{l}\right)^2 \mathrm{e}^{-(\frac{n\pi a}{l})^2 t}\sin\frac{n\pi x}{l}, n=1,2,\cdots.$$

当 $t\geqslant t_0$ 时,有

$$\left|-\varphi_n\left(\frac{n\pi}{l}\right)^2 \mathrm{e}^{-(\frac{n\pi a}{l})^2 t}\sin\frac{n\pi x}{l}\right| \leqslant M\left(\frac{n\pi}{l}\right)^2 \mathrm{e}^{-(\frac{n\pi a}{l})^2 t_0}$$

而级数 $\sum\limits_{n=1}^{\infty}\left(\frac{n\pi}{l}\right)^2 \mathrm{e}^{-(\frac{n\pi a}{l})^2 t_0}$ 收敛,所以级数 $-\sum\limits_{n=1}^{\infty}\varphi_n\left(\frac{n\pi}{l}\right)^2 \mathrm{e}^{-(\frac{n\pi a}{l})^2 t}\sin\frac{n\pi x}{l}$ 在区域 $Q$ 内一致收敛且绝对收敛,

$$u_{xx} = -\sum_{n=1}^{\infty}\varphi_n\left(\frac{n\pi}{l}\right)^2 \mathrm{e}^{-(\frac{n\pi a}{l})^2 t}\sin\frac{n\pi x}{l} \tag{5.4.9}$$

$u_{xx}$ 在 $Q$ 内连续.

由(5.4.8)和(5.4.9)立即得到由(5.4.6)确定的函数 $u(x,t)$ 满足齐次方程

$$u_t - a^2 u_{xx} = 0$$

其次,证明由(5.4.6)确定的函数 $u(x,t)$ 满足定解条件. 对于初始条件,在定理的条件下,

$$\varphi(x) = \sum_{n=1}^{\infty}\varphi_n \sin\frac{n\pi x}{l}, 0\leqslant x\leqslant l$$

是一致收敛且绝对收敛的. 根据阿贝尔(Abel)判别法,上面级数的项与单调下降且一致有界的序列 $\{\mathrm{e}^{-(\frac{n\pi a}{l})^2 t}\}$ 的项的乘积所构成的级数对 $t$ 是一致收敛的. 因此级数(5.4.6)在区域 $\overline{Q}$ 上一致收敛,$u(x,t)$ 在 $\overline{Q}$ 上连续,所以

$$u(x,0)=\varphi(x)$$

对于边界条件,由于函数 $u(x,t)$ 在 $\overline{Q}$ 上连续,故函数 $u(x,t)$ 在 $x=0$ 和 $x=l$ 处都是连续的,所以对所有的 $t\geqslant 0$,都有

$$u(0,t)=u(l,t)=0$$

### 5.4.3 解的唯一性和稳定性

我们利用 5.3 节极值原理讨论热传导方程混合问题解的唯一性与稳定性. 考虑第一边值问题

$$\begin{cases}Lu=u_t-a^2u_{xx}=f, & (x,t)\in Q\\ u(x,0)=\varphi(x), & 0\leqslant x\leqslant l\\ u(0,t)=\alpha(t),u(l,t)=\beta(t), & 0\leqslant t\leqslant T\end{cases}\tag{5.4.10}$$

其中 $Q=\{(x,t)\mid 0<x<l,0<t\leqslant T\}$,$T$ 是任意正数.

**定理 5.4**　设 $u(x,t)\in C^{2,1}(Q)\cap C(\overline{Q})$ 是问题(5.4.10)的解,则

$$\max_{\overline{Q}}|u|\leqslant FT+B\tag{5.4.11}$$

其中 $F=\sup\limits_{Q}|f|,B=\max\{\sup\limits_{[0,l]}|\varphi|,\sup\limits_{[0,T]}|\alpha|,\sup\limits_{[0,T]}|\beta|\}$.

**证明**　做函数

$$v=Ft+B\pm u(x,t)$$

则 $v$ 满足

$$Lv=F\pm f\geqslant 0$$

在 $\Gamma$ 上

$$v|_{\Gamma}\geqslant B\pm u(x,t)\geqslant 0$$

由弱极值原理,在 $\overline{Q}$ 上 $v(x,t)\geqslant 0$,即 $Ft+B\pm u(x,t)\geqslant 0$,所以有(5.4.11)成立.

**定理 5.5**　混合问题(5.4.10)在 $C^{2,1}(Q)\cap C(\overline{Q})$ 中的解是唯一的.

**证明**　设 $u_1,u_2$ 均是初值问题(5.4.10)的解,令 $v=u_1-u_2$,则 $v$ 满足定解问题

$$\begin{cases}v_t-a^2v_{xx}=0, & (x,t)\in Q\\ v(x,0)=0, & 0\leqslant x\leqslant l\\ v(0,t)=0,v(l,t)=0, & 0\leqslant t\leqslant T\end{cases}$$

由定理 5.8 知,

$$\max_{\overline{Q}}|v|\leqslant 0$$

所以 $v=0,u_1=u_2$.

**定理 5.6**　混合问题(4.3.1)在 $C^{2,1}(Q)\cap C(\overline{Q})$ 中的解连续依赖于非齐次项 $f$,初值 $\varphi$ 与边值 $\alpha,\beta$.

**证明**　设 $u_1,u_2$ 分别是定解问题

$$\begin{cases}u_t-a^2u_{xx}=f_i, & (x,t)\in Q\\ u(x,0)=\varphi_i, & 0\leqslant x\leqslant l\\ u(0,t)=\alpha_i,u(l,t)=\beta_i, & 0\leqslant t\leqslant T\end{cases}$$

(其中 $i=1,2$)的解,令 $w=u_1-u_2$,则 $w$ 满足

$$\begin{cases} w_t - a^2 w_{xx} = f_1 - f_2, & (x,t) \in Q \\ w(x,0) = \varphi_1 - \varphi_2, & 0 \leqslant x \leqslant l \\ w(0,t) = \alpha_1 - \alpha_2, w(l,t) = \beta_1 - \beta_2, & 0 \leqslant t \leqslant T \end{cases}$$

对任意的 $\varepsilon > 0$，取 $\delta = \dfrac{\varepsilon}{T+1}$，当 $\sup\limits_{Q} |f_1 - f_2| < \delta$ 且 $\max\{\sup\limits_{[0,l]} |\varphi_1 - \varphi_2|, \sup\limits_{[0,T]} |\alpha_1 - \alpha_2|, \sup\limits_{[0,T]} |\beta_1 - \beta_2|\} < \delta$ 时，由定理 5.8 得

$$\max_{\overline{Q}} |w| < \varepsilon$$

所以 $|u_1 - u_2| < \varepsilon$ 于 $\overline{Q}$.

本节证明混合问题(5.4.10)解的唯一性和稳定性的方法称为最大模估计法，利用这种方法解决问题的关键是找到解 $u(x,t)$ 在整个区域 $\overline{Q}$ 上的最大模估计.

**附注 1**　在第 3 章中得到波动方程解的能量模估计(能量不等式)，并由此得到定解问题解的唯一性和稳定性，这种方法同样适用于热传导方程.

**附注 2**　利用极值原理理论，我们同样也可以得第二、第三边值问题的最大模估计.

# 5.5　半无界问题

通过第 4 章的学习，我们知道可以利用 Laplace 变换求解一些偏微分方程的半无界问题. 但本节我们利用更为基本方法——延拓法来解决热传导方程的半无界问题.

## 5.5.1　第一边值问题

求解第一边值问题

$$\begin{cases} u_t - a^2 u_{xx} = f(x,t), & 0 < x < \infty, t > 0 \\ u(0,t) = g(t), & t \geqslant 0 \\ u(x,0) = \varphi(x), & 0 \leqslant x < \infty \end{cases} \tag{5.5.1}$$

当 $g(t) \equiv 0$ 时，与第 3 章求解波动方程半无界问题类似，对 $\varphi$，$f$ 关于自变量 $x$ 做奇延拓. 令

$$\overline{\varphi}(x) = \begin{cases} \varphi(x), & x \geqslant 0 \\ -\varphi(-x), & x < 0 \end{cases}$$

$$\bar{f}(x,t)=\begin{cases}f(x,t),x\geqslant 0, & t\geqslant 0\\ -f(-x,t), & x<0,t\geqslant 0\end{cases}$$

则$\bar{\varphi}$,$\bar{f}$都是 $x$ 的奇函数.

求解初值问题

$$\begin{cases}\bar{u}_t-a^2\bar{u}_{xx}=\bar{f}(x,t), & -\infty<x<\infty,t>0\\ \bar{u}(x,0)=\bar{\varphi}(x),\end{cases}$$

得

$$\bar{u}(x,t)=\int_{-\infty}^{\infty}E(x-\xi,t)\bar{\varphi}(\xi)\mathrm{d}\xi+\int_0^t\Big[\int_{-\infty}^{\infty}E(x-\xi,t-\tau)\bar{f}(\xi,\tau)\mathrm{d}\xi\Big]\mathrm{d}\tau$$

其中

$$E(x,t)=\frac{1}{2a\sqrt{\pi t}}\mathrm{e}^{-\frac{x^2}{4a^2t}}$$

是热传导方程的基本解. 由于

$$\begin{aligned}\int_{-\infty}^{0}E(x-\xi,t)\bar{\varphi}(\xi)\mathrm{d}\xi&=\int_{-\infty}^{0}E(x-\xi,t)[-\varphi(-\xi)]\mathrm{d}\xi\\&=\int_{\infty}^{0}E(x+\eta,t)\varphi(\eta)\mathrm{d}\eta\end{aligned}$$

$$\begin{aligned}\int_{-\infty}^{0}E(x-\xi,t-\tau)\bar{f}(\xi,\tau)\mathrm{d}\xi&=\int_{-\infty}^{0}E(x-\xi,t-\tau)[-f(-\xi,\tau)]\mathrm{d}\xi\\&=\int_{\infty}^{0}E(x+\eta,t-\tau)f(\eta,\tau)\mathrm{d}\eta\end{aligned}$$

因此

$$\begin{aligned}\bar{u}(x,t)=&\int_0^{\infty}[E(x-\xi,t)-E(x+\xi,t)]\varphi(\xi)\mathrm{d}\xi+\\&\int_0^t\Big[\int_0^{\infty}[E(x-\xi,t-\tau)-E(x+\xi,t-\tau)]f(\xi,\tau)\mathrm{d}\xi\Big]\mathrm{d}\tau\end{aligned}\tag{5.5.2}$$

所以,此时半无界问题(5.5.1)的解为

$$u(x,t)=\bar{u}(x,t)\big|_{x\geqslant 0}\tag{5.5.3}$$

当 $g(t)\neq 0$ 时,做函数代换

$$u(x,t)=v(x,t)+g(t)\tag{5.5.4}$$

将其代入(5.5.1)得关于 $v$ 的半无界问题

$$\begin{cases} v_t - a^2 v_{xx} = f(x,t) - g'(t), & 0 < x < \infty, t > 0 \\ v(0,t) = 0, & t \geq 0 \\ v(x,0) = \varphi(x) - g(0), & 0 \leq x < \infty \end{cases}$$

这里边界条件是齐次的,因此 $v(x,t)$ 可根据(5.5.2)和(5.5.3)得出,需要将其中的 $\varphi(x)$ 换为 $\varphi(x) - \varphi(0)$,$f(x,t)$ 换为 $f(x,t) - g'(t)$. 最后由(5.5.4)得原半无界问题(5.5.1)的解. 解的具体表达式由读者自己给出.

### 5.5.2　第二边值问题

利用类似的方法可求解第二边值问题

$$\begin{cases} u_t - a^2 u_{xx} = f(x,t), & 0 < x < \infty, t > 0 \\ u_x(0,t) = g(t), & t > 0 \\ u(x,0) = \varphi(x), & 0 \leq x < \infty \end{cases} \tag{5.5.5}$$

当 $g(t) \equiv 0$ 时,$u_x(0,t) = 0$,受到若偶函数在原点的导数存在,则它必等于零的启发,我们对 $\varphi$ 和 $f$ 关于 $x$ 做偶延拓. 令

$$\bar{\varphi}(x) = \begin{cases} \varphi(x), & x \geq 0 \\ \varphi(-x), & x < 0 \end{cases}$$

$$\bar{f}(x,t) = \begin{cases} f(x,t), & x \geq 0, t \geq 0 \\ f(-x,t), & x < 0, t \leqslant 0 \end{cases}$$

则 $\bar{\varphi}$,$\bar{f}$ 都是 $x$ 的偶函数. 求解初值问题

$$\begin{cases} \bar{u}_t - a^2 \bar{u}_{xx} = \bar{f}(x,t), & -\infty < x < \infty, t > 0 \\ \bar{u}(x,0) = \bar{\varphi}(x) \end{cases}$$

得

$$\bar{u}(x,t) = \int_0^\infty [E(x-\xi,t) + E(x+\xi,t)]\varphi(\xi)\mathrm{d}\xi + \int_0^t \left[\int_0^\infty [E(x-\xi,t-\tau) + E(x+\xi,t-\tau)]f(\xi,\tau)\mathrm{d}\xi\right]\mathrm{d}\tau$$

所以,此时半无界问题(5.5.5)的解为

$$u(x,t) = \bar{u}(x,t)\big|_{x \geq 0}$$

当 $g(t) \neq 0$ 时,令

$$u(x,t) = v(x,t) + g(t)x$$

将其代入(5.5.5)中得到关于 $v$ 的齐次边界条件的半无界问题,然后用上面解法即可得到半无界问题(5.5.5)的解.

**附注**　关于第三边值问题，我们仍然可以用延拓法解决，只不过这时的延拓通常既不是奇延拓也不是偶延拓，解决问题的关键是寻找到适当的延拓，将原半无界问题转化为初值问题. 由于操作起来有一点复杂，且所用数学思想与解决第一、第二边值半无界问题的思想一致，故在这里我们就不叙述了.

# 习题 5

1. 证明在 $\mathscr{D}'(-\infty,\infty)$ 意义下，有以下等式成立：

(1) $\varphi(x)\delta(x)=\varphi(0)\delta(x)$

(2) $\varphi(x)\delta'(x)=-\varphi'(0)\delta(x)+\varphi(0)\delta'(x)$

(3) $x\delta^{(m)}(x)=-m\delta^{(m-1)}(x)$

(4) $x^m\delta^{(m)}(x)=(-1)^m m!\ \delta(x)$

2. 计算

(1) $(H(x)\sin x)'$

(2) $(H(x)e^{ax})''$

其中 $H(x)$ 是 Heaviside 函数.

3. 求广义导数 $f'(x)$，其中

(1) $f(x)=\begin{cases}\sin x, & x\geqslant 0\\ 0, & x<0\end{cases}$

(2) $f(x)=\begin{cases}\cos x, & x\geqslant 0\\ 0, & x<0\end{cases}$

(3) $f(x)=\begin{cases}x^2, & -1\leqslant x\leqslant 1\\ 0, & |x|>1\end{cases}$

4. 用分离变量法求解下列混合问题：

(1) $\begin{cases}u_t-a^2u_{xx}=0, & 0<x<l,t>0\\ u|_{t=0}=\varphi(x), & 0\leqslant x\leqslant l\\ [-u_x+a(u-b)]_{x=0}, & t>0\\ [u_x+a(u-c)]_{x=l}, & t>0\end{cases}$

(2) $\begin{cases}u_t-a^2u_{xx}+a(u-b)=0, & 0<x<l,t>0\\ u|_{t=0}=\varphi(x), & 0\leqslant x\leqslant l\\ u_x|_{x=0}=u_x|_{x=l}=0, & t>0\end{cases}$

在上述两小题中，$\varphi(x)$是有界连续函数，$a,b,c$ 都是常数，且 $h>0$.

5. 证明函数

$$v(x,y,t,\xi,\eta,\tau)=\frac{1}{4\pi a^2(t-\tau)}e^{-\frac{(x-\xi)^2+(y-\eta)^2}{4a^2(t-\tau)}}$$

对于变量$(x,y,t)$满足方程

$$\frac{\partial v}{\partial t}=a^2\left(\frac{\partial^2 v}{\partial x^2}+\frac{\partial^2 v}{\partial y^2}\right)$$

对于变量$(\xi,\eta,\tau)$满足方程

$$\frac{\partial v}{\partial \tau}+a^2\left(\frac{\partial^2 v}{\partial \xi^2}+\frac{\partial^2 v}{\partial \eta^2}\right)=0$$

6. 证明：如果 $u_1(x,t)$，$u_2(x,t)$分别是下列两个问题的解

$$\begin{cases}\dfrac{\partial u_1}{\partial t}=a^2\dfrac{\partial^2 u_1}{\partial x^2},\\ u_1\big|_{t=0}=\psi_1(x);\end{cases}\qquad \begin{cases}\dfrac{\partial u_2}{\partial t}=a^2\dfrac{\partial^2 u_2}{\partial x^2},\\ u_2\big|_{t=0}=\psi_2(y)\end{cases}$$

则 $u(x,y,t)=u_1(x,t)\cdot u_2(y,t)$ 是定解问题

$$\begin{cases}\dfrac{\partial u}{\partial t}=a^2\left(\dfrac{\partial^2 u}{\partial t^2}+\dfrac{\partial^2 u}{\partial y^2}\right)\\ u\big|_{t=0}=\varphi_1(x)\varphi_2(y)\end{cases}$$

的解.

7. 若方程$\dfrac{\partial u}{\partial t}=a^2\dfrac{\partial^2 u}{\partial x^2}+cu\,(c\geqslant 0)$的解 $u$ 在矩形 $R$ 的侧边 $x=\alpha$ 及 $x=\beta$ 上不超过 $B$，又在底边 $t=0$ 上不超过 $M$，证明此时 $u$ 在矩形 $R$ 内满足不等式：

$$|u(x,t)|\leqslant \max(Me^{ct},Be^{ct})$$

由此退出上述混合问题的唯一性与稳定性.

8. 利用证明热传导方程极值原理的方法，证明满足方程$\dfrac{\partial^2 u}{\partial x^2}+\dfrac{\partial^2 u}{\partial y^2}=0$ 的函数在有界闭区域上的最大值不会超过它在边界上的最大值。

# 第 6 章　Laplace 方程

Laplace 方程(又称调和方程),其形式是

$$\Delta u \equiv \frac{\partial^2 u}{\partial x_1^2} + \frac{\partial^2 u}{\partial x_2^2} + \cdots + \frac{\partial^2 u}{\partial x_n^2} = 0 \qquad (*)$$

这个方程相应的非齐次方程称为 Poisson 方程,即

$$\Delta u \equiv \frac{\partial^2 u}{\partial x_1^2} + \frac{\partial^2 u}{\partial x_2^2} + \cdots + \frac{\partial^2 u}{\partial x_n^2} = f$$

Laplace 方程和 Poisson 方程是最典型的椭圆型方程,它们具有广泛的物理背景,譬如膜的平衡方程、稳定状态的热传导方程、在静电学中的电势,以及牛顿万有引力理论中的引力势均满足这类椭圆型方程. Laplace 方程的连续解(即具有二阶连续偏导数且满足方程( * )的连续函数)$u$ 称为调和函数,若 $u$ 在某一区域内是调和函数,则称 $u$ 在这个区域内调和. 为讨论方便,记 $x=(x_1,x_2,x_3)$ 为三维空间 $\mathbf{R}^3$ 内一点,这一章主要讨论三维 Laplace 方程的第一、第二边值问题.

**第一边值问题(Dirichlet 问题)**　在三维空间 $\mathbf{R}^3$ 中某一区域 $\Omega$ 的边界 $\partial\Omega$ 上给定一个连续函数 $f$,要求找到一个函数 $u(x_1,x_2,x_3)$,它在 $\Omega$ 内调和,在 $\overline{\Omega}$ 上连续,在 $\partial\Omega$ 上 $u=f$,即

$$\begin{cases} \Delta u = 0, & (x_1,x_2,x_3) \in \Omega \\ u|_{\partial\Omega} = f \end{cases}$$

其中 $u \in C^2(\Omega) \cap C(\overline{\Omega})$,$f$ 在 $\partial\Omega$ 上连续.

**第二边值问题(Neumann 问题)**　在某光滑的闭曲面 $\partial\Omega$ 上给定一个连续函数 $f$,要求找到一个函数 $u(x_1,x_2,x_3)$,它在 $\partial\Omega$ 的内部区域 $\Omega$ 中调和,在 $\overline{\Omega}$ 上连续,在 $\partial\Omega$ 上任一点的外法向导数 $\frac{\partial u}{\partial \boldsymbol{n}}$ 存在且等于已给函数 $f$ 在该点的值,即

$$\begin{cases} \Delta u = 0, & (x_1,x_2,x_3) \in \Omega \\ \left.\dfrac{\partial u}{\partial \boldsymbol{n}}\right|_{\partial\Omega} = f \end{cases}$$

其中 $u \in C^2(\Omega) \cap C^1(\overline{\Omega})$，$f$ 在 $\partial\Omega$ 上连续，$\boldsymbol{n}$ 是单位外法向量.

## 6.1 Green 公式与 Green 函数

在研究 Laplace 方程

$$\Delta u = \frac{\partial^2 u}{\partial x_1^2} + \frac{\partial^2 u}{\partial x_2^2} + \cdots + \frac{\partial^2 u}{\partial x_n^2} = 0 \qquad (*)$$

时，我们经常利用到 Green 公式与 Green 函数.

### 6.1.1 Green 公式

设有界区域 $\Omega$（它可以是多连通区域）的边界 $\partial\Omega$ 是分片光滑的曲面，$P(x_1, x_2, x_3)$，$Q(x_1, x_2, x_3)$，$R(x_1, x_2, x_3)$ 是在 $\overline{\Omega}$ 上连续，在 $\Omega$ 内有连续偏导数的任意函数，则成立

$$\iiint_{\Omega}\left(\frac{\partial P}{\partial x_1} + \frac{\partial Q}{\partial x_2} + \frac{\partial R}{\partial x_3}\right)\mathrm{d}\Omega = \iint_{\partial\Omega}[P\cos(\boldsymbol{n}, x_1) + Q\cos(\boldsymbol{n}, x_2) + R\cos(\boldsymbol{n}, x_3)]\mathrm{d}S$$

其中 $\mathrm{d}\Omega$ 是体积微分元，$\boldsymbol{n}$ 是 $\partial\Omega$ 的单位外法向量，$\mathrm{d}S$ 是 $\partial\Omega$ 上的面积微分元.

设函数 $u = u(x_1, x_2, x_3)$ 和 $v = v(x_1, x_2, x_3)$ 及它们的一阶偏导数在闭区域 $\overline{\Omega}$ 上连续，它们在 $\Omega$ 内具有连续的所有二阶偏导数，即 $u, v \in C^2(\Omega) \cap C^1(\overline{\Omega})$，则在上述公式中令 $P = u\dfrac{\partial v}{\partial x_1}$，$Q = u\dfrac{\partial v}{\partial x_2}$，$R = u\dfrac{\partial v}{\partial x_3}$，就得到 Green 第一公式：

$$\iiint_{\Omega}(u\Delta v)\mathrm{d}\Omega = \iint_{\partial\Omega} u\frac{\partial v}{\partial n}\mathrm{d}S - \iiint_{\Omega}\left(\frac{\partial u}{\partial x_1}\frac{\partial v}{\partial x_1} + \frac{\partial u}{\partial x_2}\frac{\partial v}{\partial x_2} + \frac{\partial u}{\partial x_3}\frac{\partial v}{\partial x_3}\right)\mathrm{d}\Omega \qquad (6.1.1)$$

其中 $\Delta v = \dfrac{\partial^2 v}{\partial x_1^2} + \dfrac{\partial^2 v}{\partial x_2^2} + \dfrac{\partial^2 v}{\partial x_3^2}$，$\dfrac{\partial}{\partial \boldsymbol{n}}$ 表示外法向导数.

在(6.1.1)中将函数 $u, v$ 的位置交换，得

$$\iiint_{\Omega} v\Delta u\mathrm{d}\Omega = \iint_{\partial\Omega} v\frac{\partial u}{\partial n}\mathrm{d}S - \iiint_{\Omega}\left(\frac{\partial u}{\partial x_1}\frac{\partial v}{\partial x_1} + \frac{\partial u}{\partial x_2}\frac{\partial v}{\partial x_2} + \frac{\partial u}{\partial x_3}\frac{\partial v}{\partial x_3}\right)\mathrm{d}\Omega \qquad (6.1.2)$$

让(6.1.1)减去(6.1.2)，得 Green 第二公式：

$$\iiint_{\Omega}(u\Delta v - v\Delta u)\mathrm{d}\Omega = \iint_{\partial\Omega}\left(u\frac{\partial v}{\partial \boldsymbol{n}} - v\frac{\partial u}{\partial \boldsymbol{n}}\right)\mathrm{d}S \qquad (6.1.3)$$

对任意的 $u, v \in C^2(\Omega) \cap C^1(\overline{\Omega})$，公式(6.1.3)都是成立的.

利用 Green 公式可以推出调和函数的一些基本性质. 考查函数

$$v=\frac{1}{r_{xx_0}}=\frac{1}{\sqrt{(x_1-x_{1_0})^2+(x_2-x_{2_0})^2+(x_3-x_{3_0})^2}} \tag{6.1.4}$$

这里 $\boldsymbol{x}_0=(x_{1_0},x_{2_0},x_{3_0})$ 是区域 $\Omega$ 内一任意给定的点. 经过简单的求导运算，可以验证函数(6.1.4)除点 $x_0$ 外处处满足 Laplace 方程. 这个函数在研究 Laplace 方程过程中起着重要的作用，通常称它为三维 Laplace 方程的基本解. 为讨论方便，记函数(6.1.4)为 $v=\frac{1}{r}$. 在公式(6.1.3)中取 $v=\frac{1}{r}$，因为函数 $v$ 在区域 $\Omega$ 内有奇异点 $x_0$，因此对区域 $\Omega$ 不能直接应用 Green 第二公式(6.1.3)，但是，如果在区域 $\Omega$ 内去除一个以 $x_0$ 为中心，充分小的正数 $\varepsilon$ 为半径的球 $D_\varepsilon$，则在剩下的区域 $\Omega-D_\varepsilon$ 中函数 $v$ 连续可微. 在区域 $\Omega-D_\varepsilon$ 上对调和函数 $u$ 和 $v$ 应用公式(6.1.3)得

$$\iiint\limits_{\Omega-D_\varepsilon}\left(u\Delta\frac{1}{r}-\frac{1}{r}\Delta u\right)\mathrm{d}\Omega=\iint\limits_{\partial\Omega\cup\partial D_\varepsilon}\left(u\frac{\partial\frac{1}{r}}{\partial\boldsymbol{n}}-\frac{1}{r}\frac{\partial u}{\partial\boldsymbol{n}}\right)\mathrm{d}S \tag{6.1.5}$$

其中 $\partial D_\varepsilon$ 是球 $D_\varepsilon$ 的球面. 因为在区域 $\Omega-D_\varepsilon$ 内 $\Delta u=0$，$\Delta\frac{1}{r}=0$，而在球面 $\partial D_\varepsilon$ 上

$$\frac{\partial\frac{1}{r}}{\partial\boldsymbol{n}}=-\frac{\partial}{\partial r}\left(\frac{1}{r}\right)=\frac{1}{r^2}=\frac{1}{\varepsilon^2}$$

（这里 $\boldsymbol{n}$ 是曲面 $\partial\Omega\cup\partial D_\varepsilon$ 的单位外法向量，且是球面 $D_\varepsilon$ 的单位内法向量），因此

$$\iint\limits_{\partial D_\varepsilon}u\frac{\partial\frac{1}{r}}{\partial\boldsymbol{n}}\mathrm{d}S=\frac{1}{\varepsilon^2}\iint\limits_{\partial D_\varepsilon}u\mathrm{d}S=4\pi\bar{u}$$

其中 $\bar{u}$ 是函数 $u$ 在球面 $\partial D_\varepsilon$ 上的平均值. 同样可得

$$\iint\limits_{\partial D_\varepsilon}\frac{1}{r}\frac{\partial u}{\partial\boldsymbol{n}}\mathrm{d}S=\frac{1}{\varepsilon}\iint\limits_{\partial D_\varepsilon}\frac{\partial u}{\partial\boldsymbol{n}}\mathrm{d}S=4\pi\varepsilon\overline{\left(\frac{\partial u}{\partial\boldsymbol{n}}\right)}$$

其中 $\overline{\left(\frac{\partial u}{\partial\boldsymbol{n}}\right)}$ 是函数 $\frac{\partial u}{\partial\boldsymbol{n}}$ 在球面 $\partial D_\varepsilon$ 上的平均值. 所以，由(6.1.5)得

$$\iint\limits_{\partial\Omega}\left(u\frac{\partial\frac{1}{r}}{\partial\boldsymbol{n}}-r\frac{\partial u}{\partial\boldsymbol{n}}\right)\mathrm{d}S+4\pi\bar{u}-4\pi\varepsilon\overline{\left(\frac{\partial u}{\partial\boldsymbol{n}}\right)}=0$$

令 $\varepsilon\to0$，由上式得下列调和函数的基本积分公式

$$u(\boldsymbol{x}_0)=-\frac{1}{4\pi}\iint\limits_{\partial\Omega}\left[u(x)\frac{\partial}{\partial\boldsymbol{n}}\left(\frac{1}{r_{xx_0}}\right)-\frac{1}{r_{xx_0}}\frac{\partial u(x)}{\partial\boldsymbol{n}}\right]\mathrm{d}S \tag{6.1.6}$$

这样,对于调和函数 $u \in C^2(\Omega) \cap C^1(\overline{\Omega})$ 在区域 $\Omega$ 内任一点 $x_0 = (x_{1_0}, x_{2_0}, x_{3_0})$ 的值,可通过积分公式(6.1.6)用这个函数及其法向量在区域边界 $\partial\Omega$ 上的数值来表示.

**定理 6.1**　设函数 $u$ 在区域 $\Omega$ 内调和,在 $\overline{\Omega}$ 上有一阶连续偏导数,则

$$\iint_{\partial\Omega} \frac{\partial u}{\partial \boldsymbol{n}} \mathrm{d}S = 0 \tag{6.1.7}$$

**证明**　在 Green 第二公式(6.1.3)中 $v \equiv 1$,即可得到(6.1.7).

**定理 6.2**(平均值定理)　设函数 $u(x)$ 在区域 $\Omega$ 内调和,$x_0$ 是 $\Omega$ 内任一点,若 $D_a$ 是以 $x_0$ 为中心、$a$ 为半径的球,$D_a$ 完全落在区域 $\Omega$ 的内部,则成立

$$u(x_0) = \frac{1}{4\pi a^2} \iint_{\partial D_a} u \mathrm{d}S \tag{6.1.8}$$

**证明**　把公式(6.1.6)应用到球 $D_a$ 上,得

$$u(x_0) = -\frac{1}{4\pi} \iint_{\partial D_a} \left[ u \frac{\partial \frac{1}{r}}{\partial \boldsymbol{n}} - \frac{1}{r} \frac{\partial u}{\partial \boldsymbol{n}} \right] \mathrm{d}S$$

而在 $D_a$ 上 $\frac{1}{r} = \frac{1}{a}$,由定理 6.1 得

$$\iint_{\partial D_a} \frac{1}{r} \frac{\partial u}{\partial \boldsymbol{n}} \mathrm{d}S = \frac{1}{a} \iint_{\partial D_a} \frac{\partial u}{\partial \boldsymbol{n}} \mathrm{d}S = 0$$

又 $\left.\frac{\partial}{\partial \boldsymbol{n}}\left(\frac{1}{r}\right)\right|_{\partial D_a} = \left.\frac{\partial}{\partial r}\left(\frac{1}{r}\right)\right|_{\partial D_a} = -\frac{1}{a^2}$,于是

$$\iint_{\partial D_a} u \frac{\partial \frac{1}{r}}{\partial \boldsymbol{n}} \mathrm{d}S = -\frac{1}{a^2} \iint_{\partial D_a} u \mathrm{d}S$$

所以

$$u(x_0) = \frac{1}{4\pi a^2} \iint_{\partial D_a} u \mathrm{d}S$$

### 6.1.2　Green 函数

考查这样一个函数 $g(x, x_0)$(其中 $x = (x_1, x_2, x_3)$、$x_0 = (x_{1_0}, x_{2_0}, x_{3_0}) \in \Omega$),它在区域 $\Omega$ 内关于变量 $x$ 处处调和,并且

$$g(x, x_0)\big|_{\partial\Omega} = \left.\frac{1}{4\pi r_{xx_0}}\right|_{\partial\Omega} \tag{6.1.9}$$

由 Green 第二公式(6.1.3)得

$$\iint_{\partial\Omega}\left(g\frac{\partial u}{\partial \boldsymbol{n}}-u\frac{\partial g}{\partial \boldsymbol{n}}\right)\mathrm{d}S=0$$

将此式与(6.1.6)相减得

$$u(\boldsymbol{x}_0)=\iint_{\partial\Omega}\left(G\frac{\partial u}{\partial \boldsymbol{n}}-u\frac{\partial G}{\partial \boldsymbol{n}}\right)\mathrm{d}S \tag{6.1.10}$$

其中函数

$$G(\boldsymbol{x},\boldsymbol{x}_0)=\frac{1}{4\pi r_{\boldsymbol{x}\boldsymbol{x}_0}}-g(\boldsymbol{x},\boldsymbol{x}_0) \tag{6.1.11}$$

称为 Laplace 方程( * )的 Green 函数(或称为 Dirichlet 问题的源函数).

下面我们不加证明地给出 Green 函数的几个重要性质,其证明作为习题.

**性质 1**　Green 函数 $G(x,x_0)$ 除去 $\boldsymbol{x}=\boldsymbol{x}_0$ 一点外处处满足方程( * ),当 $\boldsymbol{x}\to\boldsymbol{x}_0$ 时,$G(\boldsymbol{x},\boldsymbol{x}_0)$ 趋于无穷大,其阶数和 $\frac{1}{r_{\boldsymbol{x}\boldsymbol{x}_0}}$ 相同.

**性质 2**　在区域 $\Omega$ 的边界 $\partial\Omega$ 上 $G(\boldsymbol{x},\boldsymbol{x}_0)$ 恒等于零.

**性质 3**　在区域 $\Omega$ 内成立不等式

$$0<G(\boldsymbol{x},\boldsymbol{x}_0)<\frac{1}{4\pi r_{\boldsymbol{x}\boldsymbol{x}_0}}$$

**性质 4**　Green 函数 $G(\boldsymbol{x},\boldsymbol{x}_0)$ 关于自变量即参变量 $\boldsymbol{x}_0$ 之间成立着对称性质,即

$$G(\boldsymbol{x},\boldsymbol{x}_0)=G(\boldsymbol{x}_0,\boldsymbol{x})$$

**性质 5**　在区域 $\Omega$ 的边界上

$$\iint_{\partial\Omega}\frac{\partial G(\boldsymbol{x},\boldsymbol{x}_0)}{\partial \boldsymbol{n}}\mathrm{d}S=-1$$

# 6.2　第一边值条件

## 6.2.1　Green 函数法

在上一节中,我们给出了 Green 函数(6.1.11),其中 $g(\boldsymbol{x},\boldsymbol{x}_0)$ 在区域 $\Omega$ 内关于变量 $\boldsymbol{x}$ 处处调和,并且 $g(\boldsymbol{x},\boldsymbol{x}_0)\big|_{\partial\Omega}=\left.\frac{1}{4\pi r_{\boldsymbol{x}\boldsymbol{x}_0}}\right|_{\partial\Omega}$. 若调和函数 $g(\boldsymbol{x},\boldsymbol{x}_0)$ 一经求得,并且它在闭区域 $\overline{\Omega}$ 上存在连续的一阶偏导数,则 Dirichlet 问题

$$\begin{cases}\Delta u=0, & (x_1,x_2,x_3)\in\Omega \\ u\big|_{\partial\Omega}=f\end{cases} \tag{6.2.1}$$

的解若存在,这个解就能表示为

$$u(x_0) = -\iint\limits_{\partial\Omega} f\frac{\partial G}{\partial \boldsymbol{n}}\mathrm{d}S^{①} \tag{6.2.2}$$

因此,对任意函数$f$求 Laplace 方程的 Dirichlet 问题转化为求区域$\Omega$内的 Green 函数. 从(6.1.11)知,确定 Green 函数必须求解一个特定的 Dirichlet 问题

$$\begin{cases}\Delta g=0, & (x_1,x_2,x_3)\in\Omega \\ g\big|_{\partial\Omega}=\dfrac{1}{4\pi r_{xx_0}}\Big|_{\partial\Omega}\end{cases} \tag{6.2.3}$$

对于一般区域,证明这种 Dirichlet 问题解的存在性和证明在这区域上一般的 Dirichlet 问题解的存在性是同样困难的,因此 Green 函数法并不能有效地用来解决一般区域的 Laplace 方程的 Dirichlet 问题. 但是,Green 函数法还是有重要意义的,因为:

(1) Green 函数仅依赖于区域,而与原定解问题中所给的边界条件无关,只要求得了某个区域的 Green 函数,就能解决这个区域上的一切 Dirichlet 问题解的存在性问题,且其解可用积分式表达出来。

(2) 对于某些特殊的区域,如半空间、球等,Green 函数可以用初等方法求得,而这些特殊区域上的 Dirichlet 问题在方程的研究中起着重要的作用.

Green 函数在静电学中有明显的物理意义. 设在点$x_0$处置一单位点电荷,那么它在自由空间所产生的电场的电位为$\dfrac{1}{4\pi r_{xx_0}}$. 如果点$x_0$的点电荷是包围在一个封闭的导电面内,且这个导电面是接地的,此时在导电面内的电位可以用函数

$$G(x,x_0)=\frac{1}{4\pi r_{xx_0}}-g(x,x_0)$$

表示,它在导电面上恒等于零,其中$-g(x,x_0)$表示导电面上感应电荷所产生的电位.

对于某些特殊区域的 Green 函数可以用静电源象法(或称电象法或镜像法)求得. 所谓静电源象法就是在区域$\Omega$外找出点$x_0$关于边界曲面$\partial\Omega$的象点

---

① 在实际应用时,由于事先并不知道 Dirichlet 问题在$\overline{\Omega}$上具有连续一阶偏导数的解的存在,因此(6.2.2) 只给出了问题的形式解.

$x_1$,然后在点 $x_1$ 放置适当的负电荷,由它产生的负电位与点 $x_0$ 单位正电荷所产生的正电位在曲面$\partial\Omega$ 上互相抵消,由于 $x_0$ 在$\partial\Omega$ 内部,它关于$\partial\Omega$ 的象点在$\partial\Omega$ 的外部,所以,放在 $x_1$ 处的点电荷所形成的电场的电位在$\partial\Omega$ 内部是调和函数 $g$,且根据要求,有$g\big|_{\partial\Omega}=\dfrac{1}{4\pi r_{xx_0}}\Big|_{\partial\Omega}$,故在 $x_0$ 与 $x_1$ 处两个点电荷所形成电场在$\partial\Omega$ 内部的电位就是所要求的 Green 函数.

**例 6.1**(半空间上的 Dirichlet 问题)　求解 Dirichlet 问题

$$\begin{cases}\Delta u=0, & x_3>0\\ u\big|_{x_3=0}=f(x_1,x_2)\end{cases}\tag{6.2.4}$$

首先找 Green 函数 $G(x,x_0)$,在半空间 $x_3>0$ 的点 $x_0=(x_{1_0},x_{2_0},x_{3_0})$处放置一单位正电荷,并找出点 $x_0$ 关于 $x_3=0$ 平面的对称点 $x_1=(x_{1_0},x_{2_0},-x_{3_0})$(图 6.1),在点 $x_1$ 处放置一单位负电荷,则它在与点 $x_0$ 的单位正电荷所产生的电位在平面 $x_3=0$ 上相互抵消.

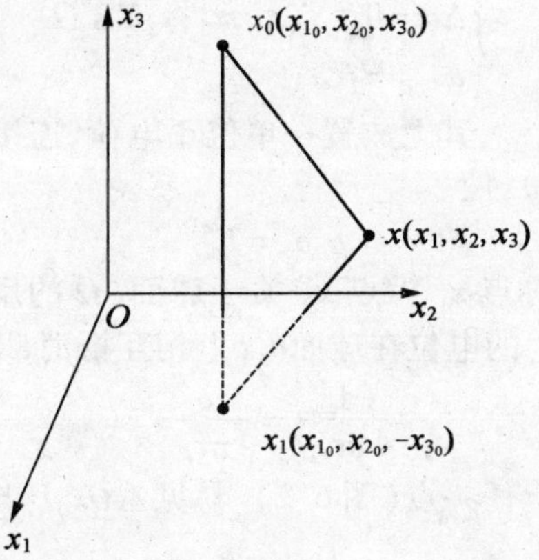


图 6.1

由于$\dfrac{1}{4\pi r_{xx_1}}$在上半空间 $x_3>0$ 内为调和函数,在闭区域 $x_3\geqslant 0$ 上具有连续的一阶偏导数,因此

$$G(x,x_0)=\frac{1}{4\pi}\left(\frac{1}{r_{xx_0}}-\frac{1}{r_{xx_1}}\right)$$

就是半空间 $x_3>0$ 的 Green 函数.

为了求出问题(6.2.4)的解,计算$\dfrac{\partial G}{\partial \boldsymbol{n}}\Big|_{x_3=0}$. 由于在平面 $x_3=0$ 上的外法线方向是 $Ox_3$ 轴的负向,所以有

$$\begin{aligned}\left.\frac{\partial G}{\partial \boldsymbol{n}}\right|_{x_3=0} &= -\left.\frac{\partial G}{\partial x_3}\right|_{x_3=0} \\ &= \frac{1}{4\pi}\left\{\frac{x_3-x_{3_0}}{[(x_1-x_{1_0})^2+(x_2-x_{2_0})^2+(x_3-x_{3_0})^2]^{\frac{3}{2}}}-\right. \\ &\quad \left.\frac{x_3+x_{3_0}}{[(x_1-x_{1_0})^2+(x_2-x_{2_0})^2+(x_3+x_{3_0})^2]^{\frac{3}{2}}}\right\}_{x_3=0} \\ &= -\frac{1}{2\pi}\frac{x_{3_0}}{[(x_1-x_{1_0})^2+(x_2-x_{2_0})^2+x_{3_0}^2]^{\frac{3}{2}}} \end{aligned} \tag{6.2.5}$$

将(6.2.5)代入(6.2.2)中,得问题(6.2.4)的解为

$$u(x_{1_0},x_{2_0},x_{3_0}) = \frac{1}{2\pi}\int_{-\infty}^{\infty}\int_{-\infty}^{\infty}\frac{x_{3_0}}{[(x_1-x_{1_0})^2+(x_2-x_{2_0})^2+x_{3_0}^2]^{\frac{3}{2}}}f(x_1,x_2)\,\mathrm{d}x_1\,\mathrm{d}x_2$$

**例 6.2**(球面上的 Dirichlet 问题)　设 $\Omega$ 是以原点为球心,半径为 $R$ 的球. 求 Dirichlet 问题

$$\begin{cases}\Delta u=0, & (x_1,x_2,x_3)\in\Omega \\ u|_{\partial\Omega}=f\end{cases} \tag{6.2.6}$$

在球 $\Omega$ 内任取一点 $x_0$,其上放置一单位正电荷,连接 $Ox_0$ 并延长至点 $x_1$(点 $x_1$ 上放置 $q$ 单位负电荷),使

$$\rho_0\rho_1 = R^2$$

其中 $\rho_0 = r_{Ox_0}, \rho_1 = r_{Ox_1}$. 称点 $x_1$ 为点 $x_0$ 关于球面 $\partial\Omega$ 的反演点. 我们适当选择 $q$ 值,使得这两个电荷产生的电位在球面 $\partial\Omega$ 上相互抵消,即

$$\frac{1}{4\pi r_{Px_0}} = \frac{q}{4\pi r_{Px_1}}$$

其中 $P$ 是球面 $\partial\Omega$ 上任一点(图 6.2). 易见 $\triangle Ox_0P$ 与 $\triangle OPx_1$ 相似,从而有

$$\frac{r_{Px_1}}{r_{Px_0}} = \frac{R}{\rho_0}$$

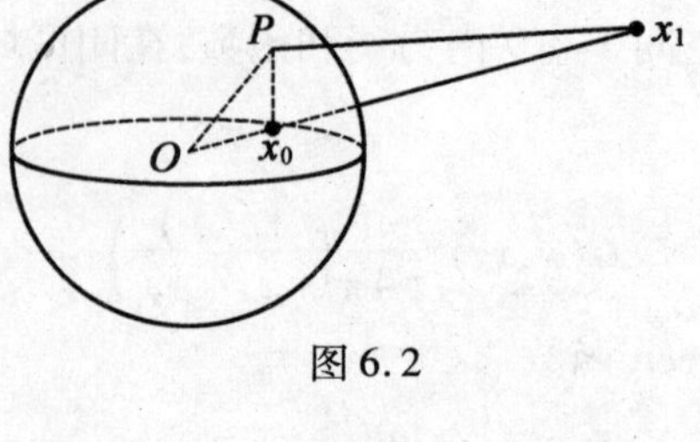


图 6.2

故

$$q = \frac{R}{\rho_0}$$

这样,在点 $x_1$ 上放置$\frac{R}{\rho_0}$单位的负电荷,由它形成电场的电位$\frac{R}{4\pi\rho_0 r_{xx_1}}$不仅在 $\Omega$ 内部调和,在$\overline{\Omega}$上一次性连续可微,而且在 $\partial\Omega$ 上满足

$$\left.\frac{1}{4\pi r_{xx_0}}\right|_{\partial\Omega}=\left.\frac{R}{4\pi\rho_0 r_{xx_1}}\right|_{\partial\Omega}$$

因此,球域 $\Omega$ 的 Green 函数为

$$G(x,x_0)=\frac{1}{4\pi}\left(\frac{1}{r_{xx_0}}-\frac{R}{\rho_0 r_{xx_1}}\right)$$

现在我们计算$\left.\frac{\partial G}{\partial \boldsymbol{n}}\right|_{\partial\Omega}$,由于

$$\frac{1}{r_{xx_0}}=\frac{1}{\sqrt{\rho_0^2+\rho^2-2\rho\rho_0\cos\gamma}}$$

$$\frac{1}{r_{xx_1}}=\frac{1}{\sqrt{\rho_1^2+\rho^2-2\rho\rho_1\cos\gamma}}$$

其中 $\rho=r_{Ox}$,$\gamma$ 是 $Ox_0$ 与 $Ox$ 的夹角,于是

$$G(x,x_0)=\frac{1}{4\pi}\left[\frac{1}{\sqrt{\rho_0^2+\rho^2-2\rho\rho_0\cos\gamma}}-\frac{R}{\sqrt{\rho^2\rho_0^2-2R^2\rho\rho_0\cos\gamma+R^4}}\right]$$

在球面 $\partial\Omega$ 上,

$$\frac{\partial G}{\partial \boldsymbol{n}}=\left.\frac{\partial G}{\partial \rho}\right|_{\rho=R}=-\frac{1}{4\pi}\left\{\frac{\rho-\rho_0\cos\gamma}{(\rho^2+\rho_0^2-2\rho_0\rho\cos\gamma)^{\frac{3}{2}}}-\frac{(\rho_0^2\rho-R^2\rho_0\cos\gamma)R}{(\rho_0^2\rho^2-2R^2\rho\rho_0\cos\gamma+R^4)^{\frac{3}{2}}}\right\}_{\rho=R}$$

$$=-\frac{1}{4\pi R}\frac{R^2-\rho_0^2}{(R^2+\rho_0^2-2R\rho_0\cos\gamma)^{\frac{3}{2}}}$$

将其代入(6.2.2)中,得问题(6.2.6)的解为

$$u(x_{1_0},x_{2_0},x_{3_0})=\frac{1}{4\pi R}\iint_{\partial\Omega}\frac{R^2-\rho_0^2}{(R^2+\rho_0^2-2R\rho_0\cos\gamma)^{\frac{3}{2}}}f\mathrm{d}S$$

### 6.2.2　第一边值问题解的唯一性与稳定性

调和函数的一个重要性质是它不能在区域内部取到极值. 以稳定温度场为例,此时热量由外面流入,经过物体内部流出,达到动态平衡. 当物体内部没有热源时,温度分布不可能在物体内部有最高点或最低点,否则,由于热量从温度高的地方流向温度低的地方,就会破坏温度的稳定分布状态. 从而,温度的最高点及最低点必在物体的边界上.

**定理 6.3(极值原理)**　不恒等于常数的调和函数 $u(x_1,x_2,x_3)$ 在区域 $\Omega$ 内的任何点上的值,不可能达到它 $\Omega$ 上的上界或下界的数值.

**证明**(利用反证法证明)　已知调和函数 $u(x_1,x_2,x_3)$ 不恒等于常数,不妨记它在区域 $\Omega$ 上的上界为 $m$,假设 $u(x_1,x_2,x_3)$ 在 $\Omega$ 内某点 $x_0$ 的取值也为 $m$,现在我们推导出矛盾.

做以 $x_0$ 为球心,任意长度 $R$ 为半径的球 $D$,使它完全落在区域 $\Omega$ 中,则在球面 $\partial D$ 上必成立 $u\equiv m$. 因为若 $u$ 在球面 $\partial D$ 上某一点的值小于 $m$,则由函数的连续,必能找到此点在球面 $\partial D$ 上的一个邻域,在此邻域中 $u<m$,因此 $u$ 在 $\partial D$ 上的积分平均值

$$\frac{1}{4\pi R^2}\iint_{\partial D} u\mathrm{d}S < \frac{1}{4\pi R^2}\iint_{\partial D} m\mathrm{d}S = m$$

而由平均值定理 6.2,有

$$\frac{1}{4\pi R^2}\iint_{\partial D} u\mathrm{d}S = u(x_0) = m$$

这就产生了矛盾. 因此在球面 $\partial D$ 上,$u\equiv m$. 同理,在以 $x_0$ 为球心,任意长度 $r(r\leqslant R)$ 为半径的球面上,$u\equiv m$,因此在整个球 $\overline{D}$ 上 $u\equiv m$.

现在证明在"$u(x_1,x_2,x_3)$ 在 $\Omega$ 内某点的取值也为 $m$"的假设下,对 $\Omega$ 中的所有点都成立 $u\equiv m$. 任取一点 $x_1\in\Omega$,在区域 $\Omega$ 中做联结 $x_0,x_1$ 两点的折线 $\gamma$,再用完全落在 $\Omega$ 中的有限个球 $D_1,D_2,\cdots,D_n$ 盖住 $\gamma$,使得 $D_1$ 的球心为 $x_0$,$D_2$ 的球心落在 $D_1$ 中,$D_3$ 的球心落在 $D_2$ 中,$\cdots$,$D_n$ 的球心落在 $D_{n-1}$ 中(图 6.3),根据上面证明的方法,可以依次证明在所有这些球包围的区域上 $u\equiv m$,因此,$u(x_1)=m$. 由 $x_1$ 的任意性,就得到整个区域 $\Omega$ 上 $u(x_1,x_2,x_3)\equiv m$,这和 $u$ 不恒等于常数矛盾,因此 $u$ 不能在 $\Omega$ 内部取到其上界. 同理,可证 $u$ 不能在 $\Omega$ 内部取到其下界. 证毕.

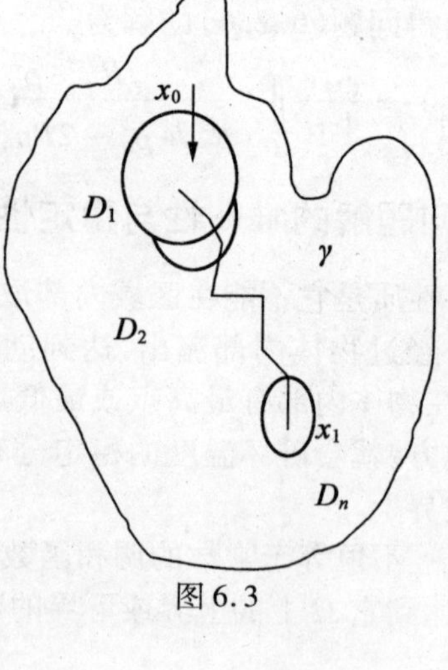


图 6.3

**推论 6.1**　若函数 $u$ 在有限区域 $\Omega$ 内调和，在 $\overline{\Omega}$ 上连续，则它的最大值和最小值只能在边界 $\partial D$ 上取得.

**推论 6.2**　若函数 $u$ 和 $v$ 在有限区域 $\Omega$ 内调和，在 $\overline{\Omega}$ 上连续，且在边界 $\partial D$ 上成立 $u \leqslant v$，则在 $\Omega$ 内该不等式同样成立，并且只有在 $u \equiv v$ 时，在 $\Omega$ 内才会有等号成立的可能.

下面我们用极值原理探讨 Dirichlet 问题解的唯一性及稳定性.

**定理 6.4**　Dirichlet 问题(6.2.1)的解如果存在，则必唯一，且它连续地依赖于所给的边界条件 $f$.

**证明**　设两个调和函数 $u_1(x_1,x_2,x_3)$ 和 $u_2(x_1,x_2,x_3)$ 在有界区域 $\Omega$ 的边界 $\partial D$ 上相等，即 $u_1$ 和 $u_2$ 均是 Dirichlet 问题(6.2.1)的解，则它们的差 $u=u_1-u_2$ 满足

$$\begin{cases}\Delta u=0, & (x_1,x_2,x_3)\in\Omega\\ u|_{\partial\Omega}=0\end{cases}$$

由定理 6.4，函数 $u$ 在区域 $\Omega$ 内的值不能大于零或小于零，从而在 $\Omega$ 内有 $u\equiv 0$，所以在 $\overline{\Omega}$ 上 $u_1\equiv u_2$，即 Dirichlet 问题(6.2.1)的解是唯一的.

现设在区域 $\Omega$ 的边界 $\partial\Omega$ 上给定了两个函数 $f_1$ 和 $f_2$，且在 $\partial\Omega$ 上有 $|f_1-f_2|<\varepsilon$. 记 $u_1,u_2$ 分别是以 $f_1$ 和 $f_2$ 为边界条件的是 Dirichlet 问题(6.2.1)的解，那么函数 $u_1-u_2$ 在 $\Omega$ 内调和，且在 $\partial\Omega$ 上有 $u_1-u_2=f_1-f_2$. 由推论 6.1，得

$$\max_{\overline{\Omega}}(u_1-u_2)=\max_{\partial\Omega}(f_1-f_2)$$

$$\min_{\overline{\Omega}}(u_1-u_2)=\min_{\partial\Omega}(f_1-f_2)$$

因此在 $\Omega$ 内各点有

$$|u_1-u_2|<\max_{\partial\Omega}|f_1-f_2|<\varepsilon$$

即 Dirichlet 问题(6.2.1)的解连续地依赖于所给的边界条件.

## 6.3　第二边值问题解的唯一性

Laplace 方程描述的是稳态平衡的物理现象，通过上节的学习，我们知道它的一个重要特性是成立着极值原理. 还是以稳态的热传导现象为例，由极值原理可知，温度的最高点及最低点一定在物体的边界上达到. 对于边界上的温度最低点，物体上其他各点的热量一定流向它，并且通过它流向物体的外部，因此

在该点应该成立$\frac{\partial u}{\partial \boldsymbol{n}} \leqslant 0$,其中 $\boldsymbol{n}$ 是物体边界曲面的单位外法向量. 对于物体边界上的温度最高点,也有类似的讨论. 受此启发,我们可有如下更强的结论.

**定理** 6.5(强极值原理) 设 $D_R$ 是一个以 $R$ 为半径的球(包括球面在内),$u=u(x_1,x_2,x_3)$是定义在 $D_R$ 上的一个连续函数,它在 $D_R$ 内部调和,并且对此球的所有内点$(x_1,x_2,x_3)$成立着

$$u(x_1,x_2,x_3) > u(x_{1_0},x_{2_0},x_{3_0}) \tag{6.3.1}$$

其中$(x_{1_0},x_{2_0},x_{3_0})$是球面上的某定点. 如果函数 $u(x_1,x_2,x_3)$在点$(x_{1_0},x_{2_0},x_{3_0})$沿方向 $\boldsymbol{\gamma}$ 的方向导数存在,且方向 $\boldsymbol{\gamma}$ 与球面在点$(x_{1_0},x_{2_0},x_{3_0})$处的内法线方向成锐角,则在点$(x_{1_0},x_{2_0},x_{3_0})$处成立

$$\frac{\partial u}{\partial \boldsymbol{\gamma}} > 0 \tag{6.3.2}$$

**证明** 因为一个调和函数在经过坐标的平移变换后还是一个调和函数,因此我们不妨假设球 $D_R$ 的球心就在坐标原点. 由于 $u(x_1,x_2,x_3)$在点$(x_{1_0},x_{2_0},x_{3_0})$取得最小值,故在此点处有

$$\frac{\partial u}{\partial \boldsymbol{\gamma}} \geqslant 0$$

所以我们只需证明上式中等号不成立. 为此,我们先构造函数

$$v(x_1,x_2,x_3) = \mathrm{e}^{-a(x_1^2+x_2^2+x_3^2)} - \mathrm{e}^{-a\mathbf{R}^2} \tag{6.3.3}$$

其中 $a > \frac{6}{\mathbf{R}^2}$. 计算$\frac{\partial^2 v}{\partial x_1^2},\frac{\partial^2 v}{\partial x_2^2},\frac{\partial^2 v}{\partial x_3^2}$得

$$\frac{\partial^2 v}{\partial x_1^2} = (-2a+4a^2x_1^2)\,\mathrm{e}^{-a(x_1^2+x_2^2+x_3^2)}$$

$$\frac{\partial^2 v}{\partial x_2^2} = (-2a+4a^2x_2^2)\,\mathrm{e}^{-a(x_1^2+x_2^2+x_3^2)}$$

$$\frac{\partial^2 v}{\partial x_3^2} = (-2a+4a^2x_3^2)\,\mathrm{e}^{-a(x_1^2+x_2^2+x_3^2)}$$

因此

$$\Delta v = [-6a+4a^2(x_1^2+x_2^2+x_3^2)]\,\mathrm{e}^{-a(x_1^2+x_2^2+x_3^2)}$$

现取同心球面所围成的闭区域:

$$D = \left\{(x_1,x_2,x_3) \,\middle|\, \frac{\mathbf{R}^2}{4} \leqslant x_1+x_2+x_3 \leqslant \mathbf{R}^2\right\}$$

则在 $D$ 内,

$$\Delta v > 0 \tag{6.3.4}$$

由 $v$ 的表达式(6.3.3)知,在球面 $\partial D_R$ 上

$$v=0 \tag{6.3.5}$$

且 $v$ 沿球的半径方向的导数 $\frac{\mathrm{d}v}{\mathrm{d}r}$ 存在 $(r=\sqrt{x_1^2+x_2^2+x_3^2})$, $\frac{\mathrm{d}v}{\mathrm{d}r}<0$,从而在球面 $\partial D_R$ 上

$$\frac{\partial v}{\partial \gamma}=\frac{\mathrm{d}v}{\mathrm{d}r}\cos(\gamma,r)>0 \tag{6.3.6}$$

再做函数

$$w(x_1,x_2,x_3)=u(x_1,x_2,x_3)-\varepsilon v(x_1,x_2,x_3)-u(x_{1_0},x_{2_0},x_{3_0}) \tag{6.3.7}$$

其中 $\varepsilon>0$,当 $\varepsilon$ 充分小时,有

$$w(x_1,x_2,x_3)\geqslant 0 \text{ 于 } D \text{ 上} \tag{6.3.8}$$

这是因为:①在球面 $x_1^2+x_2^2+x_3^2=\frac{\mathbf{R}^2}{4}$ 上, $u(x_1,x_2,x_3)>u(x_{1_0},x_{2_0},x_{3_0})$,只要取 $\varepsilon>0$ 充分小,就可使在该球面上 $w(x_1,x_2,x_3)>0$;②由(6.3.1)和(6.3.5)知,在球面 $x_1^2+x_2^2+x_3^2=\mathbf{R}^2$ 上 $w(x_1,x_2,x_3)\geqslant 0$;③由(6.3.4)知,在区域 $D$ 的内部 $\Delta w=-\varepsilon\Delta v<0$,函数 $w$ 在 $\Omega$ 内不可能取到其最小值.

由(6.3.7)和(6.3.8)得

$$w(x_1,x_2,x_3)\geqslant 0=w(x_{1_0},x_{2_0},x_{3_0}),\ \forall (x_1,x_2,x_3)\in D$$

于是,在点 $(x_{1_0},x_{2_0},x_{3_0})$ 处成立

$$\frac{\partial w}{\partial \boldsymbol{\gamma}}\geqslant 0$$

即

$$\frac{\partial u}{\partial \boldsymbol{\gamma}}-\varepsilon\frac{\partial v}{\partial \boldsymbol{\gamma}}\geqslant 0$$

再由(6.3.6)可知(6.3.2)成立. 证毕.

根据上述强极值原理,可以得到:

**定理6.6**　设区域 $\Omega$ 具有性质:在 $\Omega$ 的边界 $\partial\Omega$ 上任一点 $x$ 都可以做一个属于区域 $\overline{\Omega}$ 的球 $D_x$,该球在点 $x$ 与 $\partial\Omega$ 相切. 如果不恒等于常数的调和函数 $u(x_1,x_2,x_3)$ 在 $\overline{\Omega}$ 上连续,在边界上点 $x_0$ 处取得最小(最大)值,则只要在点 $x_0$ 处关于 $\Omega$ 的外法向的方向导数 $\frac{\partial u}{\partial \boldsymbol{n}}$ 存在,它在这一点的值一定是负(正)的.

**证明**　由定理条件知,我们可以做一个球 $D_{x_0}$,使得它的所有内点都属于 $\Omega$,并且在点 $x_0$ 处与边界 $\partial\Omega$ 相切. 由于调和函数 $u(x_1,x_2,x_3)$ 不恒等于常数,故

根据定理 6.7 可知，它的最小值不可能在 $\Omega$ 的内点取到，从而 $u(x_1,x_2,x_3)$ 在球 $D_{x_0}$ 的所有内点上的值都大于其在点 $x_0$ 处的值. 所以，由定理 6.7 知，只要方向导数 $\frac{\partial u}{\partial \boldsymbol{n}}$ 存在，则它在点 $x_0$ 处的值必是负的.

在边界 $\partial\Omega$ 上使调和函数 $u(x_1,x_2,x_3)$ 取得最大值的那些点处，函数 $-u$ 取得最小值，因此在某些点处有 $\frac{\partial(-u)}{\partial \boldsymbol{n}}<0$，所以 $\frac{\partial u}{\partial \boldsymbol{n}}>0$. 证毕.

接下来，我们利用极值原理与强极值原理讨论 Laplace 方程的第二边值问题（Neumann 问题）：

$$\begin{cases}\Delta u=0, & (x_1,x_2,x_3)\in\Omega\\ \left.\dfrac{\partial u}{\partial \boldsymbol{n}}\right|_{\partial\Omega}=f\end{cases}\tag{6.3.9}$$

注意到，若 $u$ 是 Neumann 问题(6.3.9)的解，那么 $u+C$ 也是 Neumann 问题(6.3.9)的解，其中 $C$ 是任意常数. 也就是说，若 Neumann 问题的解存在，那么就不会唯一. 但是，我们可以验证下面的关于"唯一性"的定理.

**定理 6.7**　若区域 $\Omega$ 的边界 $\partial\Omega$ 满足定理 6.8 中的条件，那么 Neumann 问题(6.3.9)的解彼此间只能相差一个常数. 也就是说，Laplace 方程的 Neumann 问题的解忽略相差的一个常数外是唯一的.

**证明**　设 $u_1$ 和 $u_2$ 都是 Neumann 问题(6.3.9)的解. 记 $u=u_1-u_2$，则 $u$ 在 $\Omega$ 内调和，在 $\overline{\Omega}$ 上连续性，且有 $\left.\frac{\partial u}{\partial \boldsymbol{n}}\right|_{\partial\Omega}=0$. 现在假设函数 $u$ 不等于常数，我们需要引出矛盾. 此时，由极值原理知，$u$ 的最小值必在 $\partial\Omega$ 上取得，再由定理 6.6，在 $u$ 取得最小值的点处方向导数 $\frac{\partial u}{\partial \boldsymbol{n}}$ 不等于零，与 $\left.\frac{\partial u}{\partial \boldsymbol{n}}\right|_{\partial\Omega}=0$ 矛盾，所以 $u$ 等于一个常数.

**附注**　由 6.1 节定理 6.1 可知，Neumann 问题(6.3.9)有解的必要条件是函数 $f$ 满足 $\iint\limits_{\partial\Omega} f\mathrm{d}S=0$.

## 6.4　Laplace 方程的外问题

在物理、工程技术等领域经常遇到 Dirichlet 问题和 Neumann 问题的另一种提法. 例如，当确定某物体外部的稳定温度场时，就归结为在该物体所占区域 $\Omega$

的外部求调和函数 $u$,使其满足边界条件 $u|_{\partial\Omega}=f$,这里 $f$ 是物体表面的温度分布.又如在流体力学中确定某有界区域 $\Omega$ 外部流场的速度分布.若所考虑的流体不可压缩,且流场有势,那么速度势 $u$ 在 $\Omega$ 外部调和,且有 $\left.\frac{\partial u}{\partial \boldsymbol{n}}\right|_{\partial\Omega}=0$,其中 $\boldsymbol{n}$ 为边界 $\partial\Omega$ 的单位外法向量.因此,决定区域 $\Omega$ 外部流场的速度分布问题归结为求一个在 $\Omega$ 外部区域的调和函数 $u$,使其满足 $\left.\frac{\partial u}{\partial \boldsymbol{n}}\right|_{\partial\Omega}=0$.类似这种寻找在区域 $\Omega$ 外部调和,在 $\Omega$ 的边界 $\partial\Omega$ 上满足所给条件的定解问题在实用上是很需要的,称其为 Laplace 方程的外问题.注意到 Laplace 方程的外问题是在无穷区域上给出的,无穷远不是一个普通的点,在无穷远处满足 Laplace 方程是没有意义的,我们需要对外问题的解在无穷远处加以一定的限制.通常在外问题中附加如下条件:

$$\lim_{r\to\infty} u(x_1,x_2,x_3)=0 \quad \left(r=\sqrt{x_1^2+x_2^2+x_3^2}\right) \tag{6.4.1}$$

下面我们确切地叙述 Laplace 方程外问题.

(1) Dirichlet 外问题.在三维空间 $(x_1,x_2,x_3)$ 的某一闭曲面 $\partial\Omega$($\partial\Omega$ 所围区域为 $\Omega$)上给定连续函数 $f$,寻找函数 $u$ 在 $\partial\Omega$ 外部区域 $\Omega'$ 内调和(无穷远处除外),在 $\Omega'+\partial\Omega$ 上连续,满足条件(6.4.1),并且它在边界 $\partial\Omega$ 上取所给的函数值:

$$u|_{\partial\Omega}=f$$

(2) Neumann 外问题.在光滑的闭曲面 $\partial\Omega$($\partial\Omega$ 所围区域为 $\Omega$)给定连续函数 $f$,寻找函数 $u$ 在 $\partial\Omega$ 外部区域 $\Omega'$ 内调和(无穷远处除外),在 $\Omega'+\partial\Omega$ 上连续,满足条件(6.4.1),而且它在 $\partial\Omega$ 上任一点的法向导数 $\frac{\partial u}{\partial \boldsymbol{n}'}$ 存在,并满足

$$\left.\frac{\partial u}{\partial \boldsymbol{n}'}\right|_{\partial\Omega}=f$$

其中 $\boldsymbol{n}'$ 为 $\partial\Omega$ 的单位内法向量.

**定理 6.8**　Laplace 方程

$$\Delta u=\frac{\partial^2 u}{\partial x_1^2}+\frac{\partial^2 u}{\partial x_2^2}+\frac{\partial^2 u}{\partial x_3^2}=0 \tag{6.4.2}$$

的 Dirichlet 外问题的解如果存在,则必唯一.

**证明**　设函数 $u_1,u_2$ 都是 Dirichlet 外问题的解.令 $v=u_1-u_2$,则 $v$ 在 $\Omega'+\partial\Omega$ 上连续,且满足

$$\begin{cases}\Delta v=0, & (x_1,x_2,x_3)\in\Omega' \\ v|_{\partial\Omega}=0 \\ \lim\limits_{r\to\infty} v(x_1,x_2,x_3)=0\end{cases}$$

假设 $v\neq 0$,则必存在一点 $x$,使 $v(x)\neq 0$,不妨令 $v(x)>0$. 以 $\partial D_R$ 表示半径为 $R$ 的球面,当 $R$ 充分大时,可使点 $x$ 落在由 $\partial\Omega$ 与 $\partial D_R$ 所围成的区域 $\Omega_R$ 中,则由条件 $\lim\limits_{r\to\infty} v(x_1,x_2,x_3)=0$ 可得在 $\partial D_R$ 上

$$v|_{\partial D_R}<v(x)$$

因此调和函数 $v$ 在区域 $\Omega_R$ 的边界 $\partial\Omega$ 及 $\partial D_R$ 上都取不到最大值,与极值原理矛盾,所以 $v\equiv 0$. 证毕.

**定理 6.9** Laplace 方程(6.4.2) Dirichlet 外问题的解如果存在,则它连续地依赖于所给的边界条件 $f$.

**证明** 设 $u_1,u_2$ 分别满足 Dirichlet 外问题

$$\begin{cases}\Delta u_1=0, & (x_1,x_2,x_3)\in\Omega' \\ u_1|_{\partial\Omega}=f_1 \\ \lim\limits_{r\to\infty} u_1(x_1,x_2,x_3)=0\end{cases} \tag{6.4.3}$$

与

$$\begin{cases}\Delta u_2=0, & (x_1,x_2,x_3)\in\Omega' \\ u_2|_{\partial\Omega}=f_2 \\ \lim\limits_{r\to\infty} u_2(x_1,x_2,x_3)=0\end{cases} \tag{6.4.4}$$

以 $\partial D_R$ 表示半径为 $R$ 的球面,当 $R$ 充分大时,球面 $\partial D_R$ 包含 $\partial\Omega$. 由于 $\lim\limits_{r\to\infty} u_1(x)=0$, $\lim\limits_{r\to\infty} u_2(x)=0$,则对任意给定 $\varepsilon>0$,取 $R$ 充分大,有

$$|u_1(x)|<\frac{\varepsilon}{2}, |u_2(x)|<\frac{\varepsilon}{2}, \text{在}\partial D_R\text{外及}\partial D_R\text{上}$$

从而

$$|u_1(x)-u_2(x)|<\varepsilon, \text{在}\partial D_R\text{外及}\partial D_R\text{上} \tag{6.4.5}$$

$u_1-u_2$ 在 $\partial\Omega$ 与 $\partial D_R$ 所围成的区域 $\Omega_R$ 内调和,由极值原理,对 $\Omega_R$ 内任一点 $x$,有

$$\begin{aligned}|u_1(x)-u_2(x)| &\leq \max(\max|f_1-f_2|, \max|u_1-u_2||_{\partial D_R}) \\ &<\max(\max|f_1-f_2|, \varepsilon)\end{aligned}$$

因此当 $|f_1-f_2|<\varepsilon$ 时,对于区域 $\Omega_R$ 内的点 $x$,有

$$|u_1(x)-u_2(x)|<\varepsilon \tag{6.4.6}$$

由(6.4.5)和(6.4.6)得,对 $\forall\varepsilon>0$,当 $|f_1-f_2|<\varepsilon$ 时,对 $\partial\Omega$ 外任一点 $x$,有

$$|u_1(x) - u_2(x)| < \varepsilon$$

即 Laplace 方程(6.4.2) Dirichlet 外问题是稳定的. 证毕.

**定理 6.10**　Laplace 方程(6.4.2) Neumann 外问题的解如果存在,则必唯一.

**证明**　设函数 $u_1, u_2$ 都是 Neumann 外问题的解,令 $v = u_1 - u_2$,则 $v$ 在 $\Omega' + \partial\Omega$ 上连续,且满足

$$\begin{cases} \Delta v = 0, & (x_1, x_2, x_3) \in \Omega' \\ \left.\dfrac{\partial v}{\partial \boldsymbol{n}'}\right|_{\partial\Omega} = 0 \\ \lim\limits_{r\to\infty} v(x_1, x_2, x_3) = 0 \end{cases}$$

以 $\partial D_R$ 表示半径为 $R$ 的球面,当 $R$ 充分大时,球面 $\partial D_R$ 包含 $\partial\Omega$. 我们证明 $v \equiv 0$. 由于 $\lim\limits_{r\to\infty} v(x_1, x_2, x_3) = 0$,故对 $\forall \varepsilon > 0$,存在充分大的 $R$,使得在球面 $\partial D_R$ 上有

$$|v(x)| < \varepsilon \tag{6.4.7}$$

由极值原理,在由 $\partial\Omega$ 与 $\partial D_R$ 所围的区域 $\Omega_R$ 内函数 $v$ 不能取得极值. 再由定理 6.8 知,$v$ 也不能在 $\partial\Omega$ 取得极值. 因此,$v$ 只能在球面 $\partial D_R$ 上取得极值,$v$ 在 $\Omega_R$ 内任一点的值都满足(6.4.7). 根据 $\varepsilon$ 的任意性可得,在 $\Omega$ 的外部上有 $v \equiv 0$.

# 习题 6

1. 证明:拉普拉斯算子在球面坐标 $(r,\theta,\varphi)$ 下,可以写成

$$\Delta u = \frac{1}{r^2} \cdot \frac{\partial}{\partial r}\left(r^2 \frac{\partial u}{\partial r}\right) + \frac{1}{r^2 \sin\theta} \cdot \frac{\partial}{\partial \theta}\left(\sin\theta \frac{\partial u}{\partial \theta}\right) + \frac{1}{r^2 \sin^2\theta} \cdot \frac{\partial^2 u}{\partial \varphi^2} = 0$$

2. 证明:下列函数都是调和函数

(1) $ax + by + c$ ($a, b, c$ 为常数)

(2) $x^2 - y^2$ 和 $2xy$

(3) $x^3 - 3xy^2$ 和 $3x^2y - y^3$

(4) $\operatorname{sh} ny \sin nx$, $\operatorname{sh} ny \cos nx$, $\operatorname{ch} ny \sin nx$ 和 $\operatorname{ch} ny \cos nx$($n$ 为常数)

(5) $\operatorname{sh} x(\operatorname{ch} x + \cos y)^{-1}$ 和 $\sin y(\operatorname{ch} x + \cos y)^{-1}$

3. 证明 Green 函数的性质 3、性质 4、性质 5.

4. 证明:二维 Laplace 方程在极坐标 $(r,\theta)$ 下,可以写成

$$\Delta u=\frac{1}{r}\cdot\frac{\partial}{\partial r}\left(r\frac{\partial u}{\partial r}\right)+\frac{1}{r^2}\cdot\frac{\partial^2 u}{\partial\theta^2}=0$$

5. 证明:三维 Laplace 方程在柱坐标$(r,\theta,z)$下,可以写成

$$\Delta u=\frac{1}{r}\cdot\frac{\partial}{\partial r}\left(r\frac{\partial u}{\partial r}\right)+\frac{1}{r^2}\cdot\frac{\partial^2 u}{\partial\theta^2}+\frac{\partial^2 u}{\partial z^2}=0$$

6. 设 $n\geqslant 3$,利用球面平均值定理计算积分 $\int_S\frac{1}{|x-x_0|^{n-2}}\mathrm{d}S$, 其中 $S$ 是 $\mathbf{R}^n$ 中的单位球面,$x_0\in\mathbf{R}^n$是固定点,且$|x_0|>1$.

7. 设 $\Omega\left\{(x,y)\mid x^2+y^2<\frac{\pi^2}{4}\right\}$,$u\in C(\overline{\Omega})\cap C^2(\Omega)$是定解问题

$$\begin{cases}\Delta u=u_{xx}+u_{yy}=0, & (x,y)\in\Omega\\ u=\sin x, & (x,y)\in\partial\Omega\end{cases}$$

的解,试确定 $u$ 在$\overline{\Omega}$上的最大值与最小值.

8. 利用 Green 第一公式证明三维 Laplace 方程的 Robin 问题

$$\begin{cases}u_{xx}+u_{yy}+u_{zz}=0, & (x,y,z)\in\Omega\\ \left(\frac{\partial u}{\partial \boldsymbol{n}}+\sigma u\right)=f, & \sigma>0\text{ 是常数}\end{cases}$$

解的唯一性.

# 附　　录

## 附录 I　Laplace 变换简表

附表 1

| | $f(t)$ | $F(s)$ |
|---|---|---|
| 1 | 1 | $\frac{1}{s}$ |
| 2 | $e^{at}$ | $\frac{1}{s-a}$ |
| 3 | $t^m(m>-1)$ | $\frac{\Gamma(m+1)}{s^{m+1}}$ |
| 4 | $t^m e^{at}(m>-1)$ | $\frac{\Gamma(m+1)}{(s-a)^{m+1}}$ |
| 5 | $\sin at$ | $\frac{a}{s^2+a^2}$ |
| 6 | $\cos at$ | $\frac{s}{s^2+a^2}$ |
| 7 | $\sinh at$ | $\frac{a}{s^2-a^2}$ |
| 8 | $\cosh at$ | $\frac{s}{s^2-a^2}$ |
| 9 | $t\sin at$ | $\frac{2as}{(s^2+a^2)^2}$ |
| 10 | $t\cos at$ | $\frac{s^2-a^2}{(s^2+a^2)^2}$ |

续表 1

| | $f(t)$ | $F(\omega)$ |
|---|---|---|
| 11 | $t\sinh at$ | $\frac{2as}{(s^2-a^2)^2}$ |
| 12 | $t\cosh at$ | $\frac{s^2+a^2}{(s^2-a^2)^2}$ |
| 13 | $t^m \sin at(m>-1)$ | $\frac{\Gamma(m+1)}{2j(s^2+a^2)^{m+1}}\cdot[(s+ja)^{m+1}-(s-ja)^{m+1}]$ |
| 14 | $t^m \cos at(m>-1)$ | $\frac{\Gamma(m+1)}{2(s^2+a^2)^{m+1}}\cdot[(s+ja)^{m+1}+(s-ja)^{m+1}]$ |
| 15 | $e^{-bt}\sin at$ | $\frac{a}{(s+b)^2+a^2}$ |
| 16 | $e^{-bt}\cos at$ | $\frac{s+b}{(s+b)^2+a^2}$ |
| 17 | $e^{-bt}\sin(at+c)$ | $\frac{(s+b)\sin c+a\cos c}{(s+b)^2+a^2}$ |
| 18 | $\sin^2 t$ | $\frac{1}{2}\left(\frac{1}{s}-\frac{s}{s^2+4}\right)$ |
| 19 | $\cos^2 t$ | $\frac{1}{2}\left(\frac{1}{s}+\frac{s}{s^2+4}\right)$ |
| 20 | $\sin at\sin bt$ | $\frac{2abs}{[s^2+(a+b)^2][s^2+(a-b)^2]}$ |
| 21 | $e^{at}-e^{bt}$ | $\frac{a-b}{(s-a)(s-b)}$ |
| 22 | $ae^{at}-be^{bt}$ | $\frac{(a-b)s}{(s-a)(s-b)}$ |
| 23 | $\frac{1}{a}\sin at-\frac{1}{b}\sin bt$ | $\frac{b^2-a^2}{(s^2+a^2)(s^2+b^2)}$ |
| 24 | $\cos at-\cos bt$ | $\frac{(b^2-a^2)s}{(s^2+a^2)(s^2+b^2)}$ |
| 25 | $\frac{1}{a^2}(1-\cos at)$ | $\frac{1}{s(s^2+a^2)}$ |
| 26 | $\frac{1}{a^3}(at-\sin at)$ | $\frac{1}{s^2(s^2+a^2)}$ |
| 27 | $\frac{1}{a^4}(\cos at-1)+\frac{1}{2a^2}t^2$ | $\frac{1}{s^3(s^2+a^2)}$ |

续表 1

| | $f(t)$ | $F(\omega)$ |
| --- | --- | --- |
| 28 | $\frac{1}{a^4}(\cosh at-1)-\frac{1}{2a^2}t^2$ | $\frac{1}{s^3(s^2-a^2)}$ |
| 29 | $\frac{1}{2a^3}(\sin at-at\cos at)$ | $\frac{1}{(s^2+a^2)^2}$ |
| 30 | $\frac{1}{2a}(\sin at+at\cos at)$ | $\frac{s^2}{(s^2+a^2)^2}$ |
| 31 | $\frac{1}{a^4}(1-\cos at)-\frac{1}{2a^3}t\sin at$ | $\frac{1}{s(s^2+a^2)^2}$ |
| 32 | $(1-at)e^{-at}$ | $\frac{s}{(s+a)^2}$ |
| 33 | $t\left(1-\frac{a}{2}t\right)e^{-at}$ | $\frac{s}{(s+a)^2}$ |
| 34 | $\frac{1}{a}(1-e^{-at})$ | $\frac{1}{s(s+a)}$ |
| 35 | $\frac{1}{ab}+\frac{1}{b-a}\left(\frac{e^{-bt}}{b}-\frac{e^{-at}}{a}\right)$ | $\frac{1}{s(s+a)(s+b)}$ |
| 36① | $\frac{e^{-at}}{(b-a)(c-a)}+\frac{e^{-bt}}{(a-b)(c-b)}+\frac{e^{-ct}}{(a-c)(b-c)}$ | $\frac{1}{s(s+a)(s+b)}$ |
| 37① | $\frac{ae^{-at}}{(c-a)(a-b)}+\frac{be^{-bt}}{(a-b)(b-c)}+\frac{ce^{-ct}}{(b-c)(c-a)}$ | $\frac{s}{(s+a)(s+b)(s+c)}$ |
| 38① | $\frac{a^2e^{-at}}{(c-a)(b-a)}+\frac{b^2e^{-bt}}{(a-b)(c-b)}+\frac{c^2e^{-ct}}{(b-c)(a-c)}$ | $\frac{s^2}{(s+a)(s+b)(s+c)}$ |
| 39① | $\frac{e^{-at}-e^{-bt}[1-(a-b)t]}{(a-b)^2}$ | $\frac{1}{(s+a)(s+b)^2}$ |
| 40① | $\frac{[a-b(a-b)t]e^{-bt}-ae^{-at}}{(a-b)^2}$ | $\frac{s}{(s+a)(s+b)^2}$ |

续表 1

| | $f(t)$ | $F(\omega)$ |
|---|---|---|
| 41 | $e^{-at}-e^{\frac{at}{2}}\left(\cos\frac{\sqrt{3}at}{2}-\sqrt{3}\sin\frac{\sqrt{3}at}{2}\right)$ | $\frac{3a^2}{s^3+a^3}$ |
| 42 | $\sin at\cosh at-\cos at\sinh at$ | $\frac{4a^3}{s^4+4a^4}$ |
| 43 | $\frac{1}{2a^2}\sin at\sinh at$ | $\frac{s}{s^4+4a^4}$ |
| 44 | $\frac{1}{2a^3}(\sinh at-\sin at)$ | $\frac{1}{s^4-a^4}$ |
| 45 | $\frac{1}{2a^2}(\cosh at-\cos at)$ | $\frac{s}{s^4-a^4}$ |
| 46 | $\frac{1}{\sqrt{\pi t}}$ | $\frac{1}{\sqrt{s}}$ |
| 47 | $2\sqrt{\frac{t}{\pi}}$ | $\frac{1}{s\sqrt{s}}$ |
| 48 | $\frac{1}{\sqrt{\pi t}}e^{at}(1+2at)$ | $\frac{s}{(s-a)\sqrt{s-a}}$ |
| 49 | $\frac{1}{2\sqrt{\pi t^3}}(e^{bt}-e^{at})$ | $\sqrt{s-a}-\sqrt{s-b}$ |
| 50 | $\frac{1}{\sqrt{\pi t}}\cos 2\sqrt{at}$ | $\frac{1}{\sqrt{s}}e^{-\frac{a}{s}}$ |
| 51 | $\frac{1}{\sqrt{\pi t}}\cosh 2\sqrt{at}$ | $\frac{1}{\sqrt{s}}e^{\frac{a}{s}}$ |
| 52 | $\frac{1}{\sqrt{\pi t}}\sin 2\sqrt{at}$ | $\frac{1}{s\sqrt{s}}e^{-\frac{a}{s}}$ |
| 53 | $\frac{1}{\sqrt{\pi t}}\sinh 2\sqrt{at}$ | $\frac{1}{s\sqrt{s}}e^{\frac{a}{s}}$ |
| 54 | $\frac{1}{t}(e^{bt}-e^{at})$ | $\ln\frac{s-a}{s-b}$ |
| 55 | $\frac{2}{t}\sinh at$ | $\ln\frac{s+a}{s-a}=2\operatorname{arctanh}\frac{a}{s}$ |
| 56 | $\frac{2}{t}(1-\cos at)$ | $\ln\frac{s^2+a^2}{s^2}$ |
| 57 | $\frac{2}{t}(1-\cosh at)$ | $\ln\frac{s^2-a^2}{s^2}$ |

续表 1

| | $f(t)$ | $F(\omega)$ |
|---|---|---|
| 58 | $\frac{1}{t}\sin at$ | $\arctan\frac{a}{s}$ |
| 59 | $\frac{1}{t}(\cosh at-\cos bt)$ | $\ln\sqrt{\frac{s^2+b^2}{s^2-a^2}}$ |
| 60① | $\frac{1}{\pi t}\sin(2a\sqrt{t})$ | $\mathrm{erf}\left(\frac{a}{\sqrt{s}}\right)$ |
| 61② | $\frac{1}{\sqrt{\pi t}}e^{-2a\sqrt{t}}$ | $\frac{1}{\sqrt{s}}e^{\frac{a^2}{s}}\mathrm{erfc}\left(\frac{a}{\sqrt{s}}\right)$ |
| 62 | $\mathrm{erfc}\left(\frac{a}{2\sqrt{t}}\right)$ | $\frac{1}{s}e^{-a\sqrt{s}}$ |
| 63 | $\mathrm{erf}\left(\frac{t}{2a}\right)$ | $\frac{1}{s}e^{a^2s^2}\mathrm{erfc}(as)$ |
| 64 | $\frac{1}{\sqrt{\pi t}}e^{-2\sqrt{at}}$ | $\frac{1}{\sqrt{s}}e^{\frac{a}{s}}\mathrm{erfc}\left(\sqrt{\frac{a}{s}}\right)$ |
| 65 | $\frac{1}{\sqrt{\pi(t+a)}}$ | $\frac{1}{\sqrt{s}}e^{at}\mathrm{erfc}(\sqrt{as})$ |
| 66 | $\frac{1}{\sqrt{a}}\mathrm{erf}(\sqrt{at})$ | $\frac{1}{s\sqrt{s+a}}$ |
| 67 | $\frac{1}{\sqrt{a}}e^{at}\mathrm{erf}(\sqrt{at})$ | $\frac{1}{\sqrt{s}(s-a)}$ |
| 68 | $u(t)$ | $\frac{1}{s}$ |
| 69 | $tu(t)$ | $\frac{1}{s^2}$ |
| 70 | $t^m u(t)\quad(m>-1)$ | $\frac{1}{s^{m+1}}\Gamma(m+1)$ |
| 71 | $\delta(t)$ | 1 |
| 72 | $\delta^{(n)}(t)$ | $s^n$ |
| 73 | $\mathrm{sgn}\ t$ | $\frac{1}{s}$ |
| 74③ | $J_0(at)$ | $\frac{1}{\sqrt{s^2+a^2}}$ |

**续表 1**

| | $f(t)$ | $F(\omega)$ |
|---|---|---|
| 75[3] | $I_0(at)$ | $\dfrac{1}{\sqrt{s^2-a^2}}$ |
| 76 | $J_0(2\sqrt{at})$ | $\dfrac{1}{s}\mathrm{e}^{-\frac{a}{s}}$ |
| 77 | $\mathrm{e}^{-bt}I_0(at)$ | $\dfrac{1}{\sqrt{(s+b)^2-a^2}}$ |
| 78 | $tJ_0(at)$ | $\dfrac{s}{(s^2+a^2)^{\frac{3}{2}}}$ |
| 79 | $tI_0(at)$ | $\dfrac{s}{(s^2-a^2)^{\frac{3}{2}}}$ |
| 80 | $J_0(a\sqrt{t(t+2b)})$ | $\dfrac{1}{\sqrt{s^2+a^2}}\mathrm{e}^{b(s-\sqrt{s^2+a^2})}$ |
| 81 | $\dfrac{1}{at}J_1(at)$ | $\dfrac{1}{s+\sqrt{s^2+a^2}}$ |
| 82 | $J_1(at)$ | $\dfrac{1}{a}\left(1-\dfrac{s}{\sqrt{s^2+a^2}}\right)$ |
| 83 | $J_n(t)$ | $\dfrac{1}{\sqrt{s^2+1}}(\sqrt{s^2+1}-s)^n$ |
| 84 | $t^{\frac{n}{2}}J_n(2\sqrt{t})$ | $\dfrac{1}{s^{n+1}}\mathrm{e}^{-\frac{1}{s}}$ |
| 85 | $\dfrac{1}{t}J_n(at)$ | $\dfrac{1}{na^n}(\sqrt{s^2+a^2}-s)^n$ |
| 86 | $\int_t^{\infty}\dfrac{J_0(t)}{t}\mathrm{d}t$ | $\dfrac{1}{s}\ln(s+\sqrt{s^2+1})$ |
| 87[4] | $\mathrm{si}\ t$ | $\dfrac{1}{s}\mathrm{arccot}\ s$ |
| 88[5] | $\mathrm{ci}\ t$ | $\dfrac{1}{s}\ln\dfrac{1}{\sqrt{s^2+1}}$ |

① 式中 $a,b,c$ 为不相等的常数

② $\mathrm{erf}(x) = \dfrac{2}{\sqrt{\pi}}\int_0^x \mathrm{e}^{-t^2}\mathrm{d}t$,称为误差函数

$\mathrm{erfc}(x) = 1-\mathrm{erf}(x) = \dfrac{2}{\sqrt{\pi}}\int_x^{+\infty}\mathrm{e}^{-t^2}\mathrm{d}t$,称为全误差函数

③ $J_n(x)=\sum_{k=0}^{\infty}\frac{(-1)^k}{k!\Gamma(n+k+1)}\left(\frac{x}{2}\right)^{n+2k}$，$I_n(x)=j^{-n}J_n(jx)$，$J_n$ 称为第一类 $n$ 阶 Bessel 函数. $I_n$ 称为第一类 $n$ 阶变形的 Bessel 函数，或称为虚宗量的 Bessel 函数

④ $\mathrm{si}\,t=\int_0^t\frac{\sin t}{t}\mathrm{d}t$，称为正弦积分

⑤ $\mathrm{ci}\,t=\int_{-\infty}^t\frac{\cos t}{t}\mathrm{d}t$，称为余弦积分

# 附录Ⅱ　Fourier 变换简表

附表 2

| | $f(t)$ | $F(\omega)$ |
|---|---|---|
| 1 | 矩形单脉冲<br>$f(t)=\begin{cases}E, & \lvert t\rvert\leqslant\frac{\tau}{2}\\0, & \text{其他}\end{cases}$ | $2E\frac{\sin\frac{\omega\tau}{2}}{\omega}$ |
| 2 | 指数衰减函数<br>$f(t)=\begin{cases}0, & t<0,\\e^{-\beta t}, & t\geqslant0(\beta>0)\end{cases}$ | $\frac{1}{\beta+j\omega}$ |
| 3 | 三角形脉冲<br>$f(t)=\begin{cases}\frac{2A}{\tau}\left(\frac{\tau}{2}+t\right), & -\frac{\tau}{2}\leqslant t<0\\\frac{2A}{\tau}\left(\frac{\tau}{2}-t\right), & 0\leqslant t<\frac{\tau}{2}\end{cases}$ | $\frac{4A}{\tau\omega^2}\left(1-\cos\frac{\omega\tau}{2}\right)$ |
| 4 | 钟形脉冲<br>$f(t)=Ae^{-\beta t^2}(\beta>0)$ | $\sqrt{\frac{\pi}{\beta}}Ae^{-\frac{\omega^2}{4\beta}}$ |

续表 2

| | $f(t)$ | $F(\omega)$ |
|---|---|---|
| 5 | Fourier 核<br>$f(t)=\dfrac{\sin\omega_0 t}{\pi t}$ | $F(\omega)=\begin{cases}1, & \|\omega\|\leqslant\omega_0\\0, & \text{其他}\end{cases}$ |
| 6 | Gauss 分布函数<br>$f(t)=\dfrac{1}{\sqrt{2\pi}\sigma}e^{-\frac{t^2}{2\sigma^2}}$ | $e^{-\frac{\sigma^2\omega^2}{2}}$ |
| 7 | 矩形射频脉冲<br>$f(t)=\begin{cases}E\cos\omega_0 t, & \|t\|\leqslant\dfrac{\tau}{2},\\0, & \text{其他}\end{cases}$ | $\dfrac{E\tau}{2}\left[\dfrac{\sin(\omega-\omega_0)\frac{\tau}{2}}{(\omega-\omega_1)\frac{\tau}{2}}+\dfrac{\sin(\omega+\omega_0)\frac{\tau}{2}}{(\omega+\omega_0)\frac{\tau}{2}}\right]$ |
| 8 | 单位脉冲<br>$f(t)=\delta(t)$ | 1 |
| 9 | 周期性脉冲函数<br>$f(t)=\sum\limits_{n=-\infty}^{+\infty}\delta(t-nT)$<br>（$T$ 为脉冲函数的周期） | $\dfrac{2\pi}{T}\sum\limits_{n=-\infty}^{+\infty}\delta\left(\omega-\dfrac{2n\pi}{T}\right)$ |
| 10 | $f(t)=\cos\omega_0 t$ | $\pi[\delta(\omega+\omega_0)+\delta(\omega-\omega_0)]$ |
| 11 | $f(t)=\sin\omega_0 t$ | $j\pi[\delta(\omega+\omega_0)-\delta(\omega-\omega_0)]$ |
| 12 | 单位函数<br>$f(t)=u(t)$ | $\dfrac{1}{j\omega}+\pi\delta(\omega)$ |
| 13 | $u(t-c)$ | $\dfrac{1}{j\omega}e^{-j\omega c}+\pi\delta(\omega)$ |
| 14 | $u(t)\cdot t$ | $-\dfrac{1}{\omega^2}+\pi j\delta'(\omega)$ |
| 15 | $u(t)\cdot t^n$ | $\dfrac{n!}{(j\omega)^{n+1}}+\pi j^n\delta^{(n)}(\omega)$ |
| 16 | $u(t)\sin\alpha t$ | $\dfrac{\alpha}{\alpha^2-\omega^2}+\dfrac{\pi}{2j}[\delta(\omega-\omega_0)-\delta(\omega+\omega_0)]$ |

续表 2

| | $f(t)$ | $F(\omega)$ |
|---|---|---|
| 17 | $u(t)\cos\alpha t$ | $\frac{j\omega}{\alpha^2-\omega^2}+\frac{\pi}{2}[\delta(\omega-\omega_0)+\delta(\omega+\omega_0)]$ |
| 18 | $u(t)e^{j\alpha t}$ | $\frac{1}{j(\omega-\alpha)}+\pi\delta(\omega-\alpha)$ |
| 19 | $u(t-c)e^{j\alpha t}$ | $\frac{1}{j(\omega-\alpha)}e^{-j(\omega-\alpha)c}+\pi\delta(\omega-\alpha)$ |
| 20 | $u(t)e^{j\alpha t}t^n$ | $\frac{n!}{[j(\omega-\alpha)]^{n+1}}+\pi j^n\delta^{(n)}(\omega-\alpha)$ |
| 21 | $e^{a\|t\|}, \mathrm{Re}(a)<0$ | $\frac{-2a}{\omega^2+a^2}$ |
| 22 | $\delta(t-c)$ | $e^{-j\omega c}$ |
| 23 | $\delta'(t)$ | $j\omega$ |
| 24 | $\delta^{(n)}(t)$ | $(j\omega)^n$ |
| 25 | $\delta^{(n)}(t-c)$ | $(j\omega)^n e^{-j\omega c}$ |
| 26 | 1 | $2\pi\delta(\omega)$ |
| 27 | $t$ | $2\pi j\delta'(\omega)$ |
| 28 | $t^n$ | $2\pi j^n\delta^{(n)}(\omega)$ |
| 29 | $e^{j\alpha t}$ | $2\pi\delta(\omega-\alpha)$ |
| 30 | $t^n e^{j\alpha t}$ | $2\pi j^n\delta^{(n)}(\omega-\alpha)$ |

续表 2

| | $f(t)$ | $F(\omega)$ |
|---|---|---|
| 31 | $\dfrac{1}{a^2+t^2}$, $\mathrm{Re}(a)<0$ | $-\dfrac{\pi}{a}\mathrm{e}^{a\vert\omega\vert}$ |
| 32 | $\dfrac{t}{(a^2+t^2)^2}$, $\mathrm{Re}(a)<0$ | $\dfrac{j\omega\pi}{2a}\mathrm{e}^{a\vert\omega\vert}$ |
| 33 | $\dfrac{\mathrm{e}^{jbt}}{a^2+t^2}$, $\mathrm{Re}(a)<0$, $b$ 为实数 | $-\dfrac{\pi}{a}\mathrm{e}^{a\vert\omega-b\vert}$ |
| 34 | $\dfrac{\cos bt}{a^2+t^2}$, $\mathrm{Re}(a)<0$, $b$ 为实数 | $-\dfrac{\pi}{2a}[\mathrm{e}^{a\vert\omega-b\vert}+\mathrm{e}^{a\vert\omega+b\vert}]$ |
| 35 | $\dfrac{\sin bt}{a^2+t^2}$, $\mathrm{Re}(a)<0$, $b$ 为实数 | $-\dfrac{\pi}{2aj}[\mathrm{e}^{a\vert\omega-b\vert}-\mathrm{e}^{a\vert\omega+b\vert}]$ |
| 36 | $\dfrac{\sinh at}{\sinh \pi t}$, $-\pi<a<\pi$ | $\dfrac{\sin a}{\cosh\omega+\cos a}$ |
| 37 | $\dfrac{\sinh at}{\cosh \pi t}$, $-\pi<a<\pi$ | $-2j\dfrac{\sin\dfrac{a}{2}\sinh\dfrac{\omega}{2}}{\cosh\omega+\cos a}$ |
| 38 | $\dfrac{\cosh at}{\cosh \pi t}$, $-\pi<a<\pi$ | $2\dfrac{\cos\dfrac{a}{2}\cosh\dfrac{\omega}{2}}{\cosh\omega+\cos a}$ |
| 39 | $\dfrac{1}{\cosh at}$ | $\dfrac{\pi}{a}\dfrac{1}{\cosh\dfrac{\pi\omega}{2a}}$ |
| 40 | $\sin at^2$ | $\sqrt{\dfrac{\pi}{a}}\cos\left(\dfrac{\omega^2}{4a}+\dfrac{\pi}{4}\right)$ |
| 41 | $\cos at^2$ | $\sqrt{\dfrac{\pi}{a}}\cos\left(\dfrac{\omega^2}{4a}-\dfrac{\pi}{4}\right)$ |
| 42 | $\dfrac{1}{t}\sin at$ | $\begin{cases}\pi, & \vert\omega\vert\leqslant a\\ 0, & \vert\omega\vert>a\end{cases}$ |
| 43 | $\dfrac{1}{t^2}\sin^2 at$ | $\begin{cases}\pi\left(a-\dfrac{\vert\omega\vert}{2}\right), & \vert\omega\vert\leqslant 2a\\ 0, & \vert\omega\vert>2a\end{cases}$ |

续表 2

| | $f(t)$ | $F(\omega)$ |
|---|---|---|
| 44 | $\dfrac{\sin at}{\sqrt{\lvert t\rvert}}$ | $j\sqrt{\dfrac{\pi}{2}}\left(\dfrac{1}{\sqrt{\lvert\omega+a\rvert}}-\dfrac{1}{\sqrt{\lvert\omega-a\rvert}}\right)$ |
| 45 | $\dfrac{\cos at}{\sqrt{\lvert t\rvert}}$ | $\sqrt{\dfrac{\pi}{2}}\left(\dfrac{1}{\sqrt{\lvert\omega+a\rvert}}+\dfrac{1}{\sqrt{\lvert\omega-a\rvert}}\right)$ |
| 46 | $\dfrac{1}{\sqrt{\lvert t\rvert}}$ | $\sqrt{\dfrac{2\pi}{\lvert\omega\rvert}}$ |
| 47 | $\operatorname{sgn} t$ | $\dfrac{2}{j\omega}$ |
| 48 | $e^{-at^2}, \operatorname{Re}(a)>0$ | $\sqrt{\dfrac{\pi}{2}}e^{-\frac{\omega^2}{4a}}$ |
| 49 | $\lvert t\rvert$ | $-\dfrac{2}{\omega^2}$ |
| 50 | $\dfrac{1}{\lvert t\rvert}$ | $\dfrac{\sqrt{2\pi}}{\lvert\omega\rvert}$ |

# 参考文献


[1] 姜礼尚,陈亚浙,刘西恒,等. 数学物理方程讲义[M]. 3 版. 北京:高等教育出版社,2007.

[2] 王明新. 数学物理方程[M]. 北京:清华大学出版社,2005.

[3] 南京工学院数学教研组. 数学物理方程与特殊函数[M]. 2 版. 北京:高等教育出版社,1982.

[4] 张元林. 积分变换[M]. 4 版. 北京:高等教育出版社,2003.

[5] 王术. Sobolev 空间与偏微分方程引论[M]. 北京:科学出版社,2009.

[6] 吴方同. 数学物理方程[M]. 武汉:武汉大学出版社,2001.

[7] 郇中丹,黄海洋. 偏微分方程[M]. 北京:高等教育出版社,2004.

[8] HABERMAN R. 实用偏微分方程[M]. 郇中丹,等译. 北京:机械工业出版社,2007.